水利工程建设项目管理

彭立前　孙　忠　等 编著

中国水利水电出版社
www.waterpub.com.cn

内 容 提 要

本书根据我国近年来制定的有关水利水电工程建设的法律、法规，结合现代项目管理的理念、方法和水利工程建设的实践，从项目法人、监理人、承包人等不同角度，全面介绍了水利工程建设管理过程中主要参建各方需要掌握和了解的管理体系及建设程序。全书共分七章，主要内容包括水利工程建设项目管理程序、管理体制与组织、招投标管理、合同管理、施工管理、档案管理、工程验收等。

本书可供从事水利工程建设项目设计、施工、咨询和监理等工作的相关人员阅读，也可作为水利工程施工企业项目管理人员的培训教材，以及大专院校水利工程类专业师生的教学参考书。

图书在版编目（CIP）数据

水利工程建设项目管理/彭立前等编著．—北京：
中国水利水电出版社，2009.11（2018.6重印）
ISBN 978-7-5084-6939-3

Ⅰ．①水…　Ⅱ．①彭…　Ⅲ．①水利工程-项目管理
Ⅳ．①TV512

中国版本图书馆 CIP 数据核字（2009）第 197442 号

书　　名	**水利工程建设项目管理**
作　　者	彭立前　孙忠　等 编者
出版发行	中国水利水电出版社
	（北京市海淀区玉渊潭南路 1 号 D 座　100038）
	网址：www.waterpub.com.cn
	E-mail：sales@waterpub.com.cn
	电话：（010）68367658（营销中心）
经　　售	北京科水图书销售中心（零售）
	电话：（010）88383994、63202643、68545874
	全国各地新华书店和相关出版物销售网点
排　　版	中国水利水电出版社微机排版中心
印　　刷	天津嘉恒印务有限公司
规　　格	184mm×260mm　16 开本　13.5 印张　320 千字
版　　次	2009 年 10 月第 1 版　2018 年 6 月第 5 次印刷
印　　数	8501—10500 册
定　　价	**48.00 元**

凡购买我社图书，如有缺页、倒页、脱页的，本社营销中心负责调换

编 著 人 员 名 单

彭立前　　孙　忠　　张大伟

孙　勇　　赵　宏　　张继真

前 言

　　水利工程是国民经济的基础设施，是水资源合理开发、有效利用和水旱灾害防治的主要工程措施。在解决我国水资源短缺、洪涝灾害、环境保护、水土流失等问题中，水利工程的建设与实施起到了无可替代的重要作用。

　　新中国成立以来，我国水利建设事业取得了举世瞩目的成就，全国建成大中型水库 8.6 万多座，总库容 5000 多亿 m^3，累计修建加固堤防 26 万 km，初步控制了大江大河的常遇洪水；形成了 5800 亿 m^3 的年供水能力，人均综合用水量从不足 $200m^3$ 增加到 $458m^3$，灌溉面积从 2.4 亿亩扩大到近 8 亿亩，为我国社会可持续发展创造了有利条件。

　　但水利事业面临的形势仍非常严峻，干旱缺水、洪涝灾害、水污染和水土流失四大问题相当突出。随着社会经济发展和人民生活水平的提高，对水资源的需求呈增长趋势，水资源短缺问题将不断加剧，而水资源的开发和江河治理的难度越来越大，投资越来越高。这就要求我们每一个从事水利工程决策、管理和建设的人员，要具备较高的专业知识和组织管理能力。

　　本书根据我国近年来制定的有关水利水电工程的建设管理、招标投标、合同管理、安全生产和工程验收等法律、法规，结合现代项目管理的理念、方法和水利工程建设的实践，从项目法人、监理人、承包人等不同角度，全面介绍了水利工程建设管理过程中主要参建各方需要掌握和了解的管理体系及建设程序。本书引用了我国近年来部分重点水利工程的组织结构管理模式及制度建设等案例，为从事水利工程建设管理的人员提供一些借鉴和启迪。

　　本书的写作基于作者长期以来对现代项目管理的学习和水利工程建设实践的积累，并参阅了有关水利工程建设和现代项目管理的大量文献。本书编著的人员有彭立前、孙忠、张大伟、孙勇、赵宏、张继真。在编写过程中，许多朋友为我们提供了丰富的实践数据和资料，使本书的内容更加充实，尤其是松辽水利委员会的林淀翔副总工程师对本书稿进行了耐心和细致的指导和帮助，在此一并致以衷心的感谢。

由于编者水平和学识所限，不足之处恳请广大读者和专家学者批评指正。

作 者

2009 年 6 月

目　　次

第一章　水利工程建设项目管理程序

水利工程是国民经济的基础设施，是水资源合理开发、有效利用和水旱灾害防治的主要工程措施。在解决我国水资源短缺、洪涝灾害、环境保护、水土流失等问题中，水利工程的建设与实施起到了无可替代的重要作用。为了对水利工程建设进行有效管理，国家制定了严格的水利工程建设程序。水利工程建设程序一般分为：项目建议书、可行性研究报告、初步设计、施工准备（包括招标设计）、建设实施、生产准备、竣工验收、后评价等阶段。

第一节　水利工程的分类

水利工程按照其功能、作用、投资渠道及规模不同有几种分类方法，根据 1997 年国家计划委员会发布的《水利产业政策》，水利工程按照功能和作用分为两类，甲类（公益性项目）和乙类（准公益性和经营性项目）；按照受益范围分为中央项目和地方项目；按照规模大小分为大中型项目和小型项目。2003 年水利部制定的《水利基本建设投资计划管理暂行办法》（水规计〔2003〕344 号），对水利基本建设项目类型划分作出了明确的规定，目前水利工程建设项目类型划分按照此办法执行。

一、按照功能和作用分类

水利工程建设项目按照其功能和作用分为甲类（公益性项目）、乙类（准公益性和经营性项目）。

（1）公益性项目。指防洪、排涝、抗旱和水资源管理等社会公益性管理和服务功能，自身无法得到相应经济回报的水利项目。如堤防工程、河道整治工程、蓄洪区安全建设、除涝、水土保持、生态建设、水资源保护、贫困地区人畜饮水、防汛通信、水文设施等。

（2）准公益性项目。指既有社会效益，又有经济效益，并以社会效益为主的水利项目。如综合利用的水利枢纽（水库）工程、大型灌区节水改造工程等。

（3）经营性项目。指以经济效益为主的水利项目。如城市供水、水力发电、水库养殖、水上旅游及水利综合经营等。

二、按照受益范围分类

水利工程建设项目按其受益范围分为中央水利基本建设项目（简称中央项目）和地方水利基本建设项目（简称地方项目）。

（1）中央项目。指对国民经济全局、社会稳定和生态环境有重大影响的防洪、水资源

配置、水土保持、生态建设、水资源保护等项目，或中央认为负有直接建设责任的项目。中央项目在审批项目建议书或可行性研究报告时明确，由水利部（或流域机构）负责组织建设并承担相应责任。

（2）地方项目。指局部受益的防洪除涝、城市防洪、灌溉排水、河道整治、供水、水土保持、水资源保护、中小型水电建设等项目。地方项目在审批项目建议书或可行性研究报告时明确，由地方人民政府负责组织建设并承担相应责任。

三、按照规模大小分类

（一）按水利部的管理规定划分

水利基本建设项目根据其规模和投资额分为大中型项目和小型项目。

（1）大中型项目是指满足下列条件之一的项目：

1）堤防工程：一、二级堤防。

2）水库工程：总库容 1 亿 m³ 以上。

3）水电工程：电站总装机容量 5 万 kW 以上。

4）灌溉工程：灌溉面积 30 万亩以上。

5）供水工程：日供水 10 万 t 以上。

6）总投资在国家规定限额（3000 万元）以上的项目。

（2）小型项目是指上述规模标准以下的项目。

（二）按照水利行业标准划分

按照《水利水电工程等级划分及洪水标准》（SL 252—2000）的规定，水库工程项目总库容在 0.1 亿～1 亿 m³ 的为中型水库，总库容大于 1 亿 m³ 的为大型水库；灌区工程项目灌溉面积在 5 万～50 万亩的为中型灌区，灌溉面积大于 50 万亩的为大型灌区；供水工程项目工程规模以供水对象的重要性分类；拦河闸工程项目过闸流量在 100～1000m³/s 的为中型项目，过闸流量大于 1000m³/s 的为大型项目。

四、水利工程建设项目的资金筹集及资金用途

水利工程建设项目属于国民经济基础设施，根据项目类型，其建设投资应由中央、地方、受益地区和部门分别或共同承担。

1. 中央和地方项目的资金渠道

中央项目的投资以中央为主，受益地区按受益程度、受益范围、经济实力分担部分投资；地方项目的投资按照"谁受益、谁负担"的原则，主要由地方、受益区域和部门按照受益程度共同投资建设，中央视情况参与投资或给予适当补助。

2. 中央和地方水利资金用途

（1）中央水利投资主要用于公益性和准公益性水利建设项目，对于经营性的水利建设项目中央适度安排政策性引导资金，鼓励水利产业发展。

（2）地方水利投资主要用于地方水利建设和作为中央项目的地方配套资金。地方使用中央投资可以在项目立项阶段申请，由中央审批立项。

第二节　水利工程建设项目前期设计工作

水利工程建设项目根据国家总体规划以及流域综合规划，开展前期工作。根据《水利工程建设项目管理规定》（水建〔1995〕128号），水利工程建设项目前期设计工作包括提出项目建议书、可行性研究报告和初步设计（或扩大初步设计）。项目建议书和可行性研究报告由项目所属的行政主管部门组织编制，报上级政府主管部门审批。大中型及限额以上水利工程项目由水利部提出初审意见（水利部一般委托水利部水利水电规划设计总院或项目所属流域机构进行初审）报国家发展和改革委员会（以下简称国家发改委）（国家发改委一般委托中国工程投资咨询公司进行评估）审批。初步设计由项目法人委托具备相应资质的设计单位负责设计，报项目所属的行业主管部门审批。

一、项目建议书阶段

项目建议书应根据国民经济和社会发展规划、流域综合规划、区域综合规划、专业规划，按照国家产业政策和国家有关建设投资方向，经过调查、预测，提出建设方案并经初步分析论证进行建议书的编制，是对拟进行建设项目的必要性和可能性提出的初步说明。

水利工程的项目建议书一般由项目主管单位委托具有相应资质的工程咨询或设计单位编制。编制要求按照《水利水电工程项目建议书编制暂行规定》（水规计〔1996〕608号）执行。

堤防加高、加固工程，病险水库除险加固工程，拟列入国家基本建设投资年度计划的大型灌区改造工程，节水示范工程，水土保持、生态建设工程以及小型省际边界工程可简化立项程序，直接编制项目可行性研究报告申请立项。

报批程序为：大中型项目、中央项目、中央全部投资或参与投资的项目，由国家发改委审批。小型或限额以下工程项目，按隶属关系，由各主管部门或省、自治区、直辖市和计划单列市发展改革委员会审批。

二、可行性研究报告阶段

根据批准的项目建议书，可行性研究报告应对项目进行方案比较，对技术是否可行和经济上是否合理进行充分的科学分析和论证。可行性研究是项目前期工作最重要的内容，它从项目建设和运行的全过程分析项目的可行性。其结论为投资者最终决策提供直接的依据。经过批准的可行性研究报告，是初步设计的重要依据。

水利工程的可行性研究报告一般由项目主管部门委托具有相应资格的设计单位或咨询单位编制，其编制要求按照《水利水电工程可行性研究报告编制规程》（DL 5020—93）执行。可行性研究报告报批时，应将项目法人组建机构设置方案和经环境保护主管部门审批通过的项目环境影响评价报告同时上报。

对于总投资2亿元以下的病险水库除险加固，可直接编制初步设计报告。

可行性研究报告审批程序与项目建议书一致，可行性研究报告审批通过后，项目即立项。

三、初步设计阶段

根据批准的可行性研究报告开展的初步设计是在满足设计要求的地质勘察工作及资料的基础上，对设计对象进行的通盘研究，进一步详细论证拟建项目工程方案在技术上的可行性和经济上的合理性，确定项目的各项基本参数，编制项目的总概算。其中概算静态总投资原则上不得突破已批准的可行性研究报告估算的静态总投资。由于工程项目基本条件发生变化，引起工程规模、工程标准、设计方案、工程量的改变，其静态总投资超过可行性研究报告相应估算静态总投资 15％以下时，要对工程变化内容和增加投资提出专题分析报告。超过 15％以上时，必须重新编制可行性研究报告并按原程序报批。

初步设计报告按照《水利水电工程初步设计报告编制规程》（DL 5021—93）编制，同时上报项目建设及建成投入使用后的管理机构的批复文件和管理维护经费承诺文件。经批准后的初步设计主要内容不得修改或变更，并作为项目建设实施的技术文件基础。在工程项目建设标准和概算投资范围内，依据批准的初步设计原则，一般非重大设计变更、生产性子项目之间的调整，由主管部门批准。在主要内容上有重要变动或修改（包括工程项目设计变更、子项目调整、概算调整）等，应按程序上报原批准机关复审同意。

第三节　水利工程建设的实施工作

一、施工准备阶段

水利工程建设项目初步设计文件已批准，项目投资来源基本落实，可以进行主体工程招标设计、组织招标工作以及现场施工准备等工作。

施工准备阶段任务主要包括工程项目的招投标（监理招投标、施工招投标）、征地移民、施工临建和"四通一平"（即通水、通电、通信、通路、场地平整）工作等。同时项目法人需向主管部门办理质量监督手续和办理开工报告等。

项目法人或建设单位向主管部门提出主体工程开工申请报告，按审批权限，经批准后，方能正式开工。

主体工程开工，必须具备以下条件：

（1）前期工程各阶段文件已按规定批准。

（2）建设项目已列入国家或地方的年度建议计划，年度建设资金已落实。

（3）主体工程招标已经决标，工程承包合同已经签订，并得到主管部门同意。

（4）现场施工准备和征地移民等建设外部条件能够满足主体工程开工需要。

（5）施工详图设计可以满足初期主体工程施工需要。

二、建设实施阶段

工程建设项目的主体工程开工报告经批准后，监理工程师应对承包人的施工准备情况进行检查，经检查确认能够满足主体工程开工的要求，总监理工程师即可签发主体工程开工令，标志着工程正式开工，工程建设由施工准备阶段进入建设实施阶段。

项目建设单位要按批准的建设文件，充分发挥管理的主导作用，协调设计、监理、施工以及地方等各方面的关系，实行目标管理。建设单位应与设计、监理、工程承包等单位签订合同，各方应按照合同，严格履行。

（1）项目建设单位要建立严格的现场协调或调度制度。及时研究解决设计、施工的关键技术问题。从整体效益出发，认真履行合同，积极处理好工程建设各方的关系，为施工创造良好的外部条件。

（2）监理单位受项目建设单位委托，按合同规定，在现场从事组织、管理、协调、监督工作。同时，监理单位要站在独立公正的立场上，协调建设单位与施工等单位之间的关系。

（3）设计单位应按合同和施工计划及时提供施工详图，并确保设计质量。按工程规模，派出设计代表组进驻施工现场，解决施工中出现的与设计有关的问题。施工详图经监理单位审核后交承包人施工。设计单位应对施工过程中提出的合理化建议认真分析、研究并迅速回复，并及时修改设计，如不能采纳应予以说明原因，若有意见分歧，由建设单位组织设计、监理、施工有关各方共同分析研究，形成结论意见备案。如涉及初步设计重大变更问题，应由原初步设计批准部门审定。

（4）施工企业要切实加强管理，认真履行签订的承包合同。在每一子项目实施前，要将所编制的施工计划、技术措施及组织管理情况报项目建设单位或监理人审批。

第四节　水利工程建设收尾工作

一、生产准备阶段

生产准备是为保证工程竣工投产后能够有效发挥工程效益而进行的机构设置、管理制度制定、人员培训、技术准备、管理设施建设等工作。

近年来，由于国家积极推行项目法人责任制，项目的筹建、实施、运行管理全部由项目法人负责，项目法人在筹建、实施中就项目未来的运行管理等方面做出了规划和准备，建设管理人员基本都参与到未来项目的运行管理中，为项目的有效运行提前做好了准备。项目法人制的推行，使得项目建设与运行管理脱节问题得到了有效解决。

二、工程验收阶段

水利工程验收是全面考核建设项目成果的主要程序，要严格按国家和水利部颁布的验收规程进行。

（一）阶段验收

阶段验收是工程竣工验收的基础和重要内容，凡能独立发挥作用的单项工程均应进行阶段验收，如截流（包括分期导流）、下闸蓄水、机组起动、通水等，都是重要的阶段验收。

（二）专项验收

专项验收是对服务于主体工程建设的专项工程进行的验收，包括征地移民专项验收、

环境保护工程专项验收、水土保持工程专项验收和工程档案专项验收。专项验收的程序和要求按照水利行业有关部门的要求进行，专项工程不进行验收的项目，不得进行工程竣工验收。

（三）工程竣工验收

（1）工程基本竣工时，项目建设单位应按验收标准要求组织监理、设计、施工等单位提出有关报告，并按规定将施工过程中的有关资料、文件、图纸造册归档。

（2）在正式竣工验收之前，应根据工程规模由主管部门或由主管部门委托项目建设单位组织初步验收，对初验查出的问题应在正式验收前解决。

（3）质量监督机构要对工程质量提出评价意见。

（4）验收主持部门根据初验情况和项目建设单位的申请验收报告，决定竣工验收具体有关事宜。

国家重点水利建设项目由国家发展和改革委员会会同水利部主持验收。

部属重点水利建设项目由水利部主持验收。部属其他水利建设项目由流域机构主持验收，水利部进行指导。

中央参与投资的地方重点水利建设项目由省（自治区、直辖市）政府会同水利部或流域机构主持验收。

地方水利建设项目由地方水利主管部门主持验收。其中，大型建设项目验收，水利部或流域机构派员参加；重要中型建设项目验收，流域机构派员参加。

三、后评价阶段

水利工程项目后评价是水利工程基本建设程序中的一个重要阶段，是对项目的立项决策、设计施工、竣工生产、生产运营等全过程的工作及其变化的原因，进行全面系统的调查和客观的对比分析所作的综合评价。其目的是通过工程项目的后评价，总结经验，汲取教训，不断提高项目决策、工程实施和运营管理水平，为合理利用资金、提高投资效益、改进管理、制定相关政策等提供科学依据。

（一）项目后评价组织

水利工程建设项目的后评价组织层次一般分为 3 个：项目法人的自我评价、本行业主管部门的评价和项目立项审批单位组织的评价。

（二）项目后评价的方法和依据

1. 后评价的方法

（1）统计分析法。包括项目已经发生事实的总结，以及对项目未来发展的预测。因此，在后评价中，只有具有统计意义的数据才是可比的。后评价时点的统计数据是评价对比的基础，后评价时点的数据是对比的对象，后评价时点以后的数据是预测分析的依据。根据这些数据，采用统计分析的方法，进行评价预测，然后得出结论。

（2）有无对比法。后评价方法的一条基本原则是对比原则，包括前后对比，预测和实际发生值的对比，有无项目的对比法是通过对比找出变化和差距，为分析问题找出原因。

（3）逻辑框架法。这是一种概念化论述项目的方法，即用一张简单的框图来分析一个复杂项目的内涵和关系，将几个内容相关、必须同步考虑的动态因素组合起来，通过分析其中的关系，从设计、策划、目的、目标等角度来评价一项活动或工作。它是事物的因果逻辑关系，即"如果"提供了某种条件，"那么"就会产生某种结果；这些条件包括事物内在的因素和事物所需要的外部因素。此方法为项目计划者或者评价者提供一种分析框架，用来确定工作的范围和任务，为达到目标进行逻辑关系的分析。

2. 后评价的依据

项目后评价的依据为项目各阶段的正式文件，主要包括项目建议书、可行性研究报告、初步设计报告、施工图设计及其审查意见、批复文件，概算调整报告，施工阶段重大问题的请示及批复，工程竣工报告，工程验收报告和审计后的工程竣工决算及主要图纸等。

（三）项目后评价成果

项目后评价报告是评价结果的汇总，应真实反映情况，客观分析问题，认真总结经验。同时后评价报告也是反馈经验教训的主要文件形式，必须满足信息反馈的需要。

1. 后评价报告的编写要求

报告文字准确清晰，尽可能不用过分专业化的词汇，包括摘要、项目概况、评价内容、主要变化和问题、原因分析、经验教训、结论和建议、评价方法说明等。

2. 后评价报告的内容

（1）项目背景。包括项目的目标和目的、建设内容、项目工期、资金来源与安排、后评价的任务要求以及方法和依据等。

（2）项目实施评价。包括项目设计、合同情况，组织实施管理情况，投资和融资、项目进度情况。

（3）效果评价。包括项目运营和管理评价、财务状况分析、财务和经济效益评价、环境和社会效果评价、项目的可持续发展状况。

（4）结论和经验教训。包括项目的综合评价、结论、经验教训、建议对策等。

3. 项目后评价报告格式

报告的基本格式包括报告的封面（包括编号、密级、后评价者名称、日期等）、封面内页（世行、亚行要求说明的汇率、英文缩写及其他需要说明的问题）、项目基础数据、地图、报告摘要、报告正文（包括项目背景、项目实施评价、效果评价、结论和经验教训）、附件（包括项目的自我评价报告、项目后评价专家组意见、其他附件）、附表（图）（包括项目主要效益指标对比表、项目财务现金流量表、项目经济效益费用流量表、企业效益指标有无对比表、项目后评价逻辑框架图、项目成功度综合评价表）。

第二章 水利工程建设项目管理体制与组织

第一节 水利工程建设项目的基本制度

1995 年水利部《水利工程建设项目管理暂行规定》（水建〔1995〕128 号）明确规定，水利工程建设项目实行项目法人责任制、招标投标制和建设监理制，简称"三项"制度。该制度的实行彻底改变中华人民共和国成立以来有关水利工程建设项目"花钱无底洞，工期马拉松，效益无人问"的局面。到 2000 年我国新开工的大中型水利工程建设项目全部按照"三项"制度的要求执行，明确了责任主体，工程进度、质量和投资得到了较好的控制，工程投资效益显著提高。

一、项目法人责任制

项目法人责任制是为了建立建设项目的投资约束机制，规范项目法人的有关建设行为，明确项目法人的责、权、利，提高投资效益，保证工程建设质量和建设工期。对于经营性水利工程建设项目，由项目法人对项目的策划、资金筹措、建设实施、生产经营、债务偿还和资产保值增值，实行全过程负责。

1994 年在长江三峡工程开工典礼大会上，李鹏总理提出"建设项目要实行项目法人责任制、招标投标制、工程监理制和合同管理制"的要求。1995 年《中共中央关于国民经济和社会发展"九五"计划和 2010 年远景目标的建议》，以正式文件写入了建设项目实行项目法人责任制。水利工程项目法人责任制是水利部《水利工程建设项目实行项目法人责任制的若干意见》（水建〔1995〕129 号）提出的，其主要依据是《中华人民共和国公司法》、《有限责任公司规范意见》。因此水利部提出的水利工程实行项目法人责任制是主要针对经营性建设项目。

1999 年国务院办公厅《关于加强基础设施工程质量管理的通知》（国发办〔1999〕16 号）中指出："基础设施项目，除军事工程等特殊情况外，都要按政企分开的原则组建项目法人，实行建设项目法人责任制，由项目法定代表人对工程质量负总责。"水利工程属于基础设施，不论是经营性还是公益性水利工程建设项目，都须实行项目法人责任制。2000 年《国务院批转国家计委、财政部、水利部、建设部关于加强公益性水利工程建设管理的若干意见》（国发〔2000〕20 号）指出，公益性水利工程项目法人对项目建设的全过程负责，对项目的工程质量、工程进度和资金管理负总责，并对项目法人的主要职责作出了规定。2001 年水利部《印发关于贯彻落实加强公益性水利工程建设管理若干意见的实施意见》（水建管〔2001〕74 号）指出，项目法人是项目建设活动的主体，对项目建设的工程质量、工程进度、资金管理和生产安全负总责，并对项目主管部门负责，同时对项目法人在建设各阶段的职责作出了明确的规定。

二、招标投标制

水利工程建设是我国建设领域最早推广建设工程招投标方式的行业，1984年4月，在云南省鲁布革水电站开工3年后，水电部决定利用世界银行贷款进行鲁布革水电站建设。根据与世行贷款协议，引水隧洞必须进行国际招标。日本大成公司以8643万元中标（标底为14958万元），低于标底43％。日本大成公司派30名管理人员，雇用水电十四局424名工人，开挖23个月，月平均进尺222.5m。于1986年10月30日，隧洞全线贯通，工程质量优良，比计划工期提前了5个月。而后1986年板桥水库复建工程中采用了施工招投标，在当时引起了强烈的反响。后来在二滩水电站、引大入秦、小浪底水利枢纽等国际贷款建设项目的推动下，逐步在国内建设项目中推行施工招投标制。

水利部在20世纪80年代曾制定了《水利工程施工招标投标工作管理规定》，1995年制定了《水利工程建设项目施工招标投标管理规定》，1998年对此规定进行修改后重新发布。这些规定仅限于工程施工，对于勘测、设计、监理没有规定。在1999年国家颁布的《中华人民共和国招标投标法》，以法律的形式对我国建设项目招投标作出明确规定。水利部对水利工程建设中招标范围、招投标发布、施工、监理、材料设备采购、勘察设计、评标办法、招投标监督等作出了详细明确规定，水利工程建设项目的招投标工作走向法制化的轨道。

三、建设监理制

建设工程监理是伴随着招投标制而产生的，是为了适应国际贷款项目运行规则而建立的一种国内建设管理制度。利用世界银行和亚洲银行贷款建设的项目，必须按照世行和亚行的要求执行其合同条件。FIDIC（国际咨询工程师联合会）编写的《业主与咨询工程师标准服务协议书》（白皮书）、《土木工程施工合同条件》（红皮书）、《电气与机械工程合同条件》（黄皮书）、《工程总承包合同条件》（桔黄皮书）是国际贷款机构所采用的合同条件，简称《FIDIC合同条件》。

《FIDIC合同条件》的执行是以"工程师"为主来实现合同管理，承包人的所有指令都只能从"工程师"获得，业主不直接参与合同的管理。为适应国际贷款的要求，必须组建相应的机构进行工程施工合同管理。当时水电部首先在鲁布革组建了咨询公司，后来在二滩水电站、小浪底水利枢纽建设中，业主分别组建了二滩建设咨询公司、小浪底工程咨询公司进行施工合同管理。在当时的情况下，这些咨询公司就是业主单位负责合同管理、工程施工管理等部门分离出来组建的，实质上和业主是一个单位，并不是《FIDIC合同条件》要求的第三方。但这种模式为我国实行工程建设监理制起到积极作用。

1999年水利部在总结了水利工程多年来实行建设监理的经验，结合我国水利工程实际情况，制定《水利工程建设监理规定》（水建管〔1999〕637号）、《水利工程建设监理单位管理办法》（水建管〔1999〕637号）、《水利工程建设监理人员管理办法》（水建管〔1999〕637号），2001年又制定《水利工程设备制造监理规定》（水建管〔2001〕217号），形成了比较系统的水利工程建设监理管理模式。

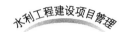

"三项"制度的实行，改变了我国水利工程建设"自营制"模式，适应市场经济条件下水利工程建设的要求，提高了投资效益。

第二节　项目法人的组织形式及主要职责

项目法人责任制是水利工程建设管理体制的核心制度，项目法人是工程建设的主体，承担工程建设管理运营的第一责任。《水利工程建设管理暂行规定》（水建管〔1995〕128号）和《国务院批转国家计委、财政部、水利部、建设部关于加强公益性水利工程建设的若干意见》（国务院国发〔2000〕20号）以下简称《若干意见》以及《水利部贯彻〈若干意见〉实施方案》规定了所有水利工程建设项目必须实行项目法人制。

一、项目法人的组织形式

近年来开工的水利工程建设项目基本都实行了项目法人制度，在实践过程中，由于项目性质的不同，项目法人的类型和模式也有不同的形式。目前主要有建设管理局、董事会（有限责任公司）、项目建设办公室以及已有项目法人单位的项目办等模式。

（一）建设管理局制

目前公益性和准公益性项目中最普遍的项目法人模式，单一建设主体的水利工程建设项目法人一般都采用这种模式。比如水利部小浪底水利枢纽建设管理局就是由水利部负责组建的项目法人单位，负责小浪底水利枢纽工程的筹资、建设，竣工后的运营、还贷等。淮河最大的控制性工程——临淮岗控制性工程就是由淮河水利委员会负责组建的项目法人，即淮河水利委员会临淮岗控制性工程建设管理局，负责该工程建设及竣工后管理运行。长江重要堤防隐蔽工程建设管理局、嫩江右岸省界堤防工程建设管理局，只负责工程建设，建成后交归地方运行管理。地方项目如辽宁省白石水库建设管理局等，都属于这种建设管理体制。

（二）董事会制（下设有限责任公司负责工程建设和运营管理）

多个投资主体共同投资建设的准公益性水利工程建设项目，一般采用这种体制组建项目法人。第一个采用这种体制的大型水利枢纽工程是黄河万家寨水利枢纽工程，由水利部、山西省政府、内蒙古自治区政府共同投资建设，三方通过各自出资代表——水利部新华水利水电投资公司，山西省万家寨引黄工程总公司和内蒙古自治区电力（集团）总公司共同出资组建黄河万家寨水利枢纽有限公司，公司实行董事会领导下的总经理负责制，负责工程的筹资、建设、运营管理、还贷工作，形成了万家寨建设管理模式，见图2-1。后来又采用同样的模式建设嫩江尼尔基水利枢纽工程（水利部、黑龙江省政府、内蒙古自治区政府共同出资组建嫩江尼尔基水利枢纽有限公司）、广西百色水利枢纽工程（水利部和广西壮族自治区政府组建广西右江水利开发有限公司）。

（三）项目建设办公室制

这种建设体制一般很少采用，是近年来利用外资进行公益性水利工程项目建设而采取的一种模式。如利用亚行贷款松花江防洪工程建设项目，利用亚行贷款黄河防洪项目，项目本身无法产生直接经济效益和承担还贷任务，必须由国家财政担保，统一向亚行贷款，

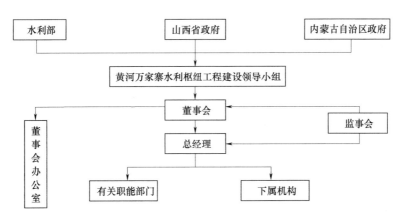

图2-1　黄河万家寨水利枢纽工程建设项目法人管理模式图

由中央财政和项目所在的有关省（自治区）政府负责还贷。在项目实施阶段根据工程特点，设置了相应的机构，见图2-2。

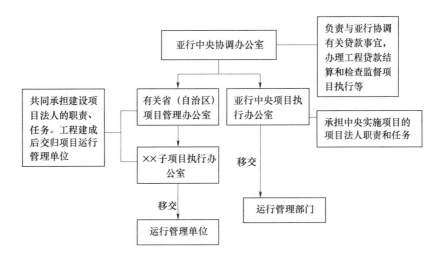

图2-2　利用亚行贷款松花江防洪工程建设项目法人管理模式

（四）已有项目法人建设制

这种模式普遍运用在原有水利工程项目的加固改造，比如水库的除险加固、原有灌区的改造扩建、原有堤防工程加高培厚等。在项目实施阶段，原管理单位就是建设项目的项目法人单位，这样既有利于工程建设的实施，又有利于竣工后的运行管理。

二、项目法人的组建

项目法人是工程建设的主体，是项目由构想到实体的组织者、执行者。项目法人的组建是关系到项目成败的大事。

1. 项目法人的组建时间

水利工程建设项目的项目法人组建一般是在项目建议书批复以后，组建项目的筹建机构；待项目可行性研究报告批复（即立项）后，根据项目性质和特点组建工程建设的项目

法人。

2.组建项目法人的审批和备案

组建的项目法人要按项目管理权限报上级主管部门审批和备案。

中央项目由水利部（或流域机构）负责组建项目法人。流域机构负责组建项目法人的，须报水利部备案。

地方项目由县级以上人民政府或委托的同级水行政主管部门负责组建项目法人，并报上级人民政府或委托的水行政主管部门审批，其中2亿元以上的地方大型水利工程项目由项目所在地的省（自治区、直辖市）及计划单列市人民政府或其委托的水行政主管部门负责组建项目法人，任命法定代表人。

对于经营性水利工程建设项目，按照《中华人民共和国公司法》组建国有独资或合资的有限责任公司。

新建项目一般应按建管一体的原则组建项目法人。除险加固、续建配套、改建扩建等建设项目，原管理单位基本具备项目法人条件的，原则上由原管理单位作为项目法人或以其为基础组建项目法人。

3.组建项目法人的上报材料

组建项目法人需上报材料的主要内容如下：

（1）项目主管部门名称。

（2）项目法人名称、办公地址。

（3）法人代表姓名、年龄、文化程度、专业技术职称、参加工程建设简历。

（4）技术负责人姓名、年龄、文化程度、专业技术职称、参加工程建设简历。

（5）机构设置、职能及管理人员情况。

（6）主要规章制度。

4.项目法人的机构组成

水利工程建设项目在建设期一般需要设立以下部门：综合管理部门（或办公室）、财务部门、计划合同部门、工程管理部门、征地移民管理部门以及物资管理和机电管理部门（根据工程特点按需要和职责设立），大型项目还需设立安全保卫部门。

5.项目法人的组织结构形式

项目法人的组织结构形式一般采用线性职能制，各部门按照职能进行分工，垂直管理。对于一个项目法人同时承担多个项目建设的，也可以按照矩阵组织结构模式。如长江重要堤防隐蔽工程建设管理局，负责长江重要堤防隐蔽工程28项，其项目位于湖北、湖南、安徽、江西等省。为了有效管理，长江重要堤防隐蔽工程建设管理局设立22个工程建设代表处作为工程项目法人的现场派出机构，全过程负责施工现场管理。

三、项目法人主要职责

水利工程建设项目法人的主要职责如下：

（1）组织初步设计文件的编制、审核、申报等工作。

（2）按照基本建设程序和批准的建设规模、内容、标准，组织工程建设。

（3）负责办理工程质量监督和主体工程开工报告报批手续。

（4）负责委托地方政府办理征地、移民和拆迁工作，按照委托协议检查征地和移民实施进度、资金拨付。

（5）负责与项目所在地地方人民政府及有关部门协调解决工程建设外部条件。

（6）依法对工程项目的勘察、设计、监理、施工和材料及设备等组织招标，并签订有关合同。

（7）组织编制、上报项目年度建设计划，落实年度工程建设资金，严格按照概算控制工程投资，用好、管好建设资金。

（8）组织施工用水、电、通信、道路和场地平整等准备工作及必要的生产、生活临时设施的建设。

（9）加强施工现场管理，严格禁止转包、违法分包行为。

（10）及时组织研究和处理建设过程中出现的技术、经济和管理问题，按时办理工程结算。

（11）负责监督检查工程建设管理情况，包括工程投资、工期、质量、生产安全和工程建设责任制情况等。

（12）负责组织编制、上报在建工程度汛方案，落实有关安全度汛措施，并对在建工程安全度汛负责。

（13）负责建设项目范围内的环境保护、劳动卫生和安全生产等管理工作。

（14）按时编制和上报计划、财务、工程建设情况等统计报表。

（15）负责组织编制竣工决算。

（16）负责按照有关验收标准组织或参与验收工作。

（17）负责工程档案资料的管理，包括对各参建单位所形成档案资料的收集、整理、归档工作，并进行监督、检查。

（18）接受主管部门、质量监督部门、招投标行政监督部门的监督检查，并呈报各种报告和报表。

第三节　项目法人的建设管理制度

管理制度是一个组织和组织成员行为的规范，项目法人组建以后必须制定相应的管理制度，规定自身及建设各方的管理行为。一般分为综合管理、劳动人事管理、财务管理、计划合同管理、质量管理等方面的管理制度。下面节选某水利枢纽工程有关工程建设管理方面的制度，供大家参考。

【案例1】　×××水利枢纽工程质量管理办法

第一章　总　　则

第一条　质量管理目的

为了贯彻"百年大计，质量第一"的方针，加强工程施工期间质量监督和管理，促进质量管理工作规范化、标准化，保证将工程建设成为一流的工程，特制定本质量管理办法。

第二条 质量管理目标和依据

通过参与工程建设各方的共同努力和合作，用合理资金、按合同工期建成符合合同规定的水利枢纽工程。质量管理的依据是合同文件规定的标准、规范和规程（最新版本），同时要符合我国法律、法规的规定。

第三条 质量管理的基本要求

1. 执行合同文件中有关质量管理、质量保证和质量控制的条文，贯彻我国有关工程建设质量管理的法律、法规，参建各方应根据各自的工作性质和工作范围，建立、健全相应的质量管理体系（含质量管理组织机构，质量管理规章制度，人员的质量法制教育和业务培训等），推行全面质量管理。

2. 质量管理应以预防为主，使影响工程质量的技术、管理和人的因素处于受控状态。受控范围应涉及质量形成的全过程，从而尽可能减少或消除质量缺陷和事故。

第四条 质量管理职责

一般在工程质量上实行项目业主总工程师负责制，总工程师代表业主进行工程质量问题的决策。业主对国家负责。

工程建设监理单位，在业主授权范围内，按合同规定对工程建设过程中的设计和施工质量负监控责任，并向业主负责。

项目的设计单位对工程设计的质量向业主负责，并为施工质量的监督、管理提供技术支持。

承包商及其分包商对其施工的工程质量和使用的原材料、构配件的质量负全部责任，且不因经监理工程师的检查和验收而减轻或免除其应负的责任。

技术委员会、咨询专家组对其所提交的咨询意见负责。

以上参与工程建设的各方，在实际工作中应密切配合、加强理解、通力协作，为达到质量目标而共同努力。

第五条 质量管理部门

业主吸收参建各方质量负责人组建"工程建设质量管理委员会"，负责领导质量管理工作，组织建立质量管理网络，推进质量宣传和质量评比活动，决定质量奖罚；对参建各方质量体系进行检查和评价，促使其进行质量改进。

质量管理委员会下设办事机构，负责日常质量管理工作，提出质量管理活动计划，对各单位质量管理工作进行协调、指导、督促和检查。

参与工程建设的各方，应参照国标 GB/T 19004.1 idt ISO 9004—1：1994《质量管理和质量体系要素》和 GB/T 19001—1994 idt ISO 9001：1994《质量体系设计、开发、生产、安装和服务的质量保证模式》，建立、健全内部质量保证体系，并使其有效运行。设立质量管理的专门机构和人员，明确各自的质量负责人，按分部、分项工程配备区域或部门的质量负责人，并以文件的形式授权相应的质量职责和权力。

分包商的质量体系纳入承包商的体系之中，分包商对所分包工程的质量向承包商负责。

各参建单位应支持质量管理部门的工作。

工程质量接受项目主管部门质量监督站的监督和检查。

第二章 采 购 与 认 定

第六条 业主指定供货厂家

按合同规定由业主指定供货厂家的主要建筑材料，业主物资部门应对可能供应的厂家进行调查和考察，综合考虑其质量体系状况、产品的质量保证能力、质量控制水平、检测手段、供货能力及条件、质量历史及用户反映等，择优确定并经主管领导批准。然后通知承包商，由承包商和厂家签订供货合同。当出现货源不足、渠道不畅时，由物资部门协调供需关系。但若材料质量不符合有关标准要求时，未经工程师批准不得用于本工程。

第七条 承包商采购

按合同规定，由承包商采购用于工程的原材料、构配件、仪器设备，应先向工程师代表部提出书面申请，获准后方可采购。申请时应提交下列有关资料：厂家资质等级、产品的性能、标准和生产许可证，在同类工程中不少于两年使用记录的证明，适用于本工程的试验论证资料等。对新产品、新材料，还应提交生产主管部门的鉴定材料。

对主要的原材料、构配件，当工程师认为有必要时，承包商应组织人员到厂家对其主要工艺、质量的检测手段等进行实地考察或取样试验。

第八条 实行工程师认定制度

所有用于工程的原材料、构配件及仪器设备到货时，承包商应立即通知材料工程师到场共同检查和抽样，经材料工程师书面质量认定后，方可使用。合格的材料和构配件，由承包商建立识别标识，并保证其可追溯性。不合格物品，应立即清除出场，不得入库、进场或暂存。

当材料工程师或现场工程师对原材料、构配件、仪器设备质量有怀疑时，应通知监理公司试验室抽样复检，复检结果应及时通知工程师代表部。

第九条 业主采购

由业主负责采购的金属结构设备、机电设备及成套设备，应在项目法人责任制的基础上，建立设备监理制度，并相应建立驻厂监造、巡回检查制度，明确有关人员的职责、权限及事故责任。

第三章 施 工 质 量 管 理

第十条 开工前的准备及审查

施工准备工作是保证施工正常进行和施工质量的重要环节。

1. 承包商按合同要求向工程师代表提交分部、分项、单元工程开工申请时，应同时提交施工组织设计及质量保证措施，说明施工方案、施工方法的程序和细节、质量控制办法及资源准备情况。

工程师代表应及时组织各专业工程师对承包商的申请进行审查，必要时，到现场实地检查，给予帮助、指导和协调，重大问题应请示总监理工程师，适时发布开工指令。

2. 监理公司在开展各分部分项工程具体监理工作之前，应做好各项准备工作，如制定各专业监理实施细则，确定各方协商、联络方式和渠道、各种会议时间、地点等。

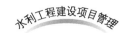

第十一条 施工过程质量管理

施工过程是直接形成工程质量的关键环节，应给予特别的重视。

1. 承包商（分包商）应按设计文件和批准的方法组织施工，严格按规程，规范进行操作，如要改变已批准的施工方法，应经工程师书面批准。

2. 承包商（分包商）应做好工艺控制和工序质量自检工作，并严格执行工序间的互检交接制度。工序结束时，必须自检合格后再请工程师值班员检查、认证，未经认证，不得进入下一道工序施工。

当承包商提出工序核查申请时，工程师值班员必须迅速到场，并根据合同技术标准的要求，逐项进行核查，做好记录。发现质量问题，应立即指出，要求改正。质量不合格的不得批准进入下一道工序施工。

3. 工程师值班员应跟班监督承包商（分包商）按技术标准、施工图纸及批准的施工方法和工艺进行施工，对施工过程中的实际资源配备、工作情况和质量问题等进行核查，并进行翔实的记录。下班时，经承包商有关人员签字认可，交工程师代表助理/值班工程师审核后上报。值班员应对记录的完整性和真实性负责。

工程师代表助理/值班工程师应经常巡视和检查工作区内的施工质量和质量保证措施的执行情况，督促检查值班员的工作，与承包商有关人员协商区域内各种施工问题，针对存在的质量问题和质量体系运转中的重要问题，发布口头指示，未能纠正时应及时发布书面指示，并在有关会议上提出要求改正。

4. 加强现场管理，提倡文明施工。现场文明施工程度是施工单位管理水平的重要体现，也是保证工程质量的基本条件。文明施工的基本标准是：道路整洁通畅，材料、设备堆放有序，场地通风明亮，无垃圾、烟尘、无积水、漏气。

5. 在分部、分项工程开工前，专业工程师可确定质量控制的重点工序和重点项目，工程师代表助理/值班工程师可根据施工过程中质量缺陷的实际情况及实际工艺技术水平，调整重点控制的工序和项目，优化质量控制点的设置。

工程师代表认为需要时，可与承包商协商对工序质量控制采用设置"停止监督点"和"见证监督点"的办法。

6. 设计单位应按有关规定参加施工质量检查（验收），并对施工质量进行巡查，收集施工反馈信息，确认现场地质情况、施工成果是否符合设计假定和设计要求，同时检验设计的正确性和合理性。

第十二条 实行质量标识

可采用施工区域或单元工程上挂牌方法，公布施工单位（班组）、质量负责人及监理人，以增强质量责任感。牌子分为三种：施工中的、评为优良的和评为不合格的，可用不同色彩分别进行标识。

第四章　施工测量和质量检测

第十三条 施工测量

1. 测量是保证建筑物空间位置符合设计图纸要求的重要手段。承包商在开始施工前应进行建筑物定位放线和建立地下工程轴线控制线，并对其正确性负责。完工后应对完成工程量进行测量和计量。测量工程师应对承包商测量成果进行复核（或进行联合测量），测量精度应符合技术标准的要求。

2. 测量仪器应按规定周期进行校验。承包商的仪器应将校验结果报测量工程师审查确认后使用。使用中，测量工程师应对测量仪器的状态进行抽查。

第十四条　质量检测

工程的内在质量是通过试验检测数据评价的，检测单位和人员应对检测数据的准确性、真实性负责。混凝土和大坝填筑实际达到的质量状况，以监理公司试验室检测数据和评价结果为准。

1. 监理公司试验室应按 JJG 1021—90《产品质量检验机构计量认证技术考核规范》和 JJG (SL) 10001—94《水利水电工程与产品的安全质量检验机构计量考核规程》的要求进行管理和运作，并通过国家计量认证。积极采用先进的计量测试方法，严格对计量测试设备的管理。

2. 按合同技术标准要求的检测项目和频度检测，按周、月、年进行汇总、分析和质量评价，按时将检测成果报送有关部门和领导。当现场监理人员认为有必要进行复核检验时，监理公司试验室应及时派员取样、检测。

3. 对承包商试验室的各项质量检测活动，原则上应按第一款要求的精神由监理公司试验室派员监督、检查并记录。

第十五条　承包商的检测工作

为保证并向工程师证明所施工的工程质量和生产的半成品质量达到了合同要求的质量标准，承包商应进行质量保证试验。

1. 试验能力应与承包商承包的工程相适应。

2. 试验室应建立内部质量体系，实行规范化管理，并接受试验工程师和质量工程师的监督和检查。重要试验应有工程师在场，并对试验结果签字确认。

3. 需要对外委托试验的应事先提出申请，经试验工程师批准后进行，必要时双方派人监督试验过程。

4. 质量试验成果按月报工程师代表部。

5. 当工程师对承包商检测成果提出异议，承包商应按工程师的要求进行重测或补测。

第五章　设计变更及施工详图审查

第十六条　设计变更和修改

1. 设计变更与修改的提出和传递程序，按业主规定的办法进行。

2. 在有充分论证的前提下，鼓励设计人员选用新材料、新工艺和新型结构，但应事先得到业主的认可。

第十七条　施工详图的审查

1. 承包商应根据设计图纸，制定相应的施工详图和施工方法说明，提交工程师代表部审查和批准。承包商依据批准后的图纸和方法施工，不得随意更改。

2. 工程师代表部应及时组织相关专业工程师，对施工详图和施工方法进行细致的审查，及时批准或提出修改意见。

3. 施工详图必须按合同规定时间提交，满足施工进度要求，不允许按照未经审查的施工详图施工。

第六章　文函及记录管理

第十八条　文函及记录管理包括以下内容

1. 业主、监理公司、承包商在施工期的所有现场记录、书面文函、质量记录和报告以及各种声像资料是处理合同纠纷和索赔、进行工程缺陷维修的主要依据。工程师代表部应及时收集、整编，分类、移交档案管理部门分档存放。

2. 监理公司与承包商之间的所有合同往来，均以书面文字为准。现场工程师的口头指令，应在合同规定的时限内发文确认。

3. 监理公司与承包商之间的所有文函、记录只能由工程师代表部与承包商相互传递，其他部门不得与承包商直接文函往来，以保证合同的严肃性。

4. 文字记录要对时间、空间、环境和过程作全面、详细、真实、具体的记载，必要时采用影像记录，记录者必须在记录上签字备查。对承包商的施工情况或试验记录要由承包商在场的有关人员签字认可，试验记录要有试验人、计算校核人核实签字。

第七章　工程质量核查和验收

第十九条　单元工程质量核查和评定

1. 工序核查按第十一条第二款进行。

2. 单元工程完成后，承包商应进行自检，合格后，书面向工程师值班人员申请核查。工程师值班人员按合同规定的有关标准认真进行核查和评定。分项、分部、单位工程质量评定以单元工程质量评定结果为基础。

3. 隐蔽工程和重要部位的单元工程由工程师代表助理按有关规定组织验收和评定，并认真考虑设计单位的意见。

4. 工程质量的评定标准，应主要依据合同要求的质量标准。合同中不明确的，以国家和行业标准评定，可作为国家验收时的原始资料和质量奖罚依据。

第二十条　分部、分项工程验收

1. 监理公司设立"工程验收委员会"（验收小组），负责分部、分项工程和隐蔽工程的验收工作。

2. 分部、分项工程完成后，工程师代表部应适时指示承包商按合同有关规定进行整体检查和缺陷修补，整理竣工图纸和相关资料对分部、分项工程质量作出初步评价，报工程师代表部审核。

3. 工程师代表部报请监理公司"工程验收委员会"（验收小组）检查和验收。"工程验收委员会"（验收小组）应按监理公司颁发的有关验收工作规定组织验收工作，对验收工程项目的质量状况作出明确评价，并在验收文件上签字，报总监理工程师审批。

第二十一条　阶段及竣工验收

主要的工程阶段验收和竣工验收，由业主向主管部门申报。参与工程建设的各方，应按合同有关规定，提供翔实的资料，并对质量问题加以明确说明。业主和监理公司认真组织验收报告的编写和有关验收准备工作。

第八章　质量缺陷和质量事故

第二十二条　质量缺陷的修补

各级现场监理人员和其他人员，在巡查中发现质量缺陷时，应及时和工程师值班员或工程师代表助理联系，由工程师代表助理向承包商发出修补质量缺陷的指令，并可提出建议修补方案，事后双方以文件方式确认。

第二十三条　质量事故报告

1. 发现质量事故，承包商和工程师值班员应及时上报工程师代表助理和工程师代表部，同时，工程师值班员和质量工程师应会同承包商质量管理及有关人员，对质量事故的状况及有关过程进行检查和详细记录描述，必要时进行拍照或录像。双方检查人员在记录上签字确认。

2. 对出现的质量事故，工程师代表应书面要求承包商查明原因，分析危害程度，提出具体处理和整改措施。承包商必须立即作出响应。

3. 对较大质量事故，工程师代表应及时报告总监理工程师和总工程师，以利妥善决策。

第九章　人　员　及　培　训

第二十四条　人员素质

1. 人是构成质量体系的关键因素，起着主导作用。承包商呈报施工组织设计和分项工程施工方法细则时，必须说明管理人员和操作人员的基本技术能力和从事本工作的经历。主要工种的操作工人（如凿岩爆破工、机械操作工、混凝土喷射手、混凝土浇筑工、灌浆工、试验工、测量工、焊工等）应有相应机构颁发的操作上岗证，证明其技能水平，持证上岗。

2. 专业工程师在对承包商人员进行审查时，应特别注重对管理人员和工长素质的审查，还要注意对主要工种（工序）的操作人员进行审查，必要时可按有关要求组织现场考试。

在施工过程中，工程师值班员和值班工程师应经常考核或抽查各类人员的实际技术能力和素质，对不能适应岗位工作的人员，应按合同要求建议承包商更换。

第二十五条　培训

参与工程建设各方，应对各类人员进行定期培训，以增强质量意识和法制观念，加深对操作规程、技术标准、合同文件的理解。各单位主管部门应制订培训计划和有关管理办法。

第十章　质　量　奖　罚

第二十六条　质量否决制

在对工程计量、支付和奖励时实行质量一票否决制。对未经单元工程质量评定认可的工程不予计量；按工程量支付时，对质量不合格工程项不得支付；在各种评奖表彰活动中，对所施工或监理的单位工程（或分部工程）达不到合同要求的单位和个人，或同期发

生过一般质量事故的个人和较大质量事故的单位，不得受奖励或表彰。

第二十七条 质量奖

施工单位内部应制定质量奖励办法，并贯彻实施，业主和监理公司有督察的业务。业主对施工和监理单位设置以下奖项：

1. 质量管理奖：

（1）奖励质量检查控制中认真负责、坚持原则、善于发现质量缺陷和质量管理问题的质量监督检查人员。

（2）奖励质量管理中方法得当、措施有力、效果显著的质量管理人员或单位。

2. 单项工程优质奖：奖励分部、分项工程或单位工程达到国家（水利部）优质工程水平的施工单位和直接监理人员。

3. 阶段质量奖：奖励在一定时段内完成的单元或分部、分项工程合格率达到100％的施工单位和监理单位。

4. 文明施工奖：奖励施工现场管理有序，达到文明施工标准的工区或班组。

5. 业主单位领导认为必要时，可给参建单位或个人颁发单项嘉奖。

第二十八条 质量处罚

对在工程建设过程中，经常出现质量缺陷，形成缺陷事实的，除责令修补外，按规定扣付部分工程价款作为处罚。

对形成质量事故，或使用不合格材料，或偷工减料造成质量隐患的，除按监理工程师意见进行修复外，并按规定罚款，对直接责任人给予罚款和处分。对重大质量事故应报经质量管理委员会研究并会同有关单位及部门作出处理意见，施工单位按处理意见进行修复，并根据事故责任承担经济损失，对质量负责人和直接责任人，根据法律追究刑事责任。

以上罚款可用于质量奖励。

对隐瞒质量事故的单位和个人应视情节给予相应处罚和处分。

第十一章 附 则

第二十九条 本办法由×××水利水电有限责任公司负责解释。

第三十条 本办法自颁发之日起试行。

【案例2】 ×××水利枢纽工程建设招标投标实施办法

第一章 总 则

第一条 为了搞好×××水利枢纽工程建设，达到控制建设工期、确保工程质量、合理确定工程造价的目的，根据《中华人民共和国招标投标法》和水利部《水利工程建设项目施工招标投标管理规定》，结合工程的具体情况，制定本办法。

第二条 ×××水利枢纽工程所有招标项目均由×××水利水电有限责任公司（以下简称招标单位）自行招标。招标方式分两种：公开招标、邀请招标。

第三条 ×××水利枢纽工程招标的范围包括：主体工程和主要临时工程项目的施工；主要机电、金属结构设备的制造和采购，机电、金属结构设备的安装；建筑工程主要材料的采购；施工监理和重大技术问题咨询等。

第四条 本工程招标投标是招标方和投标方法人之间的经济活动，受国家法律的保护和约束，双方都应坚持合法、公平、平等、有偿、讲求信用的原则，并接受有关行政监督部门依法对招投标活动及其当事人行为的监督。

第五条 本着有利施工和便于管理的原则划分标段，分标方案经招标领导小组批准后不得随意变动，任何单位和个人不得将依法必须进行招标的项目化整为零或者以其他任何方式回避招标。

第二章 招 标

第六条 成立×××水利枢纽工程招标领导小组，由公司经理及相关部门负责人组成。招标领导小组负责审查批准标段划分、招标方式、评标委员会组成人员、评标办法、标底和中标单位。重大项目的招标事项报公司董事会批准。

第七条 计划合同部（设 3 名以上专职人员）归口管理招标投标工作。主要职责：

1. 向上级有关部门办理招标申请、发布招标公告和投标邀请书等有关事宜。

2. 配合工程管理处等有关部门提出分标方案，并提出该标段的招标方式初步意见。

3. 组织协调招标文件和标底编制、审查工作。

4. 负责组建评标委员会，提出专家组初步人选。

5. 组织投标单位的资格预审工作，组织开标、评标、议标工作。

6. 组织、参加与中标单位的谈判、签订合同工作，并监督中标单位履行合同。

7. 不断总结完善招投标工作和实施办法，为领导小组提供各种信息和合理建议。

第八条 项目招标应具备的条件：

1. 项目的招标设计或技施设计已经完成。

2. 所需投资已列入年度计划中。

3. 工程和施工占地已经征完。

4. 已经在相应的工程质量监督机构办理好质量监督报批手续。

第九条 评标委员会由招标单位的代表和有关技术专家组成。成员人数根据项目大小和技术复杂程度为 5～13 人的单数，其中技术经济方面的专家不少于成员总数的 2/3。专家主要在省级相关部门、行业的专家库中确定和抽取。特殊项目和专业邀请水利部和水规总院及全国其他地区的专家参加。

第十条 根据工程规模和投资额度，招标分三种形式进行。

公开招标：主体工程，如：大坝、溢洪道、厂房、灌溉引水洞等，机电及金属结构设备采购与安装，工程主要材料的采购、对外交通工程和施工准备的主要单项工程等。

邀请招标：除主体工程以外的其他永久工程，如房屋、通信等；大型临时工程；施工监理和重大技术咨询等。

邀请议标或直接委托：施工单项合同（包括永久和临时工程）估算价 200 万元以下；重要设备和主要材料采购单项合同估算价在 100 万元以下；单项勘察、设计、监理、技术经济咨询等服务项目，单项合同估算价在 50 万元以下。

第十一条 在招标文件中，视工程具体情况分别采用不同的合同形式。一般采用单价合同或单价与总价相结合的合同。对设计工作比较充分、工程量计算比较准确、工期在一

年以内的工程，采用总价合同。

第十二条 招标文件主要包括以下内容：

1. 工程综合说明（包括水文地质条件、建设项目内容、技术要求、质量标准、现场施工条件、建设工期等）。

2. 投标邀请书。

3. 投标须知。

4. 投标书格式及其附件。

5. 合同协议书格式及履约保函格式。

6. 工程量清单和报价表及其有关附表。

7. 合同条款（其中包括材料及设备供应方式，工程量的测量和工程款的支付方式，预付款的百分比，主要材料标准价格和合同纠纷处理等）。

8. 技术规范，验收规程。

9. 图纸、技术资料和设计说明。

以上内容主要参照执行水利部、国家电力公司、国家工商行政管理局 2000 年 2 月联合印发的《水利水电工程施工合同和招标文件示范文本》。

第十三条 公开招标实施程序：

1. 向水利部招标投标管理部门提交招标申请书，经批准后实施。

2. 组织编制招标文件和标底，并报水利部招标投标管理部门备案。

3. 在国家规定的报刊、信息网络上发布招标公告，出售资格预审文件。

4. 对投标单位进行资格审查，并提交资格预审报告。

5. 向资格审查合格的投标单位发出投标邀请书并出售招标文件及有关资料。

6. 召开标前会，组织投标单位进行现场勘查，解答招标文件中的问题。

7. 组建评标委员会，制定评标定标原则和办法。

8. 按照招标文件规定的时间、地点召开开标会议，当众开标。

9. 按照评标原则和办法，组织评标，在评标期间，召开澄清会议，对投标书中不清楚的问题让投标单位作必要的澄清。

10. 评标委员会编写评标报告，提出初选中标单位，报招标领导小组批准。

11. 与初选中标单位谈判，谈判成功后，发中标通知书，与中标单位正式签订合同。评标报告、中标单位及合同副本报上级招标投标管理部门备案。

12. 通知未中标单位。

第十四条 邀请招标按下列程序进行：

1. 向水利部招投标管理部门提交邀请招标申请书，经批准后实施。

2. 组织编写招标文件和标底，拟议合同草案。

3. 向有相应资质等级、营业范围和施工经历及能力的施工单位发招标邀请书，被邀请投标的单位不少于 3 个。

4. 在招标领导小组的监督下，由计划合同部牵头组织有关专家进行评标，工程、机电、物资等部门配合，与被邀请的投标单位进行协商谈判。经综合分析后确定中标单位。

5. 中标单位经招标领导小组批准后正式签订施工合同。

第三章　标　　底

第十五条　建筑工程和安装工程招标必须编制标底。设备和主要建筑材料采购，主要由投标单位报价，招标单位分析比较后一般选低价投标单位中标。建筑及安装工程标底可委托具有相应资质的单位编制，也可组织力量自行编制。编制人员必须是持证的熟悉有关业务的概预算专业人员。编制标底的单位及有关人员不得介入该工程的投标书编制业务。

第十六条　标底编制原则：

1. 标底应根据招标文件、设计图纸及有关资料，依据国家和水利部颁发的现行技术标准、经济定额标准及规范等编制。不得以概算乘以系数或用调整概算作为标底。

2. 招标项目划分、工程量、施工条件等应与招标文件一致。

3. 在标底的总价中，必须按国家规定列入施工企业应得计划利润。技术装备费不计入标底，使用方法另行规定。

4. 一个招标项目只能编制一个标底。

第十七条　标底必须控制在上级批准的总概算内。如有突破，应说明原因，由设计单位进行调整，并报原概算批准单位审批后才可招标。

第十八条　标底一经审定应密封保存至开标，所有接触过标底的人员均负有保密法律责任，不得泄露。

第十九条　实行议标的项目，其合同价由计划合同处牵头，组织有关处室与投标单位商议，报招标领导小组批准。

第四章　投　　标

第二十条　投标单位应当具备承担招标项目的能力，如果一个施工企业力量不足以承担招标工程的全部任务，或不能满足投标资格的全部条件，允许由两个或两个以上施工企业组成联营体（依法注册）联合参加投标。联合投标应出具联合协议书，明确责任方和联营体各方所承担的工程内容，并由责任方作为联营体的法人代表。联合协议书应经公证处公正。

第二十一条　投标单位应向招标单位提供招标文件中要求提供的材料。如企业资质证书、营业执照、企业概况、承担过的工程情况、近期业绩证明、当前的施工任务、财务状况等。

第二十二条　投标单位应当按照招标文件的要求编制投标文件。投标书包括的内容应符合招标文件的要求，应当对招标文件提出的实质性要求和条件作出响应。

第二十三条　投标单位必须出具银行的投标保函，保证金额按工期规模大小，在招标文件中明确规定。

第二十四条　投标单位对招标文件个别内容不能接受的，允许在投标书中另作声明。投标时未作声明或声明中未涉及的内容，均视为投标单位已经接受投标文件的条件，中标后即成为双方签订合同的依据。不得再以任何理由提出违背招标文件的附加条件，或中标后提出附加条件。

第二十五条　投标单位可以提出修改设计及合同条款等建议方案，并做出相应报价，与投标书同时密封送达投标地点，招标单位有权拒绝或接受修改及建议。

第二十六条　投标单位在投标书提交给招标单位后，在投标截止日期前，允许投标单

位以正式函件调整已报的报价，或作出附加说明，此类函件与投标书具有同等效力。

第二十七条 中标单位不得对投标项目的主体工程进行转包、分包。对非主体工程如要分包，须经招标单位同意。分包工程仍由原中标单位负责，不得改变原承包合同。严禁非法转包。

第五章 开标、评标、定标

第二十八条 开标、评标、定标活动在招标领导小组监督下，由招标职能部门会同有关部门组织进行。开标时间、地点、评标办法、定标结果报水利部备案。

第二十九条 严格按招标文件规定的时间、地点开标。开标时评标委员会成员和投标单位代表均应在场，当众启封投标书及补充函件，公布各投标单位的报价及招标文件规定需当众公布的其他内容。同时公布评标办法。

第三十条 投标书有下列情况之一者无效：

1. 未密封。

2. 缺投标保函。

3. 未加盖单位和法人或法人代表委托的代理人的印鉴。

4. 未按规定填写、内容不全或字迹模糊不清。

5. 逾期送达。

6. 投标单位未参加开标会议。

第三十一条 评标前，先制定出评标原则和办法，经评标委员会讨论通过并报招标领导小组批准。评标标准本着平等竞争、公正合理的原则制定，主要包括投标报价，施工方案，保证质量和工期的措施，投入该项目的合理技术力量，机械设备的数量和状况，企业的信誉以及从事同类项目的经验。

第三十二条 评标委员会均不代表任何单位和组织，严禁私下与投标单位接触，更不得泄露评标情况和评标结果。

第三十三条 开标以后，投标单位提出的任何修正声明或附加优惠条件，一律不得作为评标依据。

第三十四条 开标后，对投标书中不清楚的问题，投标单位应按招标单位的要求作进一步的解释和说明。对所澄清和确认的问题，应采取书面形式，经双方签字后，作为投标书的组成部分。

第三十五条 为防止投标哄抬报价或盲目压低报价，有效标价控制在标底价的上5%和下15%之间。遇有特殊情况，须经招标领导小组批准，方可不受此限。

第三十六条 根据评标内容，采用综合打分法。打分的权重一般按以下比例考虑：报价50～65分，施工组织设计和各项技术措施30～45分，企业业绩和信誉等5～10分，合计100分。打分的权重根据工程的难易程度和质量工期要求确定。对一般工程，报价等打分可偏高一些；对技术条件复杂的工程，施工组织设计和各项技术措施打分要偏高一些；对机电、金属结构设备制作及安装售后服务要求较高的工程，企业业绩和信誉打分要偏高一些。评标委员会经综合分析比较后推荐3个初选中标单位，报招标领导小组批准。

第三十七条　由计划合同部组织有关部门和专家在招标文件规定的期限内，与初选中标单位谈判。谈判成功，报招标领导小组批准后，发中标通知书，签订工程承包合同。

第三十八条　通知未中标单位，同时退还未中标单位投标保证金。可不向未中标单位解释未中标原因。

第三十九条　工程承包合同签订后，由计划合同处及时向上级主管部门提交开工报告，批准后，按招标文件规定发出开工令，可正式开工。

第六章　罚　　则

第四十条　投标单位不如实填写资格预审要求的有关情况，弄虚作假，招标单位有权取消其投标资格。

第四十一条　发现中标单位将主体工程转包的，或将中标项目肢解后分别转让给他人的，由招标方通知中标单位立即解除转包合同，按招标投标法有关条款处理。

第四十二条　编制招标文件或标底的单位和个人泄漏标底，参与评标的工作人员和评标委员会成员泄漏评标机密，由招标领导小组给予警告，并不允许其再参加招标工作，构成犯罪的，提请司法机关依法追究当事人的刑事责任。

第七章　附　　则

第四十三条　建筑工程招标文件和施工合同遵照水利部、国家电力公司、国家工商行政管理局2000年2月联合印发的《水利水电工程施工合同和招标文件示范文本》编制。建设监理、技术咨询、设备和材料采购参考有关部门的招标文件范本进行编写。

第四十四条　本规定由×××水利水电有限责任公司负责解释。

第四十五条　本办法自发布之日起实施。

【案例3】　×××水利枢纽工程建设合同管理办法

为了搞好×××水利枢纽工程建设，有效控制工程投资，确保工程质量，按期完成建设目标，在工程建设中，认真实行项目法人责任制、招标投标制、建设监理制和合同管理制。为规范合同管理，制订本工程合同管理暂行办法。

一、合同分类

(1) 建筑工程合同。包括主体建筑工程合同、临时建筑工程合同和房屋建筑工程合同等。

(2) 机电及金属结构设备制造和采购合同。

(3) 机电和金属结构设备安装合同。

(4) 工程物资和非工程设备的采购、运输合同。

(5) 贷款合同。包括长期工程贷款和短期贷款。

(6) 移民安置合同。主要指与地方政府签署的移民安置和投资包干协议。

(7) 技术合同。包括勘测、设计、监理和技术咨询等。

(8) 租赁合同。包括房屋和设备的租赁。

(9) 其他合同。未纳入上述分类的所有合同。

二、合同主管部门

合同主管部门为计划合同部。计划合同部在合同管理方面的主要职能是：

（1）负责办理各类合同的立项审批手续。

（2）除负责本部门分管的合同项目外，对其他合同文稿进行审查、会签，组织合同价款的谈判。

（3）负责合同价款的结算。

（4）负责合同资料的保管及台账建立。

三、合同项目归口管理部门

（1）建设工程项目。其中，土建、临建工程等项目，由计划合同部分管；供水、供电、通信等小型基建项目由工程技术部分管。

（2）机电设备及金属结构制造采购、安装项目由机电部分管。

（3）物资供应项目由物资管理部分管。

（4）贷款项目由基建财务部分管。

（5）移民安置项目由环境移民部分管。

（6）技术合同及未被列入上述分类的其他合同由计划合同部统一管理，其中技术条款由涉及的部门分管。

四、公司各部门分工归口管理有关合同的主要职责

（1）负责合同的立项申请。

（2）负责合同技术和商务条款的起草，参与合同价款的谈判。

（3）负责监督、跟踪合同项目的实施和完工验收。

（4）参与合同价款的结算。

五、合同签约程序

1. 合同立项

首先由合同项目归口管理部门编写立项报告（包括项目内容、规模、工程量、投资估算等）提交计划合同部，计划合同部提出审查意见报公司总经理批准（施工单项合同估算价在 100 万元以上、设备材料货物采购 50 万元以上、技术咨询 20 万元以上的项目立项应经公司总经理办公会批准），并向合同项目归口管理部门发出书面立项通知。

2. 施工详图审查

施工详图由合同项目归口管理部门将施工详图提交给工程技术部进行审查，工程技术部将审查后的图纸及审查意见分送计划合同部及有关部门。

3. 选定承包单位 施工单项合同估算价在 200 万元以上、设备材料货物采购单项合同估算价 100 万元以上、技术咨询 50 万元以上的项目，原则上应通过招标方式选定承包或供货单位，由计划合同部牵头，与合同项目归口管理部门共同办理，按招投标实施办法实施。个别特殊应急项目（如防汛工程），可经公司经理办公会研究指定承包单位。

4. 施工组织设计及预算审查

承包单位编制的施工组织设计，由合同项目归口管理部门提交给工程技术部，由工程技术部负责组织审查。

承包单位报送的施工图预算或投标报价，由计划合同部负责审查。在审查过程中，应严格建立审核、复核制度。

经招标领导小组同意成立评标委员会的工程项目的施工组织设计方案及投标报价，由

评标委员会负责审查，并由评标委员会提出评标意见，报招标领导小组批准。

5. 合同文稿的拟定及批准

合同文稿由合同项目归口管理部门负责起草，计划合同部负责组织审查，根据合同类别、性质，分别送工程技术部、物资管理部、机电部、基建财务部、项目监理单位等依次会签，并报公司分管合同的总经理审定。实行招标的项目报招标领导小组审定。

6. 合同签订前的批准

合同签订前，由项目归口管理部门的分管经理向公司总经理汇报并获得批准。重大合同和总经理认为应由公司经理办公会研究的合同，经公司经理办公会研究批准。实行招标的项目报招标领导小组批准。重大项目报董事会批准。

7. 合同的签订

合同文稿批准审定后，由项目归口管理部门校对无误后方可签订合同。

合同的签订应由双方法人代表签字，也可由法人代表授权代理人签字。结合×××工程情况，重大工程项目合同由公司董事长授权总经理签订，一般工程项目合同授权公司分管副总经理签订。

六、合同用印

公司所有签订的合同，统一加盖公司合同专用章。

公司合同专用章由计划合同部保管。

七、合同编号

×××工程所签合同，均应有统一编号。为了使合同编号规范化，合同签订后由计划合同部负责编号。合同编号方法规定如下：

土建工程合同：×××—TJ—年号—序号；

房建工程合同：×××—FJ—年号—序号；

机电工程合同：×××—JD—年号—序号；

金属结构合同：×××—JJ—年号—序号；

物资供应合同：×××—WG—年号—序号；

贷款合同：×××—DK—年号—序号；

移民合同：×××—YM—年号—序号；

技术合同：×××—JS—年号—序号；

租赁合同：×××—ZL—年号—序号；

其他合同：×××—QT—年号—序号。

八、合同文件管理

招标文件、投标书、评标资料、合同协议、会议纪要、补遗、补充协议等合同资料，均应送交计划合同部一式两份（正、副本各一份），计划合同部设专人登记、保管、归档，并建立合同台账。归口管理部门和财务部各一份。

九、合同的监督

合同归口管理部门负责对合同的实施过程、履行情况进行监督检查，并在每次拨款前一周和项目阶段结束前10日向计划合同部提交合同履行情况报告。聘请监理单位的项目，由监理单位负责。计划合同部定期对全部合同的履行情况汇总，并向公司领导汇报合同的履行情况及在履行过程中存在的问题。

附件 1

合同管理工作程序及流程

一、工程项目立项程序

（一）立项申报

工程项目负责部门填报立项申报表，填报内容：

（1）项目申报理由。

（2）主要工作内容及主要工程量。

（3）项目费用估算。

（4）申报部门负责人签字。

（5）申报部门主管副总经理签署意见。

（6）计划合同部签收。

（二）立项审批

计划合同部签收后转交相关科室办理，内容如下：

（1）预算合同科对申报项目造价进行复审。

（2）填写项目投资渠道与概算归类。

（3）填写项目的实施单位（通过招标确定）。

（4）计划合同部经理审查。

（5）转送公司总经济师（副总经）签署意见。

（6）转送公司总经理批准。

（7）公司总经理批准后，计划合同部编号，把审批表反馈申报部门，项目立项。

（三）立项流程

工程项目立项流程示意图如图 2-3 所示。

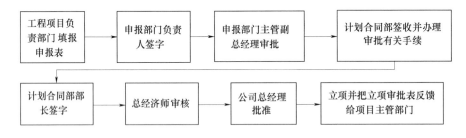

图 2-3　工程项目立项流程

二、工程项目合同签订程序

（一）合同签订程序

合同签订程序如下：

1. 工程项目立项、招标确定承包商后，甲、乙双方协商起草合同草稿；

2. 甲方计划合同部经理签阅；

3. 乙方项目主管签阅；

4. 甲方计划合同部项目负责科室转送项目主管部门、其他相关部门、总经济师（副

总经)、项目主管副总经理、总经理依次会签;

5. 会签完毕,把会签意见反馈给甲方相关部门及乙方,双方协商达成一致后起草正式合同文本;

6. 甲、乙双方法人代表或受权代理人签字并加盖公章,合同生效发送有关部门。

(二) 合同签订流程

合同签订流程示意图如图 2-4 所示。

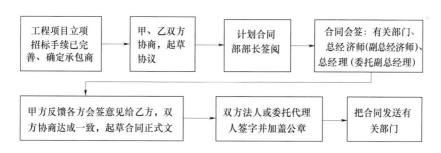

图 2-4 工程项目合同签订流程

三、工程款结算及支付程序

(一) 结算报表审核程序

(1) 承包商根据合同有关条款约定填报统计结算报表。

(2) 监理工程师审核所报工程量与单价,并签字盖章。

(3) ×××水利水电有限责任公司有关部门审核工程量并签署意见。

(4) 计划合同部审核单价与合价。

(5) 计划合同部部长核准。

(6) 报总经理批准。

(7) 返基建财务部、承包商与监理,作为结算的依据。

(二) 结算流程

工程款结算流程示意图如图 2-5 所示。

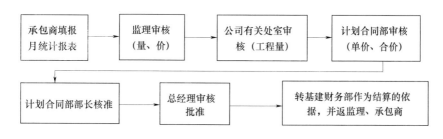

图 2-5 工程款结算流程

四、工程合同返还质保金程序

(一) 返质保金程序

1. 工程项目质保期满,承包商向监理工程师或甲方有关部门书面申请返还质保金;

2. 公司项目负责部门组织有关部门及监理进行复验;

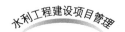

3. 复验合格后签发"缺陷责任终止证明书",若有扣款应注明;

4. 计划合同部会同基建财务部按正常付款程序予以返还乙方质保金。

（二）返还质保金流程

工程合同返还质保金流程示意图如图 2-6 所示。

承包商书面申请 → 项目负责部门组织复验 → 签署验收合格证明书 → 按正常付款程序返还质保金

图 2-6　工程合同返还质保金

附件 2

×××水利水电有限责任公司合同立项申报表

项目名称		申报部门	（公章）
项目性质	新建□　扩建□ 改造□　维修□ 其他□	审查	
		复核	
		经办	
项目申报理由			
项目主要工作内容			
项目主要工作量			
项目造价预（估）算简表			
公司部门主管经理意见			
附件名称		计划合同部接收人：（签字）	

附件 3

×××水利水电有限责任公司合同立项审批表

项目名称			立项编号	
			立项字第　号	
工程量复审意见			审查单位	（公章）
			审核	
			经办	
计划合同部意见	项目造价预（估）算复审意见			
	项目的投资渠道与概算归项			
	推荐承包单位意见			
	审查		复核	经办
公司领导意见	总工程师审核意见			
	主管计划经理批准意见			

【案例4】　×××水利枢纽工程基建计划统计管理办法

第一章　总　　则

第一条　为了加强×××水利枢纽工程基建计划统计管理工作，合理安排资金，有效控制投资，促进工程建设全面完成，根据国家统计法规和水利部基建计划统计有关规定，结合×××工程建设实际情况，制定本办法。

第二条　本办法包括基建计划的编制、执行、调整、监督和统计工作的基本任务、统计人员职责、报表编制以及统计分析等，旨在明确和规范×××工程从投资安排到计划管理、统计管理等各个环节的管理活动。

第三条　计划统计管理工作涉及面广，各有关单位和公司有关部门之间要协调配合。监理、施工单位和工程、移民、物资等部门要配合计划合同部，做好各类计划和统计报表的编制与管理工作。

第二章　年度投资计划的编制

第四条　年度投资计划按照编制时期和作用的不同，分为下年度投资建议计划和当年投资实施计划。

第五条　下年度投资建议计划的编制程序。下年度投资建议计划是向董事会和上级主管部门申报的下年度投资计划，其作用是落实下年度的基建投资计划规模和资金，申报范围为经初步设计批准的建设内容，其编报的程序如下：

（1）根据上级主管部门或公司董事会的文件通知要求，按照工程建设的进度安排，计划合同部会同工程技术部、环境移民部等部门编制下年度投资建议计划。

（2）公司主管经理或经理办公会专题研究审定建议计划，根据审定意见进一步修改后，报送董事会和上级主管部门。

第六条　当年投资实施计划的编制程序。在上级主管部门把×××工程的年度投资计划下达给上级主管部门以后，按照上级单位的要求和投资规模，需向上级单位编报当年投资实施计划，作为拨付资金和公司组织工程建设的依据。其编制的程序如下：

（1）根据上级的文件通知要求，按照年度投资规模和合理的工程进度安排，计划合同部会同工程技术部、环境移民部等部门编制当年投资实施计划。

（2）经公司主管经理审阅后，报公司经理办公会专题研究审查，根据审查意见进一步修改后，报送董事会。

（3）经董事会审定后，报送上级单位。

第三章　计划的执行、调整与监督、检查

第七条　各部门要严格按照当年投资规模组织实施，原则上不能突破年度计划规模，在计划执行过程中，若预计年度计划规模确实有缺口或不能完成，以及主要实物指标不能完成计划，要提出计划调整报告专题报公司，经核实后向董事会和上级主管部门请示、批准。

第八条　严格计划管理，凡未列入计划的项目，合同不得签订，工程不得开工，设备

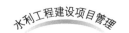

不得购置，财务不得付款。各部门要严格执行当年实施计划，认真组织实施，确保年度计划的完成。

第九条 加强计划外项目的管理。对急需建设而又未列入当年实施计划的项目，经审批可单独立项，投资动用年度投资计划，总额度控制在年度基建投资计划规模内。其立项审批程序为：

(1) 归口管理部门提出立项申请报告（包括项目建设原因、作用、规模、总造价等），并报送计划合同部。

(2) 计划合同部组织相关部门研究提出审查意见，报主管经理或经理办公会审定。

(3) 计划合同部下达单项工程立项通知，作为签订合同和财务付款的依据。

第十条 个别特殊应急项目，如防汛工程项目，归口管理部门可按有关会议和领导决定先行实施，并及时向计划合同部报送有关材料，经公司主管经理审批后补办手续。

第十一条 公司计划合同部要经常深入现场，检查计划执行情况，发现问题及时报告并研究处理意见。同时，计划管理要自觉接受上级计划部门的监督检查。

第四章　统计工作任务、组织和统计人员职责

第十二条 统计工作的基本任务是：对工程建设情况进行统计调查、统计分析、检查监督计划执行情况，及时、准确、全面地向上级报送统计报表，定期向公司领导提供统计资料，满足对工程建设的指挥和决策要求。

第十三条 各有关单位和部门必须按规定如实报送统计报表，提供统计资料，不得虚报、迟报、拒报，更不得伪造、篡改，以保证统计报表的真实性、统一性和严肃性。

第十四条 统计工作是领导的耳目和参谋，统计资料是领导决策的主要依据。因此，各单位、各部门的主要领导应予充分重视和支持，根据各自的业务范围，设置专职或兼职统计人员，按要求完成本单位、本部门的统计任务。

第十五条 为加强×××水利枢纽工程的统计工作，计划合同部设置计划统计科，负责对上编报统计报表、提供统计资料，对外发布统计信息（经公司领导批准后），督促、检查、指导有关单位和部门的统计业务工作。

第十六条 各有关单位或部门的统计人员实行工作责任制，对提供统计资料的质量和时限性，必须全面负责。

第十七条 各有关单位或部门的统计信息资料，应由统计人员统一向上报送，并妥善保管，不得擅自对外借阅。必要时，须经双方单位领导批准，方能在单位内部办理借阅手续。

第十八条 统计资料应按档案管理规定，及时整理归档，避免散失。

第五章　统计指标与报表编制

第十九条 统计指标体系和名词解释，均按国家统计局有关规定执行，不得任意更改或曲解。

第二十条 为满足定期统计报表上报任务并及时向公司领导提供统计数据，施工单位、施工监理和移民监理单位以及环境移民部、基建财务部等部门必须按要求及时报送各

种统计报表。

1. 月报表编报程序

(1) 每月 26 日枢纽工程施工单位向施工监理单位报送统计报表，移民监理单位向环境移民部报送统计报表（在时序上可破月，即上月的 26 日至当月的 25 日作为当月的统计时段）。

(2) 枢纽工程部分经监理工程师审核汇总，移民工程部分经环境移民部审核汇总，月底前报计划合同部。

(3) 枢纽工程部分经工程技术部审核工程量后，返还计划合同部。

(4) 计划合同部编制基建统计月报。

(5) 于次月 5 日前，以公司文件报上级主管单位和有关部门。

2. 年报表编报程序

年报表编报程序和单位同月报表。时间为各单位和部门报送 12 月份月报表的同时报送年报表（在时序上应以当年的 1 月 1 日至 12 月 31 日作为全年统计时段）。

各种统计报表的编制，除按报表格式和内容认真、全面填写外，还应编写文字说明、完成情况与计划对比图，文字说明的内容应包括各项主要工程的计划完成情况、形象进度情况、存在的问题、采取的措施与建议，以及资金到位情况。

第二十一条　各有关单位和部门的统计人员应建立健全本职范围内的统计台账。建立统计台账是以满足填报统计报表、统计分析和查询资料为目的。统计台账应包括月统计台账、年统计台账和历年统计台账。月、年、历年统计台账的内容均应包括投资完成和工程量完成之内容。

第六章　统　计　分　析

第二十二条　统计分析是统计工作全面深化的阶段。根据搜集整理的大量统计资料，运用统计方法，对各项有关指标进行对比，进而对所研究的经济现象进行综合分析、推理和判断，从中发现问题，找出主要矛盾，提出解决办法，为领导决策提供参考资料，作为水利部重点建设的×××工程，应定期不定期地写出有价值的统计分析报告，每年应写出 1~2 篇综合分析报告。

第二十三条　统计分析报告主要通过数据的采集，经过归纳整理后输入计算机处理，形成计划执行情况折线图、直方图和投资工程量构成饼形图。通过以上多方面形成的图表，阐述问题的实质、原因以及解决的办法。×××工程的统计分析主要从以下几个方面予以分析。

1. 按投资计划完成情况进行检查分析。首先按照计划项目的划分，对各种投资完成额进行分析比较，然后把完成的投资额与相应时期的计划投资额进行对比，确定相应时期投资计划的完成程度，反映年度计划投资总额的完成情况，衡量年度计划能否顺利完成或及时采取措施促使年度计划的完成。

2. 按投资构成进行检查分析。在投资分类的基础上，按投资的构成、用途分组检查，分析投资构成是否均匀地完成计划。

3. 按单项工程进行检查分析。把重点的单项工程投资计划完成的百分比与一般项目

以及整个项目的投资计划完成的百分比进行比较，从中发现问题，查出原因。

4. 按工程形象进度检查分析。

第四节　项目法人与建设各方的关系

水利工程建设项目参建各方一般指项目法人（也有叫发包人、建设单位或业主）、勘察设计单位、施工监理单位、承包人（也叫承包商）、咨询单位，见图 2-7。其他参与合同实施的还有分包人（也叫分包商）、供货商和设备制造商以及项目法人的主管单位和建设贷款方（对于有贷款的项目）。这些单位构成了工程建设各方的责任主体，各自承担工程建设的不同职责和任务。除项目法人的主管部门外，所有单位之间均是合同关系，项目法人通过合同形式，将工程建设的不同任务赋予不同建设主体，形成了建设项目合同的整体。

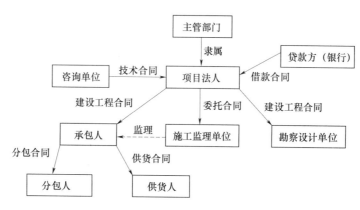

图 2-7　工程建设项目各方关系图

项目法人是工程建设的核心，担负着项目的筹划、实施以及运行管理的组织和集成任务，关系着项目的成败。

一、项目法人与主管部门的关系

项目法人与行政主管部门是行政隶属关系。行政主管部门在建设管理方面，主要是加强宏观调控、搞好统筹规划、制定政策、组织协调、检查监督、发布信息和提供服务等，为项目建设和生产运行创造良好的环境。项目法人应主动接受行政主管部门的监督、检查和管理。

二、项目法人与贷款方的关系

项目法人与贷款方是一种经济法律关系，即债务人与债权人的关系，是通过贷款协议（属借款合同）确定了双方的权利和义务，这对于项目建设起着重要作用。在利用国际贷款进行项目建设时，贷款方对建设项目的采购原则和程序、承包人的法定资格、项目的招标方式和招标文件的制定、评标标准和授标条件、合同管理与价款支付等方面都会作出规定。

三、项目法人与承包人的关系

项目法人与承包人是一种经济法律关系，即通过双方签订的项目承包合同（属于建设工程合同），项目法人将拟建的工程项目发包给承包人，承包人按照合同规定完成项目任务，获得相应报酬。建设工程承包合同明确规定了双方的权利、义务、责任、风险，生效的合同具有法律效力，对合同双方均有约束力，任何一方违约，都要承担相应的责任。

四、项目法人与监理（工程师）的关系

在早期，我国利用世行贷款建设的水利水电工程项目中，监理单位（国际上叫工程师单位）都是由项目法人自行组建。但国际上要求这种自行组建监理单位的方式必须由合同双方共同组建争端委员会，对合同争议可提交争端委员会评审和解决。从 20 世纪 90 年代中期以后，我国积极推行"三项"制度，监理单位作为独立企业法人，通过投标或被委托方式，承揽水利工程建设监理任务，并按监理合同（属于委托合同）的规定完成项目的监理服务，获得相应报酬。监理合同规定了合同双方的权利、义务和责任，任何一方违约，都要承担相应的责任。虽然监理不是项目承包合同的一方，但项目法人通过项目承包合同给予监理工程师授权，以项目承包合同为准则，协调合同当事人的权利、义务、责任和风险，以及对承包人的工作进行监督和管理。在项目承包合同实施过程中，项目法人应依据合同规定和授权规范自己的行为，不随意干涉监理工程师的具体工作。监理工程师必须实事求是和公正地进行合同管理，不得与承包人有任何承包任务以外的经济联系，更不能与承包人串通侵害发包人的利益，否则项目法人有权要求监理单位更换违规的监理人员。造成损失的要追究监理单位和监理工程师的责任。

五、监理（工程师）与承包人的关系

监理（工程师）与承包人没有直接的合同关系，但在项目法人和承包人签订的合同中有项目法人对监理工程师的授权。在项目承包合同执行过程中，监理工程师代表项目法人按合同规定对承包人的工作进行监督和管理。监理（工程师）与承包人的关系，更多体现形式是项目法人与承包人的关系。在项目承包合同执行过程中和项目法人授权范围内，监理（工程师）应严格履行合同规定，监督检查承包人是否履行合同义务，是否在投资、进度和质量得到控制的情况下完成项目任务。按工程完成进度和承包合同规定，进行支付价款、合同变更和费用调整。既要维护项目法人的利益，也要尊重承包人的合法权益。

六、项目法人与勘察设计单位的关系

项目法人与勘察设计单位是一种经济法律关系，通过双方签订勘察设计合同（属建设工程合同），项目法人将工程建设项目勘察设计任务发包给勘察设计单位。勘察设计单位根据项目的立项批复文件和国家的法律法规、工程技术标准和设计标准以及项目法人建设意图，完成合同规定的任务，并获得相应报酬。在项目实施过程中，勘察设计单位根据合同进度提供设计图纸、派出设计代表提供现场设计服务等。图纸经监理工程师确认后，勘

察设计单位如提出设计变更，须报告项目法人同意，勘察设计单位无权应监理工程师或承包人要求而直接进行工程设计变更。

七、项目法人与分包人的关系

项目法人（发包人）与分包人没有直接合同关系，但一般规定，承包人对部分项目进行分包，以及选定分包人必须事先征得项目法人的同意。因此，无论在投标时项目法人已同意承包人建议的分包人，还是实施时项目法人事先同意的分包人，承包人均应对分包出去的工程项目施工以及分包人的任何工作和行为全部负责，分包人对完成的工作成果向项目法人（发包人）承担连带责任。对于指定分包人，承包人有权拒绝和接受。如果承包人接受了指定分包人，则该指定分包人和其他分包人一样，被视为承包人雇佣的分包人，并签订分包合同。承包人对此指定分包人的工作和行为负全部责任，并负责该分包人工作的管理和协调，指定分包人应接受承包人的统一管理和监督，并按规定向承包人缴纳管理费。由于指定分包人造成的与其分包工作有关而又属于承包人的管理和监督责任所无法控制的索赔、诉讼和损失赔偿均应由指定分包人直接对项目法人负责，项目法人也应直接向指定分包人追索，承包人不对此承担责任。这就是指定分包和一般分包的区别。

第五节　水利水电施工企业资质等级和承包范围

国家对建筑企业实行资质管理，建筑企业按照其拥有的注册资本、净资产、专业技术人员、技术装备和已建成的建筑工程业绩等资质条件申请资质，经审查合格，取得相应等级的资质证书后，方可从事其资质登记范围内的建筑活动。

建筑企业资质等级分为总承包、专业承包和劳务分包3个序列。

一、施工总承包企业资质等级的划分和承包范围

施工总承包企业可以对工程实行施工总承包或者主体工程实行施工承包。承包企业可以对所承包的工程全部自行施工，也可以将非主体工程或劳务作业分包给具有相应专业承包资质或劳务分包资质的其他企业（在实际工程施工承包合同执行中，应根据招标文件对于分包的要求执行）。

水利水电工程施工总承包企业资质等级分为特级、一级、二级、三级。

1. 特级企业

资质标准要求企业注册资本金3亿元以上，净资产3.6亿元以上，可承担各种类型的水利水电工程及辅助生产设施工程的施工。

2. 一级企业

资质标准要求企业注册资本金5000万元以上，净资产6000万元以上，可承担单项合同额不超过企业注册资本金5倍的各种类型水利水电工程及辅助生产设施工程的施工。

3. 二级企业

资质标准要求企业注册资本金2000万元以上，净资产2500万元以上，可承担单项合

同额不超过企业注册资本金 5 倍的下列工程的施工：库容 1 亿 m^3、装机容量 100MW 及以下的水利水电工程及辅助生产设施工程的建筑、安装和基础工程施工。

4. 三级企业

资质标准要求企业注册资本金 600 万元以上，净资产 720 万元以上，可承担单项合同额不超过企业注册资本金 5 倍的下列工程的施工：库容 1000 万 m^3、装机容量 10MW 及以下的水利水电工程及辅助生产设施工程的建筑、安装和基础工程施工。

二、施工专业承包企业资质等级的划分和承包范围

水利水电工程专业承包企业分为一级、二级、三级。

(一) 水利水电机电设备安装工程专业承包范围

1. 一级企业

资质标准要求企业注册资本金 1500 万元以上，净资产 1800 万元以上，可承担各类水电站、泵站主机（各类水轮发电机组、水泵机组）及辅助设备和水电（泵）站电气设备的安装工程。

2. 二级企业

资质标准要求企业注册资本金 500 万元以上，净资产 600 万元以上，可承担单项合同额不超过企业注册资本金 5 倍的单机容量 100MW 及以下的水电站、单机容量 1000kW 及以下的泵站主机及附属设备和水电（泵）站电气设备的安装工程。

3. 三级企业

资质标准要求企业注册资本金 200 万元以上，净资产 240 万元以上，可承担单项合同额不超过企业注册资本金 5 倍的单机容量 25MW 及以下的水电站、单机容量 500kW 及以下的泵站主机及附属设备和水电（泵）站电气设备的安装工程。

(二) 堤防工程专业承包范围

1. 一级企业

资质标准要求企业注册资本金 2000 万元以上，净资产 2400 万元以上，可承担各类堤防的堤身填筑、堤身整险加固、防渗导渗、填塘固基、堤防水下工程、护坡护岸、堤顶硬化、堤防绿化、生物防治和穿堤建筑物（不含单独立项的分洪闸、进水闸、排水闸、挡潮闸等）工程的施工。

2. 二级企业

资质标准要求企业注册资本金 1000 万元以上，净资产 1400 万元以上，可承担单项合同额不超过企业注册资本金 5 倍的 2 级及以下堤防的堤身填筑、堤身整险加固、防渗导渗、填塘固基、堤防水下工程、护坡护岸、堤顶硬化、堤防绿化、生物防治和穿堤建筑物（不含单独立项的分洪闸、进水闸、排水闸、挡潮闸等）工程的施工。

3. 三级企业

资质标准要求企业注册资本金 400 万元以上，净资产 500 万元以上，可承担单项合同额不超过企业注册资本金 5 倍的 3 级及以下堤防的堤身填筑、堤身整险加固、防渗导渗、填塘固基、堤防水下工程、护坡护岸、堤顶硬化、堤防绿化、生物防治和穿堤建筑物（不含单独立项的分洪闸、进水闸、排水闸、挡潮闸等）工程的施工。

（三）水工大坝工程专业范围

1. 一级企业

资质标准要求企业注册资本金 2500 万元以上，净资产 3000 万元以上，可承担各类坝型的坝基处理、永久和临时水工建筑物及其辅助生产设施的施工。

2. 二级企业

资质标准要求企业注册资本金 1000 万元以上，净资产 1200 万元以上，可承担单项合同额不超过企业注册资本金 5 倍的、70m 及以下各类坝型的坝基处理、永久和临时水工建筑物及其辅助生产设施的施工。

3. 三级企业

资质标准要求企业注册资本金 500 万元以上，净资产 600 万元以上，可承担单项合同额不超过企业注册资本金 5 倍的、50m 及以下各类坝型的坝基处理、永久和临时水工建筑物及其辅助生产设施的施工。

第六节　水利工程监理单位资质等级及业务范围

按照《水利工程建设监理单位资质管理办法》（2006 年水利部第 29 号令）水利工程建设监理单位实行资格审批制度。新设立的监理单位，须先向单位所在地工商行政管理部门进行企业法人预登记，取得营业核准书后，按申请水利工程建设监理单位资格的程序报水利部，取得《水利工程建设监理单位资格等级证书》后再进行正式工商企业法人登记。

监理单位资质分为水利工程施工监理、水土保持工程施工监理、机电及金属结构设备制造监理和水利工程建设环境保护监理 4 个专业。其中，水利工程施工监理专业资质和水土保持工程施工监理专业资质分为甲级、乙级和丙级 3 个等级，机电及金属结构设备制造监理专业资质分为甲级、乙级两个等级，水利工程建设环境保护监理专业资质暂不分级。

一、各专业资质等级可以承担的业务范围

1. 水利工程施工监理专业资质

甲级可以承担各等级水利工程的施工监理业务。

乙级可以承担二等（堤防 2 级）以下各等级水利工程的施工监理业务。

丙级可以承担三等（堤防 3 级）以下各等级水利工程的施工监理业务。

2. 水土保持工程施工监理专业资质

甲级可以承担各等级水土保持工程的施工监理业务。

乙级可以承担二等以下各等级水土保持工程的施工监理业务。

丙级可以承担三等水土保持工程的施工监理业务。

同时具备水利工程施工监理专业资质和乙级以上水土保持工程施工监理专业资质的，方可承担淤地坝中的骨干坝施工监理业务。

3. 机电及金属结构设备制造监理专业资质

甲级可以承担水利工程中的各类型机电及金属结构设备制造监理业务。

乙级可以承担水利工程中的中、小型机电及金属结构设备制造监理业务。

4. 水利工程建设环境保护监理专业资质

可以承担各类各等级水利工程建设环境保护监理业务。

二、各级资格标准

1. 甲级监理单位资质条件

（1）具有健全的组织机构、完善的组织章程和管理制度。技术负责人具有高级专业技术职称，并取得总监理工程师岗位证书。

（2）专业技术人员。监理工程师以及其中具有高级专业技术职称的人员、总监理工程师，均不少于表2-1规定的人数。水利工程造价工程师（或者从事水利工程造价工作5年以上并具有中级专业技术职称的人员）不少于3人。

（3）具有5年以上水利工程建设监理经历，且近3年监理业绩分别为：

1）申请水利工程施工监理专业资质，应当承担过（含正在承担，下同）两项Ⅱ等水利枢纽工程，或者一项Ⅱ等水利枢纽工程、两项Ⅱ等（堤防2级）其他水利工程的施工监理业务；该专业资质许可的监理范围内的近3年累计合同额不少于600万元。

承担过水利枢纽工程中的挡、泄、导流、发电工程之一的，可视为承担过水利枢纽工程。

2）申请水土保持工程施工监理专业资质，应当承担过两项Ⅱ等水土保持工程的施工监理业务；该专业资质许可的监理范围内的近3年累计合同额不少于350万元。

3）申请机电及金属结构设备制造监理专业资质，应当承担过4项中型机电及金属结构设备制造监理业务；该专业资质许可的监理范围内的近3年累计合同额不少于300万元。

（4）能运用先进技术和科学管理方法完成建设监理任务。

（5）注册资金不少于200万元。

2. 乙级监理单位资质条件

（1）具有健全的组织机构、完善的组织章程和管理制度。技术负责人具有高级专业技术职称，并取得总监理工程师岗位证书。

（2）专业技术人员。监理工程师以及其中具有高级专业技术职称的人员、总监理工程师，均不少于表2-1规定的人数。水利工程造价工程师（或者从事水利工程造价工作5年以上并具有中级专业技术职称的人员）不少于2人。

（3）具有3年以上水利工程建设监理经历，且近3年监理业绩分别为：

1）申请水利工程施工监理专业资质，应当承担过3项Ⅲ等水利枢纽工程，或者两项Ⅲ等水利枢纽工程、两项Ⅲ等（堤防3级）其他水利工程的施工监理业务；该专业资质许可的监理范围内的近3年累计合同额不少于400万元。

2）申请水土保持工程施工监理专业资质，应当承担过4项Ⅲ等水土保持工程的施工监理业务；该专业资质许可的监理范围内的近3年累计合同额不少于200万元。

（4）能运用先进技术和科学管理方法完成建设监理任务。

（5）注册资金不少于100万元。

首次申请机电及金属结构设备制造监理专业乙级资质，只需满足第（1）、（2）、（4）、（5）项；申请重新认定、延续或者核定机电及金属结构设备制造监理专业乙级资质，还须该专业资质许可的监理范围内的近3年年均监理合同额不少于30万元。

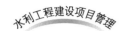

乙级监理单位可以承担大（2）型及其以下各类水利工程建设监理业务。

3．丙级和不定级监理单位资质条件

（1）具有健全的组织机构、完善的组织章程和管理制度。技术负责人具有高级专业技术职称，并取得总监理工程师岗位证书。

（2）专业技术人员。监理工程师以及其中具有高级专业技术职称的人员、总监理工程师，均不少于表2－1规定的人数。水利工程造价工程师（或者从事水利工程造价工作5年以上并具有中级专业技术职称的人员）不少于1人。

（3）能运用先进技术和科学管理方法完成建设监理任务。

（4）注册资金不少于50万元。

申请重新认定、延续或者核定丙级（或者不定级）监理单位资质，还须专业资质许可的监理范围内的近3年年均监理合同额不少于30万元。

表2－1　　　　　　　　各专业资质等级配备监理工程师一览表

资　质　等　级		甲级	乙级	丙级	不定级
水利工程施工监理专业资质	监理工程师	50	30	10	—
	其中高级职称人员	10	6	3	—
	其中总监理工程师	8	3	1	—
水土保持工程施工监理专业资质	监理工程师	30	20	10	—
	其中高级职称人员	6	4	3	—
	其中总监理工程师	5	3	1	—
机电及金属结构设备制造监理专业资质	监理工程师	30	12	—	—
	其中高级职称人员	6	3	—	—
	其中总监理工程师	5	2	—	—
水利工程建设环境保护监理专业资质	监理工程师	—	—	—	10
	其中高级职称人员	—	—	—	3
	其中总监理工程师	—	—	—	1

第七节　工程勘察设计单位资质管理

我国对建设工程勘察设计资质由国务院建设主管部门实行统一监督管理，国务院铁路、交通、水利、信息产业、民航等有关部门，配合国务院建设主管部门实施相应行业的建设工程勘察、工程设计资质管理工作。根据《建设工程勘察设计企业资质管理规定》（建设部2001年93号令）对建设工程勘察设计资质进行管理。

一、工程勘察、设计资质的划分

1．工程勘察资质

工程勘察资质分为工程勘察综合资质、工程勘察专业资质、工程勘察劳务资质。工程勘察综合资质只设甲级；工程勘察专业资质设甲级、乙级，根据工程性质和技术特点，部分专业设有丙级；工程勘察劳务资质不分等级。

取得工程勘察综合资质的企业，可以承接各专业（海洋工程勘察除外）、各等级工程勘察业务；取得工程勘察专业资质的企业，可以承接相应等级相应专业的工程勘察业务；取得工程勘察劳务资质的企业，可以承接岩土工程治理、工程钻探、凿井等工程勘察劳务业务。

2. 工程设计资质

工程设计资质分为工程设计综合资质、工程设计行业资质、工程设计专业资质和工程设计专项资质。

工程设计综合资质只设甲级；工程设计行业资质、工程设计专业资质、工程设计专项资质设甲级、乙级。

根据工程性质和技术特点，个别行业、专业、专项资质设有丙级，建筑工程专业资质设有丁级。取得工程设计综合资质的企业，可以承接各行业、各等级的建设工程设计业务；取得工程设计行业资质的企业，可以承接相应行业相应等级的工程设计业务及本行业范围内同级别的相应专业、专项（设计施工一体化资质除外）工程设计业务；取得工程设计专业资质的企业，可以承接本专业相应等级的专业工程设计业务及同级别的相应专项工程设计业务（设计施工一体化资质除外）；取得工程设计专项资质的企业，可以承接本专项相应等级的专项工程设计业务。

二、工程勘察、设计资质的审批程序

1. 审批权限管理

申请工程勘察甲级资质、工程设计甲级资质，以及涉及铁路、交通、水利、信息产业、民航等方面的工程设计乙级资质的，应当向企业工商注册所在地的省、自治区、直辖市人民政府建设主管部门提出申请。其中，中央管理的企业直接向国务院建设行政主管部门提出申请，其所属企业由中央管理的企业向国务院建设行政主管部门提出申请，同时向企业工商注册所在地省、自治区、直辖市人民政府建设行政主管部门备案。

省、自治区、直辖市人民政府建设主管部门应当自受理申请之日起 20 日内初审完毕，并将初审意见和申请材料报国务院建设主管部门。

国务院建设主管部门应当自省、自治区、直辖市人民政府建设主管部门受理申请材料之日起 60 日内完成审查，公示审查意见，公示时间为 10 日。其中，涉及铁路、交通、水利、信息产业、民航等方面的工程设计资质，由国务院建设主管部门送国务院有关部门审核，国务院有关部门在 20 日内审核完毕，并将审核意见送国务院建设主管部门。

工程勘察乙级及以下资质、劳务资质、工程设计乙级（涉及铁路、交通、水利、信息产业、民航等方面的工程设计乙级资质除外）及以下资质许可由省、自治区、直辖市人民政府建设主管部门实施。具体实施程序由省、自治区、直辖市人民政府建设主管部门依法确定。

省、自治区、直辖市人民政府建设主管部门应当自作出决定之日起 30 日内，将准予资质许可的决定报国务院建设主管部门备案。

工程勘察、工程设计资质证书分为正本和副本，正本 1 份，副本 6 份，由国务院建设

主管部门统一印制，正、副本具备同等法律效力。资质证书有效期为5年。

2. 申请

（1）企业首次申请工程勘察、工程设计资质，应当提供以下材料：

工程勘察、工程设计资质申请表；

企业法人、合伙企业营业执照副本复印件；

企业章程或合伙人协议；

企业法定代表人、合伙人的身份证明；

企业负责人、技术负责人的身份证明、任职文件、毕业证书、职称证书及相关资质标准要求提供的材料；

工程勘察、工程设计资质申请表中所列注册执业人员的身份证明、注册执业证书；

工程勘察、工程设计资质标准要求的非注册专业技术人员的职称证书、毕业证书、身份证明及个人业绩材料；

工程勘察、工程设计资质标准要求的注册执业人员、其他专业技术人员与原聘用单位解除聘用劳动合同的证明及新单位的聘用劳动合同；

资质标准要求的其他有关材料。

（2）企业申请资质升级应当提交以下材料：

《建设工程勘察设计企业资质管理规定》第十一条第（一）、（二）、（五）、（六）、（七）、（九）项所列资料；

工程勘察、工程设计资质标准要求的非注册专业技术人员与本单位签订的劳动合同及社保证明；

原工程勘察、工程设计资质证书副本复印件；

满足资质标准要求的企业工程业绩和个人工程业绩。

（3）企业增项申请工程勘察、工程设计资质，应当提交下列材料：

《建设工程勘察设计企业资质管理规定》第十一条所列（一）、（二）、（五）、（六）、（七）、（九）的资料；

工程勘察、工程设计资质标准要求的非注册专业技术人员与本单位签订的劳动合同及社保证明；

原资质证书正、副本复印件；

满足相应资质标准要求的个人工程业绩证明。

第三章　水利工程建设项目招投标管理

第一节　招投标概述

招标投标是由招标人和投标人经过要约邀请、要约、承诺、择优选定，最终形成协议和合同关系的、平等主体之间的一种交易方式，是法人之间达成有偿、具有约束力的法律行为。

招标投标是商品经济发展到一定阶段的产物，是一种最高竞争性的采购方式。通常能为采购者带来经济、高质量的工程、货物或服务。因此在政府及公共领域推行招投标制，有利于节约国有资金，提高采购质量。水利水电工程是我国最早实行招投标方式进行工程建设的行业，为我国招投标制的实行提供了宝贵的经验。

一、招投标的基本特征

1. 平等性

招标投标是独立法人之间的经济活动，按照平等、自愿、互利的原则和规范的程序进行，双方享有同等的权利和义务，受到法律的保护和监督，招标方应为所有投标者提供同等条件，让他们展开公平竞争。

2. 竞争性

招投标的核心是竞争，按规定每一次招标必须有 3 家以上投标，这就形成了投标人之间的竞争。他们以各自的实力、信誉、服务、报价等优势，战胜其他的投标人。

3. 开放性

正规的招投标活动，必须在公开发行的媒体上刊登招标公告，打破行业、部门、地区，甚至国别的界限，打破所有制的封锁、干扰和垄断，在最大限度的范围内让所有符合条件的投标人前来投标，进行自由竞争。

二、招投标活动的基本原则

1. 公开原则

公开原则要求招标活动具有高透明度，实行招标信息、招标程序公开，即发布招标通告、公开开标、公开中标结果，使每一个投标人获得同等的信息，知悉招标的一切条件和要求。

2. 公平原则

公平原则要求给予所有投标人平等的机会，使其享有同等的权利并履行相应的义务，不歧视任何一方。

3. 公正原则

公正原则要求评标时按事先公布的标准对待所有投标人。

4. 诚实信用原则

诚实信用原则也叫诚信原则，是民事活动的基本原则之一。在我国《中华人民共和国民法通则》第四条规定："民事活动应当遵循自愿、公平、等价有偿、诚实信用的原则。"这条原则的含义是：招标投标当事人应以诚实、守信的态度行使权利，履行义务，以维持双方的利益平等，以及自身利益与社会利益的平衡。在当事人之间的利益关系中，诚实原则要求尊重他人利益，以对待自己事务的态度对待他人事务，保证彼此都能得到自己应得的利益。在当事人与社会利益关系中，诚信原则要当事人不得通过自己的活动损害第三人和社会利益，必须在法律范围内以符合其社会经济目的的方式行使自己的权利。从这一点《中华人民共和国招标投标法》规定了不得规避招标、串通投标、泄漏标底、骗取中标、非法转包合同等诸多义务，要求当事人共同严格遵守，并规定了相应的罚则。

第二节 水利工程项目招投标的相关管理规定与要求

1999 年 8 月 30 日九届全国人大常委会第十一次会议审议通过《中华人民共和国招标投标法》（以下简称《招投标法》），并于 2000 年 1 月 1 日起实施。在《招投标法》颁布以后，为加强水利工程建设项目招投标工作的管理，规范水利工程建设项目的招投标活动，水利部 2001 年 10 月 19 日发布了《水利工程建设项目招投标管理规定》（水利部令第 14 号），该规定从 2002 年 1 月 1 日起施行。该规定分为第一章总则，第二章行政监督与管理，第三章招标，第四章投标，第五章评标标准与方法，第六章开标、评标和中标，第七章附则等共 59 条。为配合该规定的使用，有针对性地规范重要设备和材料、监理、施工、勘察设计领域的招投标活动，水利部陆续颁布或参与颁布有关的实施细则。

一、水利工程建设项目招投标的管理依据

水利工程建设项目招投标的管理依据如下：

（1）《中华人民共和国招标投标法》。

（2）《水利工程建设项目招标投标管理规定》（水利部令第 14 号）。

（3）《水利工程建设项目重要设备材料采购招投标管理办法》（2002 年 12 月 25 日，水建管〔2002〕585 号）。

（4）《水利工程建设项目监理招标投标管理办法》（2002 年 12 月 25 日，水建管〔2002〕587 号）。

（5）《评标委员会和评标方法暂行规定》（2001 年 7 月 5 日，国家发展和改革委员会，国家经济贸易委员会，建设部，铁道部，交通部，信息产业部，水利部令第 12 号）。

（6）《工程建设项目施工招标投标办法》（2003 年 5 月 1 日，国家发展和改革委员会，建设部，铁道部，交通部，信息产业部，水利部，民用航空总局，国家广播总局令第 30 号）。

（7）《工程建设项目勘察设计招标投标办法》（2003 年 8 月 1 日，国家发展和改革委

员会，建设部，铁道部，交通部，信息产业部，水利部，民用航空总局，国家广播总局令第 2 号）。

（8）《水利工程建设项目勘察设计招标投标管理办法》（水总〔2004〕511 号）。

（9）《工程建设项目货物招标投标办法》（2005 年 3 月 1 日，国家发展和改革委员会，建设部，铁道部，交通部，信息产业部，水利部，民用航空总局，国家广播总局令第 11 号）。

二、水利工程建设项目进行招标应具备的条件

根据《水利工程建设项目招标投标管理规定》（水利部第 14 号令），水利工程建设项目招标投标应具备的条件如下：

1. 勘察设计

水利工程建设项目勘察设计招标应具备的条件如下：

（1）勘察设计项目已经确定。

（2）勘察设计所需资金已经落实。

（3）必需的勘察设计资料已经收集完成。

2. 监理

水利工程建设项目监理招标应当具备的条件如下：

（1）初步设计已经批准。

（2）监理所需资金已落实。

（3）项目已列入年度计划。

3. 施工

水利工程建设项目施工招标应具备的条件如下：

（1）初步设计已经批准。

（2）建设资金来源已经落实，年度投资计划已经安排。

（3）监理单位已经确定。

（4）具有能满足招标要求的设计文件，已与设计单位签订适应施工进度要求的图纸交付合同文件或协议。

（5）有关建设项目永久征地、临时征地和移民搬迁的实施、安置工作已经落实或已有明确安排。

4. 设备、材料

水利工程重要设备、材料招标应具备的条件如下：

（1）初步设计已批准。

（2）重要设备、材料技术经济指标已基本确定。

（3）重要设备、材料所需资金已落实。

第三节　招标方式和主要程序

一、招标方式

水利工程的招标方式一般有公开招标和邀请招标。有人把议标也列为招标的方式，在

《招投标法》和《水利工程建设项目招标投标管理规定》及相关文件中，议标都不属于符合法律法规的招标方式。

1. 公开招标

招标人以招标公告的方式邀请不特定的法人或者其他组织投标，称公开招标，又叫无限竞争性招标。招标人通过有影响的报刊、广告、电视、电子网络或其他媒体面向全社会发布招标公告。各行业各系统符合条件的工程承建公司或厂商等均可参加投标，都有平等参与投标竞争的机会。但为保证招标成功，吸引更多有实力和有能力的投标人参与竞争，必须进行资格预审（指在投标前对潜在投标人进行的资格审查）或资格后审（也叫细审，指在开标后对投标人进行的资格审查），合格的投标人方可正式投标。只要投标人条件合格，正式投标人数目是不限的，这种方式有利于有实力和有能力的、报价合理的、信誉好的投标人中标，以保证如期实现合同目标；也有利于促进我国企业向多功能企业发展，以便于同国际经济接轨，接受国际公司的挑战。由于该种招标要经过资格预审或资格后审，招标程序多，评标工作量大，因此耗时较长，招标的费用也比较高。也最有利于实现招标项目的成本、质量和工期的总体最优。所以我国的建设项目一般情况下选择公开招标方式，在水利工程建设项目中，对需要公开招标的项目作出了明确的规定。

《水利工程建设项目招标投标管理规定》（水利部 14 号令）第三条规定："关系社会公共利益、公共安全的防洪、排涝、灌溉、水力发电、引（供）水、滩涂治理、水土保持、水资源保护等水利工程；使用国有资金投资或国家融资的水利工程；使用国际组织贷款或外国政府贷款、援助资金的水利工程。"必须进行招标。对于以上范围内的水利工程建设项目规模标准作出这样的规定："施工单项合同估算价在 200 万元人民币以上的；重要设备、材料等货物的采购，单项合同估算价在 100 万元人民币以上的；勘察设计、监理等服务的采购，单项合同估算价 50 万元人民币以上的；单项合同估算价低于上述规定标准的项目，但项目总投资额在 3000 万元人民币以上的，都必须招标。"

2. 邀请招标

招标人以投标邀请书的方式邀请特定的法人或者其他组织投标，称邀请招标，也称有限竞争性招标。招标人根据自己所了解的情况，并通过社会调查，直接邀请若干经验丰富、实力较强和信誉好的企业参加投标。其投标人的资质和资格，可以在投标和评标过程中进行资格后审。所以整个招投标的时间可以大大缩短，招标费用也相应减少。但投标人的数量有限，竞争范围有限，招标人拥有的选择余地相对较小，有可能提高投标价的总体水平，且易受行业和区域影响，遗漏某些有丰富经验和竞争能力强的潜在投标人。

《水利工程建设项目招标投标管理规定》第十条规定，国家重点水利项目、地方重点水利项目及全部使用国有投资或者国有资金投资占控股或者主导地位的项目应当实行公开招标。但下列项目经批准可以采用邀请招标："项目总投资在 3000 万元以上，分标单项合同低于规定标准的项目；项目技术复杂，有特殊要求或涉及专利保护；受自然资源或环境限制，新技术或技术规格事先难以确定的项目；应急度汛项目；其他特殊项目。"这些项目规定可以采用邀请招标，但必须是经过上级有关部门批准。

从以上可以看出，公开招标和邀请招标这两种方式各有优缺点，一般情况下都应该采用公开招标，但对于具体工程来说，是采用公开招标还是邀请招标，项目法人应按照项目的资金来源、项目规模、复杂程度、技术难度、工期和各种限制条件等。依照《水利工程建设项目招标投标管理规定》来确定。

二、合同类型

项目承包合同是当事人签订的一种经济契约，也是为实现某种经济目的而签订的书面协议。它规定了合同当事人各方的权利、义务、责任和风险，是双方应共同遵守的法律文件。项目承包合同按项目价款支付方式划分为总价合同、单价合同、成本加酬金合同。

（一）总价合同

总价合同又称总价包干合同，它是发包人以一个合同总价将项目发包给承包人。采用这种合同形式时，一般要求招标有详细而全面的设计图纸和设计说明书，并能准确算出工程量和正确评估项目的难易程度。按形象进度或时间以完成工程量的比例向承包人支付工程价款，一般合同总价固定不变。总价合同对承包人风险较大，如物价波动、气候条件恶劣、水文地质条件恶劣以及其他意外情况等。因此有经验的投标人会把可能发生的风险，以风险基金的方式摊入投标报价中，投标报价总体水平一般较高。这种合同方式发包人的风险较小，但发包人投入的资金较大。总价合同一般有以下 3 种。

1. 固定总价合同

其合同价是以明确的设计图纸及准确的工程量为计算基础，合同价格固定不变。如遇意外事件使工程总造价增加时，承包人不得要求补偿。所以承包人要承担很大风险，故投标报价较高。

2. 可调总价合同

其合同价是以明确设计图纸及准确的工作数量，以及投标时按照现行价格为计算基础的，该类合同规定，在执行合同过程中，如项目设计有重大变更、物价波动和某种意外事件等，使工程造价增加时，合同价格可相应地调整，这类风险由发包人承担；承包人承担实施中实物工程量、成本和工期风险等因素的风险。

3. 固定工程量总价合同

其合同价是以明确的设计图纸和工作数量为计算基础，一般来说发包人要求投标者在投标时按单价合同办法分别填报分项工程单价，从而计算出工程总价，据此签订合同。该类合同除设计变更或增加（减少）项目外，均不做合同价格调整，设计变更或增加项目时，也只按承包人在投标时所报单价和所增工程数量调整合同总价。对于工程量的变化，一般设置一定的变化比例（如 $10\% \sim 15\%$），实际工程量的变化在招标文件确定的比例范围内，总价一般不做调整。

总价合同形式适用于工程规模小、技术简单、设计深度较深、工期较短的项目，适用于单价合同中的临时设施的报价。这些项目多是为主体工程服务的，一般由承包人自行设计、实施和安装。

（二）单价合同

该种合同是以中标承包人投标时所报的各项单价为基础，项目工程量是以监理工程师核定实际完成数量，并按照约定的计量方法确定的工程量，作为支付价款的依据。所以中标人投标汇总的合同价（或称中标价）并非是发包人最终支付额。虽然各项目的单价（投标人投标单价）一般情况下是不变的（除合同另有规定），但工程量清单中工程量仅作投标时使用，不能作为支付依据。执行合同中，设计变化、新增加项目和工作、工程量增减、合同变更、物价浮动、价格调整、汇率变化，以及出现索赔和风险等，均会导致支付费用的变化。所以单价合同是发包人和承包人均承担合同风险。一般情况下，招标人在单价合同中让投标人承担可以预测的风险，又有防范手段的风险，这样投标人会报出一个合理报价，发包人的发包价比使用总价合同要低。该种合同形式也是建设项目，尤其是大型水利工程建设项目中使用最普遍。该合同形式适用于工程规模大、技术复杂、工期长的项目，价款一般按期或月实际完成工程量进行支付。

（三）成本加酬金合同

该种合同是发包人以实际发生的项目成本（直接费和部分间接费）加上事先商定的（实施管理费和利润）支付给承包人的价款。其主要风险由发包人承担，由于没有经济制约机制，造价和工期难以控制，因此采用该种合同的较少。成本加酬金合同只适用于由于设计深度不够，将有很大的设计变更，或者工程内容和技术经济指标不能完全确定，或者质量要求很高，易产生返工的项目，或者单价合同中工程量清单中的备用金（也叫暂定金额）用以支付合同变更工作。当该项变更无法计量时，以计日工支付的项目，一般按招标文件规定投标时由投标人报计日工单价（报直接费单价或摊入管理费和利润的综合单价）。实施中依据监理工程师现场确认和核定计日工工作数量以及所用设备种类、材料消耗数量和现行价格，进行计日工费用的计算和支付。

（四）单价为主、总价为辅的合同

该种合同类型是指项目的主体部分是以单价形式报价，合同实施时发包人按项目单价乘以完成量进行支付；而进出场费、临时设施费等采用总价形式。因为它是为主体项目服务的，是承包人自行设计、实施和安装的。各承包人依据自己的能力和条件，报出总价，实施时按照总价支付。

以上方式各有利弊，发包人根据自身工程特点，选择合适的发包方式。大中型水利工程建设项目中一般多采用单价为主、总价为辅的发包形式。

三、招标主要程序

水利工程建设项目的招标工作程序一般包括以下几个方面：

（1）招标申请报批。招标前，项目法人按照项目管理权限向水行政主管部门提交招标申请报告。报告具体内容应当包括：招标已具备的条件、招标方式、分标方案、招标计划安排、投标人资质（资格）条件、评标方法、评标委员会组建方案以及开标、评标的具体工作安排等。一般采用的格式见表3-1。

（2）编制招标文件。

（3）发布招标信息（招标公告或投标邀请书）。采用公开招标方式的项目，招标人应当在国家发展和改革委员会指定的媒体（指《中国日报》、《中国经济导报》、《中国建设报》、中国采购与招标网：http://www.Chinabidding.com.cn）之一发布招标公告，其中大型水利工程建设项目以及国家重点项目、中央项目、地方重点项目同时还应当在《中国水利报》发布招标公告，指定报纸在发布招标公告的同时，应将招标公告如实抄送指定网络。招标公告正式媒体发布至发售资格预审文件（或招标文件）的时间间隔一般不少于10日。招标人应当对招标公告的真实性负责。招标公告不得限制潜在投标人的数量。采用邀请招标方式的，招标人应当向3个以上有投标资格的法人或其他组织发出投标邀请书。投标人少于3个的，招标人应当按照《水利工程建设项目招标投标管理规定》（水利部第14号令）重新招标。

表 3-1　　　　　　　　　　×××工程招标申请书　　　　　　　编号：××××

招标单位：（盖章）

单位地址：

法人代表：

电话：　　　　　　　　　　　　　　　　　　　　　　　　　　　　年　月　日

工程名称			
建设地点			
设计单位			
批复部门及文号		批准总概算	
建设规模及内容			
招标已具备的条件			
招标方式		招标计划安排	
分标方案及合同编号			
招标机构组织情况			
投标单位资质（资格）条件			
评标委员会的组建			
评标方法及标准			
开标、评标的工作程序			
上级招投标管理机构审批意见		审批单位：（盖章） 负责人：（签字） 年　月　日	

注　本申请书由招标单位填报（不填最后一栏），一式三份，报上级招投标管理机构审批。

（4）组织资格预审（若进行资格预审）。

（5）组织购买招标文件的潜在投标人现场踏勘。

（6）接受投标人对招标文件有关问题澄清的函件，对问题进行澄清，并书面通知所有潜在投标人。招标人对已发出的招标文件进行必要澄清或者修改的，应当在招标文件要求提交投标文件截止日期至少15日前，以书面形式通知所有投标人。该澄清或者修改的内容为招标文件的组成部分。

（7）组织成立评标委员会，并在中标结果确定前保密。

（8）在规定时间和地点，接受符合招标文件要求的投标文件，在投标截止日期之前，投标人可以撤回已递交的投标文件或进行更正和补充，但应当符合招标文件的要求。投标人在递交投标文件的同时，应当提交投标保证金。

（9）依法必须进行招标的项目，自招标文件开始发出之日起至投标人提交投标文件截止之日止，最短不应当少于 20 日。

（10）组织开标、评标会。

（11）确定中标人。

（12）向水行政主管部门提交招标投标情况的书面总结报告。

（13）发出中标通知书，并将中标结果通知所有投标人。

（14）进行合同谈判，并与中标人订立书面合同。招标人与中标人签订合同后 5 个工作日内，应当退还投标保证金。

水利工程建设项目一般招投标程序见图 3-1。

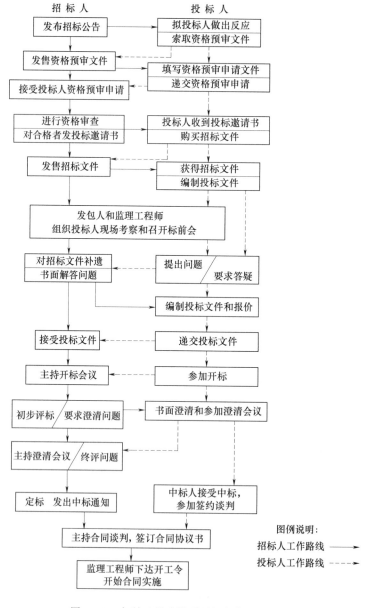

图 3-1　水利工程建设项目招投标主要程序

第四节 水利工程建设项目招标准备工作

按照我国水利工程建设项目的建设程序，拟建项目进行招标的前提必须是先完成项目的初步设计和工程概算，并按国家有关规定履行项目审批手续，获得批准，在此基础上进行拟建项目的招标准备工作。招标准备工作包括：项目分标、资格预审文件编制（如采用资格预审方式时）、招标文件的编制、合同预算、标底的编制。

在招标准备阶段，发包人应首先确定采用自行办理招标还是委托有资质的招标代理机构办理招标事宜。《中华人民共和国招标投标法》第十二条规定："招标人有权自行选择招标代理机构，委托其办理招标事宜。任何单位和个人不得以任何方式为招标人指定招标代理机构。招标人具有编制招标文件和组织评标能力的，可自行办理招标事宜。任何单位和个人不得强制其委托招标代理机构办理招标事宜。依法必须招标的项目，招标人自行办理招标事宜的，应当向有关行政监督部门备案。"

根据《工程建设项目自行招标试行办法》（2000年7月1日，国家计委第5号令）规定，对招标人自行办理招标事宜，需具备以下条件：

——具有项目法人资格（或法人资格）；

——具有与招标项目规模和复杂程度相适应的工程技术、概预算、财务和项目管理等方面的专业技术力量；

——有从事同类建设项目招标的经验；

——设有专门的招标机构或者拥有3名以上的专职招标业务人员；

——熟悉和掌握《招标投标法》及有关法律规章。

对于实行自行招标事宜的，项目法人必须进行申请，并经项目审批单位审批通过，方可自行办理招标事宜。

一、项目分标

水利工程建设项目分标是依据项目的初步设计和施工组织设计，进行分标方案的优劣比较，确定分标方案。分标一般遵循以下原则：

（1）便于管理。如果分标过多，增加管理工作量。

（2）有利于招标竞争。标分的少，每个标工程规模则大，投标人资格条件要求高，会限制更多的投标人参与竞争，提高投标报价总水平；同时便于管理，标间相互影响和干扰少，招标人风险可减少。标分的多，每个标规模小，投标人资格条件要求低，可以吸收更多的投标人参与竞争，会降低投标报价总水平；但管理难度加大，标间干扰多，增加招标人的风险。

（3）所分的各标段，应易划清责任界线。应易划清发包人与承包人、不同承包人之间的责任界线，各自的责任明确，以免因责任不清引起争议和索赔。

（4）按整体单项或者分区分段进行分标，避免按照工序分标。工序标易造成责任界线不清，形成扯皮现象，增加各标之间干扰，造成工程费用增加。

（5）将施工作业内容和技术相近的项目划分在同一标中，以减少施工设备的重复购

置，减少施工人员，从而降低总体投标报价水平。但也应注意防范潜在的索赔风险的发生。

（6）要有利于发挥施工承包企业的优势，吸引有优势的承包人投标，可按项目性质和专业分标。

（7）利用外资贷款建设项目时，分标时要考虑外资的主要投向。如果外资投向主体工程，或者购置永久设备等。与此无关的项目，或容易引起责任混淆的项目，最好分离出来，另行招标。

分标要根据具体工程情况，在有利于管理和保证进度的同时，还要有利于质量控制。

二、资格预审文件的编制

对于采用公开招标的大中型水利工程建设项目，应该采用对投标人进行资格预审的方式，合格者才可允许参加投标。

资格预审文件编制主要有以下内容。

（一）引言和简况

目的就是让投标人了解项目和招标的有关情况。主要内容有：项目的资金来源和招标范围；介绍招标人（项目法人）、招标代理机构、项目监理单位和设计单位概况；项目主要工程内容、地理位置、项目建设目标、地质和地形条件、水文和气象条件、交通条件、项目规模和工程量等。

（二）简要合同条件

让投标人了解拟招标项目的合同条件，评估可能获得的利益，以便决策是否提出资格申请。主要内容有：申明采用何种标准合同条件；说明项目所在地，以及项目具体建设条件编制的专用合同条件，申明将采用的主要技术标准、规范和规程；说明合同种类、价款支付方式、物价浮动调整、劳务供应、材料和永久设备采购的规定、项目分包、项目保险和税收、投标保证金等；开工日期、项目控制性工期和总工期的要求等。

（三）资格预审申请须知

让投标人了解自己有无资格承建该项目，以及应提交资格申请资料和注意事项。主要内容有：要求必须填报公司总部、分部和承建本项目管理人员情况；已完成类似项目概况，以及拟建项目概况；公司财务状况、银行信用证贷款额度、对外汇支付要求（如果是外资项目）；工程经验和基本资格标准；说明成立专门委员会进行资格预审申请书的评审，申明资格预审的重点内容，如投标人地位、财务状况、工程经验、管理人员的资历、施工设备能力、商业信誉，以及正在承建和已承诺承建项目等方面。如果利用世界银行或亚洲银行贷款的项目，则还应申明是该银行的成员国才具备投标资格。

三、招标文件的编制

招标文件是投标人编制投标文件的基本依据，又是将来的合同文件的基础，也是合同实施过程中约束发包人和承包人的行为准则，作为监理工程师协调合同关系、监督和管理合同的基本依据。所以编制招标文件是非常重要的工作阶段，涉及招标、投标和合同管理工作的成败。

(一) 招标文件的主要内容

招标文件一般由商务条款和技术条款两部分组成，还应附上图纸和一些必要的参考资料。

1. 商务条款（商务文件）

(1) 投标邀请书。说明资金来源，招标单位、招标代理机构，项目合同和项目编号，项目的开工日期和总工期，购置招标文件地点、时间和费用，投标保证金额度，投标文件递送地址和时间，开标地点和时间等。

(2) 投标人须知。包括招标文件的构成，投标准备，投标文件递交，开标、审查评估（完整性和响应性），合同授予标准，中标通知书、协议书的签订，履约保证等。

合同授予标准应明确写入投标须知中，让所有投标人知道评标和授予标准。《招标投标法》第四十一条规定：

中标人的投标应当符合下列条件之一：

1) 能够最大限度地满足招标文件中规定的各项综合评价标准。

2) 能够满足招标文件的实质性要求，并经评审的投标价格最低，但投标价格低于成本的除外。

其中 1) 款为综合评估法，适用于技术、性能和标准复杂，有特殊要求的招标项目。评标因素及所占权重，应明确地列在投标人须知中。第 2) 款为经评审的最低投标价法，一般适用于通用技术、性能标准的招标项目，计算方法也应明确地列在投标人须知中，一般包括有：①检查和改正计算上的算术错误，如果文字和数字不一致，则以文字为准；如果单价乘以工程量的积与合价不一致时，以单价为准改正，除非招标人认为是单价中的小数点明显错位时，以合价为准。②扣除工程量清单汇总表中的备用金（暂定金额）、不可预见费合计日工等。③没有在投标价上反映的任何其他可接受的且可用数量表示的变更、偏离作适当调整。④如果使用多种货币报价，可按规定的汇率折成单一货币计算。⑤上述计算还应考虑随时间可定量变化给招标人的费用影响（可以消除投标人不均衡报价给招标人的费用造成的影响），并以月为单位计入纯现金流，再按合同规定基准日的现行银行贴现率折成现值，加到各投标人的投标价中，以作比较。

(3) 通用合同条件。即标准合同条件，全文纳入招标文件中的通用条件。在水利工程建设项目施工中，目前采用的是水利部、国家电网公司和国家工商行政管理局 2000 年颁布的《水利水电土建工程施工合同条件》（GF—2000—0208）。合同条件详细规定了合同当事人的权利、义务，公平地分配合同双方的责任和风险。通用合同条件的主要内容包括：词语涵义、合同文件、双方的一般义务和责任、履约担保、监理人和总监理工程师、联络、图纸、转让和分包、承包人的人员及其管理、材料和设备、交通运输、工程进度、工程质量、文明施工、计量与支付、价格调整、变更、违约和索赔、争议的解决、风险和保险、完工与保修、其他。

(4) 专用合同条件。根据拟建的项目所在地和项目本身的具体情况，对通用合同条件的具体条款的说明、增补、删除或修改，为专用合同条件。条款的编号与通用合同条件一致。这两条件合在一起，为特定地区和特定项目的完整合同条件。

（5）投标书格式。投标书格式包括以下内容：

1）投标报价书格式及附录。

2）投标保函担保书格式。

3）授权委托书格式。

（6）工程量清单。水利工程工程量清单编制，按照 2007 年发布的《水利工程工程量清单计价规范》（GB 50501—2007）要求进行。

1）工程量清单表格。包括招标人给出工程量数量的清单表格（分类分项工程项目清单）和招标人不提供数量的清单表格（措施费清单、计日工价格清单）两类。

2）说明。主要说明上述各表填写的规定和要求，合同单价、费率和总价包括的内容、合同价格的支付等。

（7）辅助资料。包括施工设备清单、施工计划和施工方法说明、附属设施、项目分包和分包商、材料和永久设备供应计划、对招标人提供的条件（水、电、通信和房屋等）、财务报表、组织机构、施工人员经理、劳务使用计划、税收和保险、合同支付现金流和物价浮动调整等。

（8）合同格式。包括协议书格式，履约保函或担保书格式，预付款银行保函格式。

2．技术条款（技术规范）

技术条款主要内容有：

（1）一般规定。说明合同范围和内容、控制性工期和总工期等。

（2）各项目的实施内容和工序要求。

（3）适用的技术标准、规程和规范。

（4）各项目具体实施要求和具体质量标准。

（5）质量管理、检验取样和数量。

（6）各项目的计量和支付。

3．图纸

所附招标图纸的数量和深度应达到投标人能据此正确地判断项目规模、尺寸、工程方案、主要轮廓，具备估算工程数量、明确的报价条件。

4．参考资料

参考资料也可作为附件，主要包括地貌、地质、水文、气象和当地建筑材料的勘测原始资料等。

（二）编制招标文件的注意事项

（1）文字要力求严密、明确和细致，不能有模棱两可的语言。

（2）项目设计工作深度达到项目招标设计，最好达到技施设计。

（3）在"投标人须知"中应公开说明评标方法、评标内容和授予合同标准。

（4）招标人在招标文件中列明必须能做到的、可以提供的施工条件。

（5）在招标文件中要合理分摊发包人和承包人的风险，招标人分摊风险的原则是：有经验的承包人无法预见并进行合理防范的风险由发包人承担。这样可使承包人不必为那些不一定发生的风险担心，集中精力去完成工程建设。如果这类风险由承包人承担，则投标人必然在投标报价中摊入此类风险基金。在执行合同时，如果发生此类风险，承包人有资金准备，可补偿由此造成的损失；如果没有发生此类风险，由于风险基金摊入价格中无法扣回，则发包人多支付了这类风险基金。所以这种分摊风险的方法对发包人不利。

（6）招标文件具有可操作性，主要体现在有清楚准确的投标报价条件和合同支付条件。如，工程量清单中主要项目对应的工作内容、范围、工序、材料（永久设备）和工艺标准、适用的项目规范和技术质量标准、计量和支付的规定等是否明确。

（7）招标文件中提供的参考资料，应是原始的观测和勘探资料，而不是推论或判断的成果。资料必须准确，其深度要达到招标单位的地质和水文方面的工程师能够作出正确判断的深度。否则投标人是不可能作出正确的判断的，这将成为索赔隐患，因为这些资料也是作为投标人报价的依据。

四、合同概算和标底的编制

（一）合同概算的基本概念

合同概算是指以合同（也可称为标段）为单位，按现行的物价水平，依据施工组织设计确定的施工方案、施工方法、施工设备的选型、施工强度和施工进度安排编制的项目概算。即概算编制人员站在投标人的角度上，根据施工规划、物价水平和预估的投标竞争状况，编制承包人的项目概算。合同概算是施工规划编制过程中以及招标文件编制之前完成的；标底是招标阶段开标前编制的。实际上合同概算就是标底。由于大型项目招标时间长，一般半年左右的时间，这段时间随着勘测设计的深入，影响概算的各项因素发生变化，需要进一步完善和修正合同概算，修订后的合同概算就是标底。

（二）编制合同概算和标底的目的

编制合同概算和标底有以下目的：

（1）作为评价投标人所报投标单价和总价合理性的依据。

（2）作为核定成本价的依据，项目标底总价减去预计的利润和风险基金，作为项目成本价和招标人是否接受投标的底线标准。

（3）计算物价波动调价公式中的权重系数，确定权重系数选定范围的依据，评定投标人选定的权重系数是否合适的依据。

（4）合同概算和标底是在国家宏观控制的项目投资和初步设计概算控制范围之内编制的，因此合同概算或标底在合同实施过程中可作为投资控制的目标。同时在合同管理中可作为确定合同变更（包括设计变更）、价格调整、索赔和额外项目的费率和价格的依据。

（5）依据合同概算和项目进度计划、确定以季度或月为时段的现金流。该现金流可作为项目资金使用计划，为国家、项目法人和贷款单位准备资金提供依据。同时也是计算经评审的投标价格和评标人提供的现金流是否合理的依据。

（6）为贷款单位和主管部门评估贷款效益、审批贷款额度和批准贷款等提供技术经济依据。

综上所述，合同概算和标底对于项目招标和合同管理是必须编制的。

（三）合同概算的编制

1. 编制的基本方法

按实物法编制合同概算是依据项目设计和实施规划所确定的项目工程量、技术质量标准和要求、项目总工期和控制性工期、实施方法、施工强度、施工设备选型和各施工设备的效率，现行材料和永久设备的物价水平以及以合同各项目为单位进行实施活动分析，制定施工设备组合和人员配备。据此计算完成该项目任务所消耗的各种材料（包括永久设备）数量和费用，消耗施工设备的台时和费用（按施工设备的生产效率计算投入台时，以施工设备的价值和经济寿命小时数，计算台时费用），以及使用劳务工时和费用（按劳动效率计算工时费用）。这些资源投入总价除以相应产出的项目工程量，即为该项目的直接费单价。然后计算合同的各项间接费用、利润和风险，摊入到直接费用中，就是合同概算或项目标底的综合单价。各项综合单价乘以项目工程量为该项目的价格，各项目价格相加汇总再加上合价项目费（包括进场费、退场费、各大型临时设施费、环境保护费、施工安全措施费等以总价或费率包干的费用）和备用金，即为合同概算或项目标底的总额。合同概算和标底各项费用构成如图 3-2 所示。

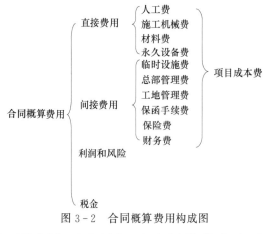

图 3-2　合同概算费用构成图

2. 项目综合单价的确定

依上述各项直接费用计算基础单价，各基础单价乘以工程量清单中各项工程量，然后相加汇总即得出直接费用总额。根据上述各项直接费，计算间接费、利润和风险基金等总额，并全部摊入各项目中，在此基础上计算出税金，最后计算出工程量清单中各分项工程项目的综合单价。

计算综合单价公式为：

$$某项目综合单价＝\{1＋ （间接费＋利润＋风险基金）/直接费总额\}$$
$$×某项基础单价×（1＋税率）$$

各项综合单价乘以相应项目工程量即为项目价，项目价相加汇总再加上合价项目费用和备用金，即为合同概算或标底的总价。

（四）标底的编制

1. 编制的内容和基本要求

（1）编制合同概算的主要依据是项目初步设计的项目概算、招标要点规划、施工规划，以及政府和主管部门颁布的有关法律、法规、规章和规定等。

（2）合同概算汇总表。如果是涉外项目应包括外币和当地货币部分，还包括暂定金额总额和占合同总价的百分比，并核定本合同的成本价。

（3）材料、永久设备、施工设备、劳务和运输等费用计算，以及汇总表。

（4）主体项目和临时设施工程量汇总表。

（5）施工条件、施工方法和进度的简要说明。

（6）各单项直接费单价分析、计算成果和说明。

（7）各项间接费分析计算成果。

（8）各项工程量和综合单价表。

2．标底的编制方法

（1）用合同概算编制标底的方法（如前面所述）。

（2）采用项目工程概算编制标底的方法。使用国家和地方主管部门编制的项目工程概算，编制合同的标底。此办法目前应用比较广泛，但此法仍是计划经济的产物，与目前市场经济由市场竞争定价的供求关系不适应。

（3）采用投标人投标价格的平均值作为标底的方法。把所有投标人的投标价格进行平均，其平均值为标底。

（4）组合加权平均法作标底的方法。招标人编制的标底占 50%～70%，投标人的投标价格平均价占 50%～30%，进行加权平均，其值为组合标底。

（5）合理标价的平均值作标底。指先以招标人编制的标底为标准，规定浮动值，采用招标人的标底上浮 5%，下浮 8%。在浮动范围内为合理标价，合理标价的平均值为标底。

根据实践经验，使用合同概算是编制标底最好的方法，与实际工程建设比较吻合，能够满足市场经济的需要。编制合同概算是否准确，与编制概算人员的水平有关，应选择有实际经验和能力的招标代理机构或咨询单位的工程师，按照现行的市场价格与供求关系编制。

3．项目标底的审查

项目标底在招标人的主持下，由招标代理机构的工程师或咨询机构的工程师进行具体的编制和计算。该项工作必须在严格保密的条件下进行；所以无论是合同概算还是项目标底，不需由上级主管部门批准，也无需上级主管部门审查，完全由项目法人负责进行。因此，由招标人或者招标人聘请的概算专家（最好是评标委员会的成员）对合同概算和项目标底进行审查即可。

4．标底在评标时的运用

《招标投标法》规定："有标底时，标底保密，标底只能作为评标时参考。"评标时运用标底有以下方法：

（1）如果采用《招标投标法》的经评审的最低评标价法时，标底作为评价投标人投标保价的合理性，以及核定成本的依据。一般将标底费用去掉利润和风险基金，就是为招标人控制的成本价。没有充分的理由时，投标报价低于成本价时，按《招标投标法》规定，招标人有权取消其投标资格。这种方法符合我国招标投标的国情，以防止投标人恶意竞争。

（2）用标底评定投标人报价的合理性，以评标价最低作为选定的中标人。通常利用世行和亚行贷款的项目采用评标价最低作为合同授予的标准，没有最低限价。因为国际招标面对的都是有经验和有实力的投标人，这些投标人是为了利润而投标，不会做赔本的生意。

（3）投标报价接近标底的投标人中标。西方国家在 20 世纪 60 年代初使用较多，因弊端较多，现已不再采用。

（4）作为合理价的核定标准。以标底为准，上浮 5%，下浮 8%，其间为合理价。在合理标价范围内多个投标人中选定中标人。该方法我国已使用多年，对抑制恶性竞争有好处。

（5）用标底作为投标价的最高限价，低于标底为合理价，从合理价中选定中标人。这种方法一般很少使用，这样会把招标人项目资金不足风险转嫁给承包人承担，违背市场经

济原则。

5. 标底编制应注意的问题

（1）关于标底的编制依据问题。标底的编制应采用工程概算的编制方法，按照实物工程量，以各合同实施的施工组织设计、招标条件、当前的市场情况和本招标项目的竞争情况（通过市场条件）来编制。目前一般水利工程编制标底采用的依据是国家发布的工程预算定额，这种方法既不体现具体工程的特殊性，也无法反映工程的施工方法，应尽快改变，以适应国内市场经济的需要。

（2）关于无标底招标的问题。目前国内有些项目（在利用世界银行和亚洲银行贷款的水利工程建设项目中采用较多）采用"无标底招标"，即招标人不设标底价，在评标时，首先检查投标文件的符合性和响应性，然后对符合招标文件的投标文件，按照报价由低到高进行排序，报价最低的投标人将被确定为中标人。这种方法既不适合我国的国情，也不符合《招标投标法》的要求。由于国内施工企业水平参差不齐，工程招标竞争非常激烈，企业为了获得项目，压低报价、恶性竞争，导致工程上马后，质量无法保证，进度受到严重影响，最终受害的是招标人。在这种非正常的市场氛围下，不设置标底，无法评价投标人报价的合理性。同时《招标投标法》及其配套文件中规定的评标办法，其标底在综合评估法中与价格评标因素打分高低有关；而在经评审的最低投标价法中，其标底是评价投标报价的合理性以及核定成本的依据。所以《招标投标法》及其配套文件中规定的评标办法都与标底有关，用这些方法评标时，必须设置标底。

在我国目前的情况下，标底不是可有可无，更不应淡化，而是一个重要的评标和确定合同价格的参考指标。所以推行"合理低标价中标和无标底招标"是与《招标投标法》第四十一条的中标人条件相违背的。另外标底只是评标时所用的重要参考指标，而不是依据它确定中标人，在2001年国家计划与发展委员会《关于进一步落实〈中华人民共和国招标投标法〉的通知》（计政策〔2001〕1400号）规定："招标人编制标底的，其标底只能作为防止串通投标、哄抬标价和分析报价是否合理的参考，不能作为决定废标的直接依据。"所以标底泄漏只会给投标人造成误导，投标人按照标底投标完全可能不中标，标底对投标人只能起到防止投标报价过低或过高的作用。但标底对招标人来说是非常重要的评标指标，不是可有可无。随着市场经济的不断完善和建筑市场的逐步规范，标底对于投标人将会越来越不重要。

第五节 投标人资格审查

依据《招标投标法》规定，招标人可以根据招标项目本身的要求对潜在投标人进行资格审查。资格审查可分为资格预审和资格后审。资格预审就是在投标前对潜在投标人进行的资格审查。资格后审就是在投标后（即开标后）对投标人进行的资格审查。

一、资格审查的目的

（一）资格预审的目的

（1）掌握投标信息，便于招标人决策。经资格预审可正确了解参加竞争性投标的投标人数量、公司性质、组成等，便于招标人针对潜在投标人的动向进行招标决策。

（2）通过资格预审可以使招标人预先了解到应邀投标公司的能力，提前进行资信调查。了解潜在投标人的信誉、经历、财务状况，以及人员和设备配备的情况，以确定潜在投标人是否有能力承担拟招标的项目。

（3）防止皮包公司参加投标，避免给招标人工作带来不良影响和风险。

（4）具有实力和信誉的大公司一般不愿意参加不作资格预审招标的投标，因为这种无资格限制的招标并不总是有利于合理竞争。往往由于高水平的、优秀的投标，因其投标报价较高而不被接受；资格差和低水平的投标，可能由于投标报价低而接受，为招标人造成较大风险，资格预审更能有利于确保具有合理竞争性的投标。

（5）可以使投标人预先了解工程项目条件和招标人的要求，初估自己条件是否合格，以及初步估计可能获得的利益，以便决策是否正式投标。对于那些条件不具备，将来肯定被淘汰的投标人也是有好处，可尽早终止投标活动，节省许多费用。同时可减少招标人的评标工作量。

（二）资格后审的目的

一般情况下，无论是否经过资格预审，投标后，在评标阶段要对所有的投标人进行资格后审。资格后审的目的是：核查投标人是否符合招标文件规定的资格条件，一旦发现不符合招标文件要求的资格条件，评标委员会有权取消其投标资格。这样做可防止皮包公司参与投标，防止实力差不符合要求的投标人中标给发包人带来极大风险。如果投标前未进行资格预审，则资格后审的评审内容与资格预审的内容相同。如果投标前已进行了资格预审，则资格后审主要评审参与本项目实施的主要管理人员是否有变化，变化是否给合同实施可能带来不利的影响；评审财务状况是否有变化，特别是核查债务纠纷，是否被责令停业清理，是否处于破产状态；评审已承诺和在建项目是否有变化，如有增加新的建设工程时，应评估新增加的建设工程是否会影响本项目的实施等。

二、资格预审的程序

投标人的资格预审一般分为 3 个步骤：首先是发布资格预审通告；其次是发出资格预审文件和投标人提出资格预审申请；第三是通过资格评审，确定合格的投标人名单，并通告评审结果。

（一）资格预审通告

招标人或招标代理机构在有影响的报刊或杂志上刊登资格预审通告，如《人民日报》、《中国日报》、《经济日报》或《中国采购与招标网》等，大型水利工程同时还需在《中国水利报》刊登。通告的主要内容应包括：招标人名称，招标项目名称，项目地理位置，项目规模，土建和安装工程量，项目计划开工及完工日期，项目资金来源、额度和采购范围，出售资格预审文件的日期、时间、地点和售价，接受资格预审申请的截止日期、递交地点、电话和电传号码，发出招标文件及提交投标文件的计划日期等。有兴趣的投标人按资格预审通告所标明的时间和地点，购买资格预审文件，从刊登资格预审通告的日期起至递交资格预审申请书截止日期，一般来说不应少于 15 天，对于大型项目不应少于 45 天，以便让投标人有足够的时间来考虑是否愿意参加投标前的资格预审和准备资格预审申

请书。

（二）提交资格预审申请文件

投标人按规定购买资格预审文件后，即开始编制资格预审申请书。参加投标的投标人可以是单独的，也可以是联营体。如果联营体投标的，参加该联营体的所有成员，都应分别填写完整的资格预审表格，并指明为首的责任方。投标人按资格预审文件的要求和规定，并依据本公司的真实情况编制资格预审申请书。在递交截止日期前，递交到指定地点，并由招标人开具回执。过期收到的资格预审申请书，一概不予受理，原封退还，并取消申请的资格。

（三）进行资格评审确定合格的投标人

资格预审的评审一般经过 3 个阶段。

1. 第一阶段：成立资格评审工作小组并进行综合评审

第一阶段是先组成资格评审工作小组，对投标人的资格预审申请书进行整理，对递交的资料进行分析并与要求的合格条件对照比较。对投标人的法人地位、商业信誉、财务状况、施工经验等进行整理归纳。综合各种表格的内容，最后写出综合报告。

2. 第二阶段：资格评审委员会对投标人的资格进行评审

第二阶段由招标人组织资格评审委员会，包括招标人（招标代理机构）、工程技术、管理、财务、经济和法律等方面的专家。资格评审委员会对投标人的资格进行评审，主要内容如下：

（1）法人地位。核查投标人公司注册登记证明、注册手续是否完备、要求填的表格是否完整。

（2）商业信誉。审查已完建的同本工程相类似的工程，原发包人对项目质量是否满意，是否按要求工期完工，投产后运行情况，是否有原发包人的证明材料。必要时还要通过不同渠道，从侧面核实。

（3）财务状况。依据投标人按资格预审文件要求所提交的最近若干年（一般为 3~4 年）的真实可靠的财务会计报告进行分析评价。评价在资本、债务、流动资金和资金周转能力等方面的情况，并评价其他在建项目的财务收支状况。评价投标人是否有能力完成本合同项目。

（4）施工经验。投标人应具有曾圆满完成过与拟招标项目在类型、规模、结构和复杂程度、采用技术和施工方法等方面相类似项目的经验。是否能达到资格审查条件的最低要求，这是评价的主要条件，此条不满足就不能成为合格的投标人。

（5）管理人员。对投标人拟派往现场的主要负责人和施工管理人员进行资历和经验方面的资格评审。特别要对投标人的项目经理、技术负责人、施工工程师、经济师等的学历、施工经历、曾担任过的职务等进行评审。以确保项目质量和工期能按规定实施和完成。

（6）管理组织机构。对投标人拟建现场管理机构的设置进行评审，以确保项目实施时令发包人和监理工程师满意，能否是一个高效率工作和生产的承包人。评审投标人总部和现场管理机构的关系，评审与分包人的关系。若为联营体应评审各成员公司的股份和职责划分，以及联营体机构设置是否合理，也包括评审联营体的章程和制定的管理方针，以及如何进行日常管理的方法。

（7）施工设备。对投标人为实施本项目投入现有设备、拟购设备和租用设备等的名称、规格、型号、产地、数量、出厂日期和新旧程度等进行评审。投标人所提供的施工设备达到能令招标人满意地认为，在合同实施期间能够保持良好的工作状态。满足项目实施要求的投标人方为合格。这是对投标人实施能力的考核。

（8）正在履行的合同和准备承诺的项目。对投标人的管理人员、施工设备和财务能力等方面是否有能力实施数项的项目建设进行评审，对本项目实施是否有冲突进行评定，满足本合同项目顺利实施方为合格。

如果投标人是联营体时，以资格低的资格条件作为评审的依据。

以上是投标人资格审查文件列明的评审标准，不得用资格审查文件以外的条件和方法评审。《招标投标法》规定：招标人不得以不合理的条件限制或排斥潜在投标人，不得对潜在投标人实行歧视待遇。

对所有提交资格审查申请的投标人，按上述诸方面进行评审。评审结果可分为：

- 完全符合要求。指能够满足资格审查文件的实质性要求，其施工经验的资格条件符合。
- 基本符合要求。指能够满足资格审查文件的基本要求（除资质和财务能力以外，还有些不足），其施工经验的资格条件合格。
- 不符合要求。指无论是否满足资格审查文件的要求，其施工经验的资格条件不合格。

3．第三阶段：确定合格投标人名单

第三阶段招标人依据由专家组成的评审委员会的资格审查报告和推荐的资格审查合格投标人名单，最后由招标人确定合格投标人名单。

招标人确定合格投标人名单之后，首先应及时以书面形式先行通知经评审合格的投标人，同时合格投标人要向招标人表明是否有参加投标意向。然后招标人以书面形式将资格审查结果告知所有提交资格审查申请的投标人。并将投标邀请书发给那些经资格审查合格的投标人。如经确认，已评审合格的投标人不愿参加投标，所剩合格的投标人数量未达到有效竞争时，则应将基本符合要求候补的投标人补上，并重新发通知，征询其是否有参加投标意向。由于投标意向的确认不具有法律效力，所以在确定合格投标人数目时，要留有余地，一般以 6～10 家为宜。对于资格预审不合格的申请人，招标人无义务作出解释和说明。

三、招标人资格审查注意事项

（一）通过建筑市场调查确定主要实施经验的资格条件

因为施工经验是资格审查的重要条件，因此依据拟建项目的特点和规模进行建设市场调查。调查参与已完类似项目的企业资质和施工水平的状况，调查可能参与此项目投标的投标人数目等。依次确定实施本项目的企业的资质和资格条件。资格条件既不能过高，减少竞争；也不能过低，增加评标工作量。

（二）资格审查文件的文字和条款要求严密准确

一旦发现条款中存在问题，特别是影响资格审查时，应及时修正和补遗。但必须在递交资格审查申请截止日前 14 天发出。否则投标人来不及作出响应，影响评审的公正性。

（三）公开资格审查的标准

将资格合格标准和评审内容明确载明在资格审查文件中，让所有投标人都知道资质和资格条件，以使他们有针对性地编制资格审查申请。评审时只能采用上述标准和评审内容，不得采用其他标准、暗箱操作、限制或排斥其他潜在投标人。

（四）审查投标人提供的资格审查资料的真实性

投标人提供的资格审查资料必须真实，否则，招标人有权取消其资格申请，而且可不作任何解释。特别防止假借其他有资格条件的公司报资格审查申请，无论在资格预审还是资格后审，一经发现立即取消投标资格。对于假借资质证书和其他企业名义承揽项目的行为，有关文件规定如下：

（1）投标人法定代表人的授权代表人不是投标人本单位的人员。

（2）承包人在施工现场（拟派往现场）所设立的项目管理机构的项目负责人、技术负责人、财务负责人、质量管理人员、安全管理人员不是承包人本单位的人员。

（3）对于本单位的人员，必须同时满足下列三条：

1）聘用合同必须由承包人单位与之签订。

2）与承包人单位有合法的工资关系。

3）承包人单位为其办理社会保险关系，或具有其他有效证明其为承包人单位人员身份的文件。

第六节　水利工程招标与投标

前面已经对招标程序和准备工作以及投标人的资格审查作了介绍，招标人将招标文件发售给通过资格预审的投标人，投标人按照招标文件准备编制投标文件。下面将对招标投标中的有关内容和方法分别予以介绍。

一、发售招标文件

在公开招标中，经资格预审合格的及有投标意向的投标人，在接到投标邀请书后，按指定时间和地点购买招标文件。在邀请招标中，对有兴趣参加投标的投标人，事先进行考查，对考查合格者发出投标邀请书，按指定时间和地点购买招标文件。

招标人在发售招标文件时应做好购买记录，内容包括购买招标文件的公司详细名称、地址、电话、邮政编码等，便于日后查对和及时进行联系等。

二、投标准备

在招标准备阶段投标人要认真研究招标文件，积极做好投标准备；招标人也应做好相应的工作。

（一）投标人熟悉和研究招标文件

招标文件（包括招标参考资料）是投标的主要依据，投标人应认真阅读、仔细研究。主要从以下几个方面研究：

（1）采用何种标准合同文件、投标函及其附件。

（2）研究合同内容、范围和项目规模。

（3）评估监理工程师的权力和职责。

（4）报价条件、技术质量标准和使用的规范。

（5）项目支付价款方式、项目价格调整和物价调价方式。

（6）解决争端的方式，包括争端调解和仲裁方式。

（7）变更、索赔和违约等的处理。

（8）完工和保修的有关规定。

（9）招标文件对投标联营体的要求。

投标人通过对招标文件中上述问题的研究，找出需要招标人澄清的事宜，参加招标人组织的标前会议和现场考察。

（二）现场考察

现场考察一般由招标人和招标代理机构组织投标人进行，目的是使投标人进一步了解项目所在地的社会与经济状况，了解自然环境、建筑材料、劳务市场、进场条件和手段、工程地质地形、地貌、当地气象和水文情况、实施条件、营地布设条件和医疗条件等状况，以及收集场地和编制投标文件所需要的资料等。招标人应主动创造各种条件，使得投标人能方便地解决上述问题的考察，为编制投标报价和投标文件奠定基础。在现场考察期间，招标人对投标人提出的问题，应先以口头方式答复，再以书面方式正式解答和澄清，书面通知应发给所有购买招标文件的投标人。对于大中型项目来说，一般情况下从购买招标文件起至现场考察，以 14～21 天为宜。

（三）招标文件的修订和补遗

在投标准备阶段，由于投标人以各种方式向招标人提出需要澄清和解决的问题，以及招标人查阅发现的新问题，需要修订和补遗招标文件。但在限定的时间内必须发出，以便投标人均能作出响应。《水利工程建设项目招标投标管理规定》（水利部第 14 号令）规定，对招标文件的修订和补遗，必须在投标截止日前 15 天以书面形式发出，并通知所有投标人。

三、投标

投标人依据招标文件的要求和投标条件，以及招标人的修改通知、答疑和澄清等编制投标文件和投标报价。投标时应注意以下问题：

（1）投标人应对招标文件提出的实质性要求和条件作出响应。

（2）投标人在投标文件中注明拟中标后将准备分包的部分非主体和非关键性的项目和工作。

（3）投标人不得相互串通投标报价，不得排挤其他投标人的公平竞争，损害招标人或其他投标人的合法权益；投标人不得与招标人串通投标；禁止投标人向招标人或者评标委员会成员行贿；投标人不得以低于成本的报价竞标；投标人不得以他人名义投标或以其他方式弄虚作假，骗取中标。

（4）投标人如以联合体投标时，联合体各方均应为法人或其他组织，各方均应有承包招标项目的能力、资格条件和资质等级。还应签订共同协议，明确各方所承担的工作和责任，各方承担连带责任。联合体中标后，应及时在项目所在地工商行政管理部门注册。联合体各方共同与招标人签订合同，并明确联合体的责任方。

按照投标须知规定，投标文件在投标截止日前寄达或由专人送达到指定地点。投标文件应标明"正本"和"副本"字样，并分开装袋密封，不密封的投标文件无效。招标人认为有必要时可发补充通知延长投标截止日期。投标人同意延长投标有效期，则招标文件规定招标人和投标人有关的权利义务，也将适当延长至新的投标截止日期。如果投标人不同意延长时，招标人不得扣留投标人的投标保证金，应随投标文件一并退回。投标截止日期以后收到的投标文件，招标人一律拒收，邮寄迟到的招标文件将原封退回。另外已递交的投标文件，在投标截止日期前允许修改或撤回，但须在封面上标明"修改"或"撤回"字样。如果修改涉及其价格，则在正本中的投标文件之前附一封声明信，明确写道"价格修改，请在开标会上予以宣读"。投标截止日以后不得撤回或修改。

四、开标

开标应该公开进行，即要求所有提交投标文件的投标文的法定代表人或委托代理人到场参加开标。开标时间应在招标文件确定的提交投标文件的截止时间的同一时间和地点公开进行。

（一）对参加开标人员的要求

开标由招标人负责主持，开标人员至少由主持人、监票人、开标人、唱标人、记录人组成，上述人员对开标负责。招标人主持开标，应当严格按照法定程序和招标文件载明的规定进行，主要有：按照规定的时间公布开标开始；检查投标人的法定代表人或委托代理人是否出席开标会；安排检查投标文件密封情况后指定工作人员监督拆封；组织唱标、记录；维护开标活动的正常秩序。

根据《水利工程建设项目招标投标管理规定》（水利部第 14 号令），投标人的法定代表人或委托代理人必须参加开标会，否则主持人可宣布其弃权。

（二）开标程序

（1）招标人在招标文件规定的时间停止接受投标文件，开始开标；招标人在招标文件要求提交投标文件的截止日期前收到的投标文件均应密封。

（2）宣布开标人名单。

（3）确认投标人法定代表人或授权代表人是否在场。

（4）宣布投标文件的开启顺序。

（5）依开标顺序，先检查投标文件密封是否完好，再启封投标文件。

（6）宣布投标要素，并作记录，同时由投标人代表签字确认。

（7）对上述工作进行记录，并存档备查。

根据《水利工程建设项目招标投标管理规定》，对投标文件密封不符合招标文件要求、逾期送达的、投标人法定代表人或授权代表人未参加开标会议的投标文件，可以拒绝或按无效标处理。

五、评标

评标是按照规定的评标标准和方法，对各投标人的投标文件进行评价比较和分析，从中选择最符合招标文件要求的投标人的过程。

（一）评标的原则

（1）评标全过程应依《招标投标法》进行，招标人和投标人应主动接受行政监督部门的监督。

（2）评标机构应依法组建，为保证评标的公正性和权威性，评标委员会成员选择要规范。

（3）必须按照招标文件中确定的评标方法、内容、标准和中标条件进行评标，不得随意改变，更不能制定新的方法、内容、标准和中标条件。

（二）评标工作程序

（1）招标人宣布评标委员会名单，主任委员由评标委员会推举产生或由招标人直接确定。

（2）宣布有关评标纪律。

（3）在主任委员主持下，根据需要，讨论通过成立有关专业组和工作组。

（4）听取招标人介绍招标文件。

（5）组织评标人员学习评标标准和方法。

（6）经评标委员会讨论，并经 1/2 以上委员统一，提出需投标人澄清的问题，并以书面形式送达投标人。

（7）对于需要文字澄清的问题，投标人应当以书面形式送达评标委员会。

（8）评标委员会按照招标文件确定的评标标准和方法，对投标文件进行评审，确定中标候选人推荐顺序或根据招标人的授权直接确定中标人。

（9）在评标委员会 2/3 以上委员同意并签字的情况下，通过评标委员会工作报告，并报招标人。

（三）评标机构

为了保证评标的公正性和权威性，《招标投标法》规定：评标由招标人依法组建的评标委员会负责，评标委员会由招标人的代表和有关技术、经济等方面的专家组成，成员人数为 5 人以上单数，其中技术、经济等方面的专家不得少于成员总数的 2/3。依据《评标委员会和评标方法暂行规定》（2001 年，国家计委、经贸委、建设部、铁道部、交通部、信息产业部、水利部发布的 12 号令）第十一条规定，评标专家应符合下列条件：

（1）从事相关专业领域工作满 8 年并具有高级职称或同等专业水平。

（2）熟悉有关招标投标的法律法规，并具有与招标项目相关的实践经验。

（3）能够认真、公正、诚实、廉洁地履行职责。

评标专家应由招标人从国务院有关部门或省、自治区、直辖市人民政府有关部门提供的专家名册或招标代理机构的专家库内相关专业的专家名单中确定；一般招标项目可以采

取随机抽取的方式；技术特别复杂、专业性要求特别高或者国家有特殊要求的招标项目，可以由招标人直接确定。

《评标委员会和评标方法暂行规定》第十二条规定，有下列情形之一的，不得担任评标委员会成员：

（1）投标人或者投标人主要负责人的近亲属。

（2）项目主管部门或者行政监督部门的人员。

（3）与投标人有经济利益关系，可能影响对投标公正评审的。

（4）曾因在招标、评标以及其他与招标投标有关活动从事违法行为而受过行政处罚或刑事处罚的。

评标委员会成员的名单在中标结果确定前应当保密。

（四）评标标准和方法

1．评标标准

（1）勘察设计评标标准：

——投标人的业绩和资信；

——勘察总工程师、设计总工程师的经历；

——人力资源配备；

——技术方案和技术创新；

——质量标准及质量管理措施；

——技术支持与保障；

——投标价格和评标价格；

——财务状况；

——组织实施方案及进度安排。

（2）监理评标标准：

——投标人的业绩和资信；

——项目总监理工程师经历及主要监理人员情况；

——监理规划（大纲）；

——投标价格和评标价格；

——财务状况。

（3）施工评标标准：

——施工方案（或施工组织设计）与工期；

——投标价格和评标价格；

——施工项目经理及技术负责人的经历；

——组织机构主要管理人员；

——主要施工设备；

——质量标准、质量和安全管理措施；

——投标人的业绩、类似工程经历和资信；

——财务状况。

（4）重要设备、材料评标标准：

——投标价格和评标价格；

——质量标准和质量管理措施；

——组织供应计划；

——售后服务；

——投标人的业绩和资信；

——财务状况。

2. 评标方法

（1）综合评分法。综合评分法也叫综合评价法或综合评估法，中标条件为：能够最大限度地满足招标文件中规定的各项综合评价标准。以商务、技术和价格为主要打分因素进行打分，分数最高的即为最大限度地满足招标文件规定的各项综合评价标准。该评标方法适用于：复杂技术、性能标准或者招标人对其技术、性能有特殊要求的招标项目，或者属于服务性（如设计、监理和科研等）招标项目。因为技术复杂的项目、高科技项目或服务性项目，技术和服务比价格更重要。只有最大限度地满足招标文件规定的各项综合评价标准的投标，才是最经济的。一般情况下评分水平为：商务（投标文件的完整性和响应性）25 分、技术（施工方法、保证工期和质量措施）35 分、投标价格 40 分。对于技术复杂和更重视服务的项目，技术分值应与投标报价的分值相同或超过投标报价的分值。

（2）经评审的最低评标价法。该方法的中标条件为：能够满足招标文件的实质性要求，并且经评审的投标价格最低；但是投标价格低于成本的除外。该评标方法适用于：具有通用技术、性能标准或者招标人对其技术、性能没有特殊要求的招标项目。

这种方法是最不易受人为影响的，可从规则上避免产生腐败的评标方法。经评审的最低投标价法是在满足招标文件实质性要求，并且在投标价格高于成本价（即合理价）的前提下，经评审的投标价格最低的投标，作为中标人。

该方法中"能够满足招标文件的实质性要求"是指：投标人资格合格，实质性响应招标文件的要求，并且有能力和足够的资源完成合同任务。在这个前提下经评审的投标价格最低。

经评审的投标价格的计算是把投标人的投标报价经以下几个条件修正后的价格：

——纠正算术错误；

——扣出备用金；

——招标人可接受的并可用货币表示的非实质性的偏离和保留；

——核定（考虑上述变化）投标人提交的项目实施期间内现金流量（相当于资金使用计划），并按现行的贴现率折成现值，然后加到投标报价之中以资比较。

由此可以看出，经评审的投标价格与投标人投标价格是不同的。所以经评审的投标价格最低与投标价格最低也是不同的。只有用经评审的投标价格最低，所选择的中标人，才是招标人获得最为经济的投标人。应说明的是经评审的投标价格是评标时参考的，合同实施时仍按中标人的投标价格进行项目价款支付。

上述中标条件中提到的"成本"是指，合同概算（或标底）中去掉利润和预估的风险（指编制合同概算的工程师对该标预估的风险），即为招标人确定的成本。如果投标价格低于这个成本时，投标人又无正当理由，为防止恶性竞争，评标委员会有权取消其投标资

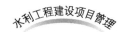

格。在我国当前的情况下，既可保护招标人的利益，也可维护投标人的合法权益。

（3）合理最低投标价法。合理低标价的评标方法可以理解为是属于"法律、行政法规允许的其他评标方法"的方法，而且国办发〔2004〕56 号《国务院办公厅关于进一步规范招标投标活动的若干意见》中提出"鼓励推行合理低价中标和无标底招标"。因此，采用合理低标价法选择中标人，是符合国务院和各部委的规定的。合理低标价法是投标人响应招标文件的要求，有能力和足够的资源完成合同任务，并且投标报价在招标人规定范围内，即以标底为基础，通常控制范围为：高于标底 5％，低于标底 8％。投标人的投标报价在上述范围内，可以认定为合理投标价。在合理的投标价格中，选择投标价格最低的为中标人。

（4）综合评议法。综合评议法也叫性比法，是指按要求对投标文件进行评审后，计算出每个有效投标人除价格因素以外的其他各项评分因素（包括技术和实施能力、财务状况、信誉、业绩、服务、对招标文件的响应程度）的汇总得分，并除以该投标人的投标报价，以商数最高的投标人为中标候选人的评标办法。所以，采购高科技、性能标准有特殊要求的货物，可采用"综合评议法"进行评标，并确定中标人。

（5）其他评标法。近年来，一些招标人为了避免标底泄露和投标人的恶性竞争，根据多年招标实践并结合工程的实际情况，也创新了一些评标方法，比如"无固定标底综合评分法"，即招标人不做标底，只做成本价。在成本价到批复的工程概算下浮 5％的范围内为有效标，低于成本价和高于批复的工程概算下浮 5％的报价为废标。再将有效的投标人报价综合平均值设定为标底。在此基础上按照综合评分法进行打分，得分最高者，即确定为中标人。

该方法，一般在商务和技术方面的分值较低，报价方面的分值较高，占到总分值的50％～60％以上，可以有效避免标底泄露和投标人的恶性竞争。

（五）初步评审

本阶段是对所有投标人的投标文件作总体综合评价，以便初选出几家优势较强的投标人，进入下一阶段深入评审。

首先核查投标报价是否正确无误，对有算术错误的报价进行修正。修正的原则按招标文件中投标人须知规定进行。然后按投标报价大小进行排队。

初步评审主要内容如下。

1. 投标文件的完整性和响应性

（1）完整性评定主要是指投标函（或称投标书，但不是投标文件）和合同格式是否按招标文件要求填报，主要包括：

1）投标文件的内容是否满足招标文件的基本要求。

2）重要表格是否按招标文件的要求都已填报。

3）是否在授权书和投标函上有合法的签字。

4）投标保证金（额度、提供和有效期等）是否满足招标文件的要求等。

（2）响应性评定主要是指响应性投标文件是遵从招标文件的所有项目、条款和技术标准，而无实质性偏离和保留的投标文件。实质性偏离或保留是指：

——以任何方式对工程范围、质量或实施造成影响。

——与招标文件相悖。

——对合同中规定的招标人的权利或投标人的义务的实施产生限制。

——纠正这种偏离或保留又会不公平地影响提出响应性投标的其他投标人的竞争地位。

如果投标文件对招标文件有实质性偏离或保留时，评标委员会有权摒弃其投标。

以某土木建筑工程的国际招标为案例，某中外联合体的投标人，提出了与招标文件规定的不同要求，分述如下：

1）要求工程预付款一次性支付。该工程招标文件的专用合同条款规定，合同协议书签署并提交履约保函和同额度的工程预付款保函后，工程预付款由工程师列入付款证书中，由发包人两次支付。第一次是合同协议书签署后 35 天之内支付全额预付款的 70％。第二次是营地、现场办公室及其他设施建设完成后，同时承包人主要施工设备运抵工地后，再支付全额预付款的 30％。而投标人在投标中提出一次性支付工程预付款，虽然这与招标文件相悖，但这是招标人可接受的非实质性偏离和保留。这种要求会增加发包人的费用，所以评标时应把给发包人增加的费用加到投标人的投标价格中，作为经评审的投标价格进行比较。

2）发包人扣留保留金达到合同价格的 5％时，承包人用同额度保留金的银行保函取代。而招标文件规定，每期支付扣留 10％的保留金，扣留到最大限额合同价格 5％为止。未规定可用银行保函取代。虽然这与招标文件相悖，但这是发包人可接受的非实质性偏离或保留。因此，评标时应该估算接受此要求给发包人造成利息上的损失，并将此额度加到投标价格中，作为经评审的投标价格进行比较。

3）要求工程地质条件变化时，工程单价也应调整。合同条款中已明确规定，发包人提供的地质资料均为勘探原始资料。暗指原始资料如有错误，或者提供的原始资料不足，而不能正确判断地质上的实际构造，给承包人造成的损失由发包人补偿。而承包人用这些正确的充足的原始资料作了错误判断，所造成的损失应自己承担。所以该条要求是不能接受的。如承包人不主动取消，发包人可认为这是实质性偏离和保留。

4）要求当地建筑材料供货商与承包人发生矛盾时，由发包人负责协调或仲裁，工程师负责材料的质量鉴定。而本项目合同规定，当地建筑材料的采购由承包人与发包人指定的当地供货商（这个指定不是指定承包人）签订供货合同，其供货计划和质量均由承包人自行负责。如果在实施中指定供货商不能提供足够数量或符合质量标准的材料时，事先经工程师同意，可以改变供货商。所以上述要求是投标人对发包人的权利和投标人的义务实施产生限制。因此，招标人是不能接受这样的实质性的偏离和保留。如果接受这种要求时，在合同实施过程中工程质量和工期是很难控制的。也就是说发包人不能承担当地建筑材料供应数量和质量的责任，除非是发包人直接提供的当地建筑材料。

5）要求调整采购当地建筑材料（包括工程设备）物价波动价差时，除补偿净差额外，还应补差 15％～20％的管理费。而本项目合同的专用合同条款中规定，发包人指定在当地采购的主要材料和服务（指铁路和公路运输费、供水和供电费用等），按文件凭据补偿净差额，即按招标时给定的基价和实际采购价格的净差值每月补差。因此，投标人应把由于采购材料涨价后，增加的管理费和税收，摊入他的投标报价之中。不应再提此要求，所

以这是发包人不能接受的实质性的偏离或保留。

2. 法律手续和企业信誉是否满足要求

核查投标人是否所在国和所在地是经注册的实体公司。国内投标人应有注册证明和企业的资质等级的证明。国外投标人要有所在国的注册证明，还要有我国驻外使馆经济参赞处的证明，证明其是合法的开业公司；同时该公司的法人对投标人应按招标文件规定给予授权，并应由公证机关证明；企业信誉的评定，主要从投标人所报资料和实地调查资料评定。评定已实施合同的执行情况，发包人是否满意，有无中止过合同，或有被投诉、被诉讼等方面的记录。

3. 财务能力

利用以下各指标进行综合分析，评定投标人的财务实力。如果在资格预审阶段对此详细评定，该阶段只核查是否有变化，只对财务状况变化的投标人再评审。

（1）用企业的年生产能力（年完成本工程计划资金量与平均每年完成工程的总值比率）分析承担本工程的履约能力。

（2）用预计合同范围（年完成本工程计划资金量与净流动资产比率）指标衡量投标人是否有足够的营运资本来履行本合同的能力。

（3）用长期平衡系数（年完成本工程计划资金量与净资产比率）指标衡量投标人目前自有资产对承包本合同工程的保证程度。

（4）用债务比率和收益与利息比率衡量企业还债能力和举债经营的限度。

（5）用速动比率（速动资产总额与流动负债总额比率）指标测定企业迅速偿还流动债务的能力。

（6）用销售利润率（净收益与销售收入比率）与资产利润率（净资产与平均资产总额比率）指标衡量企业的获利能力。

（7）用银行提供的资信证明，了解投标人在金融界的信誉及银行对投标人所持的态度。

4. 评施工方法的可行性和施工布置的合理性

以施工规划为基础，评定各投标人选用的施工方法是否可行、施工布置是否合理、适应工程实际的情况、应变能力强弱等，并比较其优缺点，提出存在的问题，以便进一步澄清。

5. 施工能力和经验的比较

对各投标人拟派驻现场的项目经理、技术负责人、施工工程师和经济师等主要管理人员资历、经验和语言能力等进行评价；对现场管理机构的设置进行评价；对实施本工程项目投入现有施工设备、拟新购施工设备和拟租用施工设备等的名称、规格、型号、产地、容量、新旧程度和价值、数量和出厂日期等进行评价；对已建成或在建或已承诺的相类似本工程项目的状况进行评价。通过上述评价，评定各投标人是否有能力和经验完成本工程项目，评价其适应和应变能力。

6. 可靠性比较

评价保证工程进度、质量和安全等措施的可靠性。

7. 评价投标报价的合理性

投标人的投标报价经算术错误纠正之后，以招标人核定的标底或成本价为依据，分别评价投标人的投标报价。特别要以工程量清单中各主要项目的投标单价对比相应项目的标底单价。从招标人编制的施工规划与投标人编制的施工方法说明（也称施工组织设计）中，评价高低差的合理性。如果主要项目单价差过大，且不合理，或者某投标人的投标价格明显低于其他投标报价（可以按低于投标报价平均值的 20％考核），或者其投标报价低于成本价（是指招标人标底的成本价，即招标人编制的合同概算减去利润和风险费用）时，招标人不应接受这样的投标。或者要求该投标人作出书面说明并提供相关证明材料。投标人不能合理说明或者不能提供相关材料的，由评标委员会认定该投标人以低于成本报价竞标，其投标应作废标处理。

上述前 6 条评价内容主要是为评定是否能够满足招标文件的实质性要求。如果不能满足实质性要求，则应淘汰其投标。如果满足实质性要求，则再按第 7 条评价投标人投标价格的合理性。如果投标价格合理，且不低于成本价时，这些投标人都是符合要求的初选投标人。再按投标价格大小顺序排队，选择投标价格较低的 3～5 家投标人进入详细评审。

（六）详细评审

本阶段是对经初步评审有竞争优势的投标人，进一步全面评审，从中确定中标候选人。评标委员会为深入评审，本阶段第一项任务是对进入终评的投标文件中存在的问题进行澄清。首先把存在的问题以书面方式分别发给投标人，并要求按规定的时间以书面方式作出澄清答复，包括对投标价格错误的算术修正。在此基础上，再召开投标人澄清会议，分别进行招标人和各投标人面对面的澄清。澄清会议结束后，即开始详细评审，主要从以下几个方面评审。

1. 进行投标人的资格后审

该阶段还应继续核查投标人的资质、施工企业的信誉和财务状况。如资格条件有实质性的改变时，评标委员会有权取消其投标资格。

2. 进一步评价是否能够满足招标文件实质性要求

在初步评审和澄清的基础上，进一步核查施工方法、施工布置、施工能力和经验、施工进度、确保工程质量和安全措施等。如有实质性的改变，已不能够满足招标文件实质性要求时，评标委员会按规定视其投标文件为无效文件。

3. 补进

上述两条评比中如有被取消投标资格，且剩余的投标人数量不足 3 家时，应从初选的投标人中补进。补进的条件是能够满足招标文件实质性要求，投标价格最低。

4. 计算经评审的投标价格（或称评标价）

对仍然能够满足招标文件实质性要求的投标人中，进行经评审的投标价格计算，计算因素是在投标人须知中已载明的，其主要方面有：

（1）改正投标价格的算术错误。

（2）扣除投标价格的备用金。

（3）如涉外工程时，将投标价格转换为单一货币（以基准日或开标日的官方汇率折算），以资比较。

（4）招标人认为可接受的非实质性偏离和保留，并以量化的货币值，加到投标报价之中。

（5）投标人的投标可使招标人产生费用变化时，计算随时间（一般以月为单位）可定量变化的货币，即投资计划——纯现金流量。如果全部从银行贷款时，按年贴现率折成应交利息现值，加到投标人的投标报价中，以资比较。

通过上述评审和计算经评审的投标价格，对能够满足招标文件实质性要求的投标人，按经评审的投标价格高低排队，经评审的投标价格最低的投标人为推荐的第一中标候选人，经评审的投标价格次低的投标人为第二或第三中标候选人。

应说明的是，上述中标人的经评审的最低投标价格即最低评标价都是为评标使用的价格，不是项目合同执行时的合同价格，合同价格仍是招标人接收中标人的投标价格，投标价格才是实际支付工程价款的依据；经评审的投标价格（评标价）最低是招标人获得的最为经济的投标，而投标价格最低并不一定是最为经济的投标。还应说明的是，如果允许投标人可同时投多个标时，投标人各标经评审投标价格的总和低于各标的最低经评审投标价格的总和，才能成为中标人。

按《评标委员会和评标方法暂行规定》的第三十九条规定，对于划分有多个单项合同的招标项目，招标文件允许投标人为获得整个项目合同而提出优惠的，评标委员会可以对投标人提出的优惠进行审查，以决定是否将招标项目作为一个整个合同授予中标人。将招标项目作为一个整体合同授予的，整体合同中标人的投标应当最有利于招标人。

整体（或多个）合同中标人的投标应当最有利于招标人，是指投标人对整体或多个合同的投标提出的经评审的总投标价格，应低于由不同投标人分别提出的各合同标段经评审的最低投标价格的总和。如果招标人将整个或多个合同授予同一个中标人的情况下，这些合同应相互独立。但不要求承包人为不同的合同提供不同的项目代表人。

（七）评标报告

评标委员会完成评标后，以多数成员的意见，向招标人提出书面评标报告，这是评标委员会提交给招标人的重要文件。在评标报告中不仅要推荐中标候选人，而且要说明这种推荐的具体理由。所以此报告是招标人定标的重要依据，一般应包括以下的主要内容：

（1）开标的时间和地点，开标会议召开情况的总结。

（2）投标人投标价格情况，以及修正后按投标价格的排序。

（3）评标的方法、内容和标准，以及授标条件的具体规定。

（4）评标机构和组织的组建情况。

（5）具体评标过程和具体情况总结，说明作废的投标情况。

（6）经评审的投标价格的计算成果。

（7）对满足评标标准的投标人经评审的投标价格排序。

（8）推荐中标候选人与选定的原因。

（9）在合同签订前谈判时需解决和澄清的问题。

（10）附件：

1）评标委员会成员名单和签字表。

2）资格后审情况表。

3）进入详细评审的投标人投标价格与标底的对比表。

4）对投标人的算术错误修正前与投标人协商的备忘录（由双方签字）。

5）书面澄清和澄清会议的备忘录或纪要。

6）个别评标委员会成员对推荐中标候选人有异议的申诉备忘录（由本人签字）。

评标委员会成员均应在评标报告上签字和确认，如果个别成员对推荐的中标候选人有异议，可将个人意见写成备忘录附在评标报告后面。评标报告提交给招标人后，评标工作结束。

六、确定中标人与发出中标通知书

招标人根据评标委员会提出的书面评标报告和推荐的中标候选人确定中标人。招标人应当按照评标委员会推荐的第一中标候选人确定中标人。排名第一的中标候选人放弃中标，或因不可抗力提出不能履行合同，或者招标文件规定应当提交履约担保金而在规定的期限内未能提交的，招标人可以确定排名第二的中标候选人为中标人。排名第二的中标候选人因前面的原因不能签订合同的，招标人可以确定排名第三的中标候选人为中标人。招标人也可以授权评标委员会直接确定中标人。只有在评标委员会违反《招标投标法》以及未按招标文件规定的评标方法、内容、标准和中标条件确定中标候选人的情况下，否定中标候选人，由招标人直接确定中标人。如果是涉外工程，还应将评标结果提交给由有关主管部门组成的评标领导小组批准，然后再报贷款单位或提供资金单位备案，都无异议时，则最后确定中标人。《招标投标法》规定，招标人自确定中标人之日起15天内，向有关行政监督部门提交招标投标情况的书面报告，并表示主动接受行政监督部门依法进行的监督。

定标后，招标人应向中标人发出中标通知书。《招标投标法》第四十五条规定：中标通知书对招标人和中标人都具有法律效力。中标通知书发出后，招标人改变中标结果的，或者中标人放弃中标项目的，应当依法承担法律（即民事）责任。又如中标人放弃中标项目，或因不可抗力提出不能履行合同，或者招标文件规定应当提交履约担保而在规定期限内未能提交的，招标人可选定评标委员会推荐的后补中标候选人为中标人。同时将中标结果通知所有未中标的投标人。

七、签订合同

自中标通知书发出之日起30日内，按照招标文件和中标人的投标文件签订书面合同。签订合同前交纳履约担保，签订合同后5个工作日内，应当退还所有投标人的投标保证金。在签订合同前的谈判中不得对招标文件和投标文件作实质性修改（指投标价格和投标方案），也不得订立背离合同实质性内容的协议（即不得签署阴阳合同），更不能强迫投标人降低报价或提出优惠和回扣条件。

【案例】　某堤防工程施工招标评标办法。

根据工程的特点和招标文件要求，制定本评标办法。

1　评标工作的依据和原则

1.1　评标工作依据

（1）《中华人民共和国招标投标法》。

（2）《水利工程建设项目招标投标管理规定》（水利部第 14 号令）。

（3）《评标委员会和评标办法暂行规定》（国家计委、经贸委、建设部、铁道部、交通部、信息产业部、水利部，2001 年 7 月 5 日）。

（4）《工程建设项目施工招标投标办法》（国家计委、经贸委、建设部、铁道部、交通部、信息产业部、水利部，2003 年 3 月 19 日）。

1.2 评标原则

（1）合法公开、公平公正、竞争优选。

（2）科学严谨、规范操作、诚实信用。

（3）认真负责、全面分析、综合评价。

2 评标机构和评标过程监督

2.1 评标机构

2.1.1 评标委员会组建

按《水利工程建设项目招标投标管理规定》（水利部第 14 号令），成立工程施工招标评标委员会，评标委员会由招标人代表和有关方面的专家组成，共计 7 人，设主任 1 人，招标人代表 2 人（业主 1 人，设计 1 人），从"评标专家库"中随机抽取专家 5 人。

2.1.2 评标委员会职责

（1）根据招标文件要求，对投标文件进行符合性审查，确定各投标人的投标有效性。

（2）对有效投标文件，提出需要澄清的问题，召开澄清询标会议。

（3）对有效的投标文件进行认真、客观、公正地分析、比较和评审，并经综合评分优选投标人。

向招标人提出评标报告，推荐中标候选人的排序。

2.2 评标过程的监督

上级主管单位监察处和招标投标管理办公室对评标全过程实施监督。监督评标委员会对投标文件的评审和赋分、中标候选人的推荐以及评标报告的形成。评标结束后，监督人对评标全过程的合法性作出监督结论。

3 评标方法

采用综合评估法进行评标，在对投标文件进行符合性审查、综合分析评审和澄清询标的基础上，将投标报价评审、施工管理与技术评审、其他因素评审内容按评分标准予以赋分，并按各项评审内容的累计分值，由高到低顺序推荐中标候选人。

4 评标工作实施细则

评标工作的具体实施分初步评审和详细评审，最后评标委员会向招标人提出"评标报告"，提出中标候选人的推荐顺序。

4.1 初步评审

4.1.1 投标文件符合性审查

（1）投标文件的包装密封符合招标文件要求。

（2）投标人应具有有效的营业执照、资质证书、安全生产许可证书，且其经营范围、资质等级符合招标文件要求。

（3）投标人名称应与有效的营业执照、资质证书、安全生产许可证书相一致。

（4）拟参加本标段投标单位的项目经理和技术负责人，应符合招标文件中最低要求。

（5）投标文件按招标文件规定加盖投标人单位公章和法定代表人或法定代表授权委托代理人的签字；由委托代理人签字或盖章的投标文件，须同时提交由法定代表人签署的授权委托书。

（6）按招标文件规定，随投标文件提交投标担保证件或投标保证金。

（7）投标文件格式（包括所有工程量清单格式），应符合招标文件要求。

（8）按照工程量清单要求编制、计算单价和总价，没有漏项和增项，且同一份投标文件只有一个报价。

（9）投标文件对本工程招标范围、工作内容、工期安排、施工技术要求和工程质量标准不发生实质性偏离。

（10）对合同条款中规定的双方的权利和义务没有实质性修改，不存在索赔因素。

（11）经招标人核实的（含算术差错修改）最终总报价低于本标段投资估价（包括投资估价）。

投标文件不符合以上条件之一的，应认为其存在重大偏差，并对该投标文件作废标处理。

4.1.2　投标报价算术错误纠正

对有效投标文件改正算术错误的原则为：

（1）《工程量清单计价表》中任一项目的单价和其工程量的乘积与该项目的合价不吻合时，应以单价为准，改正合价，但经招标人与投标人共同核对后认为单价有明显的小数点错位时，则应以合价为准，改正单价。

（2）若投标报价汇总表中的金额与相应的各分组工程量清单中的合计金额不吻合，应以修正算术错误后的各分组工程量清单中的合计金额为准，改正投标报价汇总表中相应部分的金额和投标总报价。

（3）若投标书或投标总报价中文字大写表示的金额与数字表示的金额有差别时，则以文字大写表示的金额为准。

按上述原则，投标人应改正报价中的算术错误，改正后的投标报价汇总表需经招标人和投标人共同确认，若投标人拒绝上述错误的改正，其投标文件将被拒绝评审。

4.2　投标文件的详细评审

4.2.1　澄清询标

评标阶段，对投标文件中某些内容需要进一步澄清，或要求补充某些资料，有助于对投标人的评价和比较，投标人不得拒绝，并正式授权拟派施工现场的项目经理参加澄清询标会议，回答问题。澄清询标会议后，投标人应在规定的时间内，将加盖单位公章、由法定代表人或授权委托的代理人签字的澄清答复的书面材料作为投标文件的组成部分提交招标人。

询标是通过投标单位拟派项目经理结合本招标工程的具体情况，回答施工管理和施工技术方面的问题，了解项目经理的业务水平和管理能力，以及对本工程主要技术问题的分析和实施设想，投标人在澄清问题时，不得阐述与要求回答的问题无关的内容。

在对投标文件的详细评审中，若有一项经 2/3 委员认为不合理，且经投标人澄清而未能充分说明其理由的，评标委员会有权拒绝该投标文件。

4.2.2　综合评分

评标基准价（以下简称基准价）的确定：

(1) 总报价评分的基准价上限值 S 为本标段投资估价（在相应招标文件的投标须知中）的 95%，其下限值 X 由评标委员会在开标前研究、计算确定；其结果由监督机构暂封存，待开标时公布。则基准价为 S（包括 S）与 X（包括 X）范围内所有有效投标报价的算术平均值（取两位小数）。

(2) 主要单价和措施项目清单中的总报价（以下简称措施报价）的基准价为 S（包括 S）与 X（包括 X）范围内所有有效投标报价中相应的主要单价和措施报价的算术平均值（取两位小数）；若所报价格（单价、措施）明显高于或低于有效范围内其他价格时，该投标人应作书面说明并提供相应证明材料，不能合理说明或不能提供相应证明材料的，由评委会认定该投标人所报价格（单价、措施）不能作为计算主要单价或措施报价的基准价参数值。

4.2.2.1　投标报价评审

(1) 总报价评分（见表 3-2）：

1) 投标报价在 S（包括 S）与 X（包括 X）范围内时：

$$总报价评分 = 30 - E \times \frac{|基准价 - 投标人报价|}{基准价} \times 100 \tag{3-1}$$

投标人报价高于基准价时，$E=1.0$；投标人报价低于基准价时，$E=0.5$。

2) 投标报价高于 S 或低于 X 值时，除按式（3-1）计算外，再加扣 5 分。扣分超过 30 分时，赋零分。

(2) 主要单价评分：

$$主要单价评分 = 4 - E \times \frac{|基准价(单价) - 投标人单价|}{基准价(单价)} \times 10 \tag{3-2}$$

投标人单价高于基准价（单价）时，$E=1.0$；投标人单价低于基准价（单价）时，$E=0.9$。扣分超过 4 分时，赋零分。

(3) 措施项目清单中的总报价评分：

$$措施报价评分 = 5 - E \times \frac{|基准价(措施) - 投标人措施报价|}{基准价(措施)} \times 10 \tag{3-3}$$

投标人措施报价高于基准价（措施）时，$E=1.0$；投标人措施报价低于基准价（措施）时，$E=0.9$。扣分超过 5 分时，赋零分。

(4) 单价构成合理性评分：按每个单价构成不合理扣 0.2 分梯次进行评分，最多扣 4 分；各评委评分的算术平均值（保留两位小数）为各投标人本项最终得分。

4.2.2.2　施工管理与技术评分（见表 3-2）

施工组织设计按 0.5 分梯次扣分，最多扣至每项标准分值；各评委评分的算术平均值（保留两位小数）为各投标人本项最终得分。

表 3-2　　　　　　　　　某堤防工程评审项目的分值分配及赋分标准

项目	评审内容		评分标准		备注
投标报价评审（55分）	总报价（30分）		根据 4.2.2.1（1）计算得分（保留两位小数）		
	主要单价（16分）	堤防填方	根据 4.2.2.1（2）计算得分（保留两位小数）		
		混凝土板护坡	根据 4.2.2.1（2）计算得分（保留两位小数）		
		砂砾石垫层	根据 4.2.2.1（2）计算得分（保留两位小数）		
		泥结石路面	根据 4.2.2.1（2）计算得分（保留两位小数）		
	单价构成合理性（4分）		根据 4.2.2.1（4）评审得分（保留两位小数）		
	措施项目清单中总报价（5分）		根据 4.2.2.1（3）计算得分（保留两位小数）		
施工管理与技术评审（40分）	施工组织设计（24分）（按 0.5 梯次扣分，最多扣至每项标准分值）		施工方案与技术措施科学合理		
			质量目标明确，质量保证体系健全可行		
			工程进度安排符合实际，保证措施可靠		
			安全管理体系与措施健全可行		
			现场机构、人员、专业结构配置合理		
			施工机械配置合理，状况良好		
			临时设施的布置、设计合理		
			现场试验室或委托试验明确		
			规章制度健全可行		
			现场备用电源的配备齐全		
			施工环境保护措施可行		
			防汛度汛措施可靠		
	本标段项目经理（8分）（具有一级或二级资格）		二级且承担 1 个同类项目的		
			二级且承担 2 个及以上同类项目的		
			一级且承担 1 个同类项目的		
			一级且承担 2 个及以上同类项目的		
	本标段技术负责人（8分）（中级或高级职称）		中级且承担 1 个同类项目的		
			中级且承担 2 个及以上同类项目的		
			高级且承担 1 个同类项目的		
			高级且承担 2 个及以上同类项目的		
其他因素评审（5分）	经验（3分）		承担过 3 个类似工程项目的		
			承担过 3 个及以上类似工程项目的		
	质量认证（1分）		通过 ISO 9002 或 GB/T 19001 认证		
	投标文件编制（1分）		投标文件编制内容完整，重点突出，字迹清晰可辨，语意明确		

对项目经理和技术负责人的赋分，不符合其要求的赋零分。

4.2.2.3 其他因素评分（见表 3-2）

施工经验按承担 3 个类似工程项目的赋 1 分，增加 1 个加 1 分；通过 ISO 9002 或

GB/T 19001 认证的，赋 1 分；不符合其规定的赋零分。

5 推荐中标候选人

评标委员会根据评审情况，在对投标文件进行符合性审查、综合分析评审和澄清询标的基础上，推荐能够满足招标文件的实质性要求，并按各项评审内容的累计分值最高的投标人，为第一中标候选人，次之的为第二中标候选人。

注： 发包人有权对中标候选人进行复审核实，若存在与评标相关的虚假资料的，将取消中标资格，同时按《中华人民共和国招标投标法》等相关法律规定对其进行处理。

第四章 水利工程建设项目合同管理

第一节 合同管理概述

项目合同管理是指在建设工程项目实施过程中，以建设项目为对象，以实现项目合同目标为目的，对项目合同进行高效率的计划、组织、指导、控制的系统管理方法。

建设工程项目通过招标和投标，项目法人（也称发包人或业主）选择了项目承包人。发包人与承包人签订协议书后，在合同规定的时间内，监理人发布开工通知，承包人可进入现场做施工准备工作。此后建设工程项目合同开始进入具体实施的合同管理阶段。工程项目的合同管理是建设工程实施阶段的重要工作，因为它涉及到能否实现项目成本、质量和工期整体最优的目标下完成项目建设，以期取得最大的经济效益和社会效益。

发包人为了达到合同目的，通过监理人具体实施合同管理工作。在发包人的监督之下和授权范围内，监理人以项目合同为准则，协调合同双方的权利、义务、风险和责任，以及对承包人的工作和生产进行监督和管理。在监理人的监督之下，承包人则按照项目合同的各项规定，对完成合同规定范围内的工程设计（如合同中有此项任务的话）、施工、竣工、修补缺陷和所有现场作业、施工方法、安全承担全部责任。

2000 年国家工商总局、水利部、国家电力公司发布的《水利水电土建工程施工合同条件》（GF—2000—0208）是目前大中型水利水电工程建设项目采用的施工合同条件范本。本章将根据该合同条件，探讨水利工程建设项目的合同管理。

一、工程项目合同管理的发展

我国建设工程项目合同管理是从 1983 年云南鲁布革水电站的发电引水系统利用世界银行贷款进行国际招标投标和项目实施过程中开始的，至今已有 26 年的历史。在这段时间里，由于我国在基本建设领域全面推行项目法人责任制、建设监理制、招标投标制和合同管理制，逐步实现了项目合同管理工作的规范化、制度化，进一步适应了国际竞争和挑战，获得了较大的经济效益和社会效益。

二、当前工程项目合同管理存在的问题

当前项目合同管理虽然取得很大的成绩，但是，仍存在以下主要问题：

（1）发包人和监理人或承包人往往不能按项目合同规定处理合同问题，仍然按计划经济体制下自营制的惯例和依靠上级行政命令解决合同问题。在市场经济的条件下，合同是一种契约，是合同法人之间，为实现某种目的，确定相互间的权利义务关系的协议。项目合同一经签订，即对合同双方产生法律约束力，合同当事人的权利将受到法律保护，任何

一方不履行合同规定义务或履行不当，都将要承担法律责任。所以在市场经济和计划经济两种体制下的建设项目管理，一个最大不同点就是是否实行项目合同管理。因此，合同双方都要以合同准则约束自己的行为，解决项目合同的问题，否则将造成合同管理失控，影响项目合同的总体经济效益。

（2）我国的建设工程项目招标是由招标人或招标代理机构进行的，招标人员一般不参与项目合同管理。而监理人只参与项目合同管理，一般不参与建设工程项目的招标。因此，我国把建设工程项目实施阶段的项目合同管理人为地分割为招标投标和合同管理，即编制招标文件和合同文件与合同管理脱节。所以合同执行初期管理合同的人员不熟悉合同文件，使发包人和监理人处于极为被动局面。另外由于招标人员不参与合同管理，无法知晓自己编写招标文件和合同文件在执行过程中存在的问题，也就无法提高编写招标文件和合同文件的水平。而且低水平的招标文件和合同文件又会给项目合同管理中，解决支付、变更、索赔、风险、违约和争端等问题带来困难。这些都对发包人的总体利益是极为不利的，也会损害承包人的正当权益。

（3）有些发包人对监理人授权不够。某些发包人只授予监理人检验质量的权力，这不是合同管理。由于没有经济制约手段，是不能对项目质量进行有效控制的。

第二节　监理人在合同管理中的作用和任务

工程承包合同是发包人和承包人之间为了实现特定的工程目的，而确立、变更和终止双方权利和义务关系的协议。合同依法成立后，即具有法律约束力。因此双方当事人必须积极全面地履行合同，并在合同执行过程中用合同的准则约束自己的行为。监理人虽然不是合同一方，但发包人为实现合同中确立的目的，选择监理单位，协调当事人的关系，以及对承包人的工作和生产进行监督和管理。所以我国的建设监理属于国际上业主方项目管理的范畴。

按照《水利工程建设监理管理规定》和《水利水电土建工程施工合同条件》（GF—2000—0208）编制的施工合同条件，以及工程实践经验，监理人在合同管理中所起的作用和所完成的任务如下。

一、监理人的作用

发包人和承包人签订工程承包合同是基于同一事实，即发包人期望从高效率的承包人那里得到按合同规定的时间和成本圆满完成的合格工程。同样承包人期望通过合同的履行得到合理的收益。公平均等地运用合同，按合同规定完成工程任务，并如期取得他有权获得的付款。基于上述目地，发包人和承包人都一致期望紧密配合和协作，通过有条不紊、安全、有效的工作方式，将工程延期的风险和对合同的误解降低到最小程度，共同"生产"出一个令人满意的"最终产品"。因此，合同双方都需要设置有协调能力、有权威、公正的监理人机构。所以监理人在合同执行过程中的作用是：在发包人的授权范围内，以合同为准则，合理地平衡合同双方的权利和义务，公平地分配合同双方的责任和风险。由此可以看出，监理人在合同管理中协调发包人和承包人的关系上的作用是很大的，具体有以下几点。

1. 可以降低承包人投标报价的总体水平

有经验的承包人会认为发包人直接管理合同将给自己带来较大风险。他不能确信发包人会公平合理地考虑承包人的利益。尤其是变更、索赔、违反合同规定或违约，以及发生争议时承包人不能确信会得到合理补偿。为此，一个有经验的承包人在成熟的建筑市场中竞争，投标前他必须评估这些可能带来的风险，并准备一定数额的风险基金摊入投标报价之中，从而提高了总体投标报价的水平。如果有充分授权的监理人或争端裁决委员会，能公平合理地处理责任和风险，承包人将会在投标报价中降低备用的风险基金，从而降低合同报价。

2. 有利于解决争端，化解矛盾

在执行合同过程中，合同双方直接谈判解决敏感的工期、费用以及有关争端时，没有缓冲空间和回旋余地，容易僵持，将矛盾激化。在这种情况下，监理人起到中间人的作用，利于协调和解决矛盾，使合同得以顺利执行。

3. 有利于减轻发包人的管理负担

如果发包人直接对承包人的工作和生产施工进行监督和管理，必须在施工现场组建庞大的管理机构和配置各种有经验的专业管理人员，大大增加发包人的管理成本。同时发包人要做很具体的合同管理工作，必然会分散精力，影响发包人的主要任务，即筹集资金、创造良好的施工环境和经营管理。

4. 有效使用标准的合同条款

我国各部委编制的各种合同标准范本，都是针对有监理人进行施工监督而编写的。所以只能在发包人任命监理人，并给予充分授权的条件下才能使用。其明显的优点是能合理平衡合同双方的要求和利益，尤其能公平地分配合同双方的风险和责任。这就在很大程度上避免履约不佳、成本增加，以及由于双方缺乏信任而引起的争端。

二、监理人的任务

在《建设工程质量管理条例》（2000 年国务院令 279 号）、《建设工程安全生产管理条例》（2003 年国务院令 393 号）等有关法规方面对建设工程监理的任务作出了明确的规定。在《水利工程建设监理管理规定》（水利部 28 号令，2006）中对监理单位在工程质量、进度、投资以及安全管理方面作出了具体的规定。规定第十四条："监理单位应当按照监理合同，组织设计单位等进行现场设计交底，核查并签发施工图。未经总监理人签字的施工图不得用于施工。监理单位不得修改工程设计文件。"第十五条："监理单位应当按照监理规范的要求，采取旁站、巡视、跟踪检测和平行检测等方式实施监理，发现问题应当及时纠正、报告。监理单位不得与项目法人或者被监理单位串通，弄虚作假、降低工程或者设备质量。监理人员不得将质量检测或者检验不合格的建设工程、建筑材料、建筑构配件和设备按照合格签字。未经监理人签字，建筑材料、建筑构配件和设备不得在工程上使用或者安装，不得进行下一道工序的施工。"第十六条："监理单位应当协助项目法人编制控制性总进度计划，审查被监理单位编制的施工组织设计和进度计划，并督促被监理单位实施。"第十七条："监理单位应当协助项目法人编制付款计划，审查被监理单位提交的

资金流计划，按照合同约定核定工程量，签发付款凭证。未经总监理人签字，项目法人不得支付工程款。"第十八条："监理单位应当审查被监理单位提出的安全技术措施、专项施工方案和环境保护措施是否符合工程建设强制性标准和环境保护要求，并监督实施。监理单位在实施监理过程中，发现存在安全事故隐患的，应当要求被监理单位整改；情况严重的，应当要求被监理单位暂时停止施工，并及时报告项目法人。被监理单位拒不整改或者不停止施工的，监理单位应当及时向有关水行政主管部门或者流域管理机构报告。"在合同管理中，监理人应按照工程承包合同，行使自己的职责。水利部、国家电力公司、国家工商行政管理局联合编制的《水利水电土建工程施工合同条件》（GF—2000—0208），对监理人的职责和任务作出了规定。

（1）为承包人提供条件。按合同规定为承包人提供进场条件和施工条件；为承包人提供水文和地质等原始资料，提供测量三角网点资料、提供施工图纸，以及指定有关规范和标准。

（2）向承包人发布各种指示。对于承包人的所有指令，均由监理人签发，主要包括：签发工程开工、停工、复工指令；签发工程变更指令、工程移交证书和保修责任终止证书。

（3）工程质量管理。检查承包人质量保证体系和质量保证措施的建立与落实；按合同规定的标准检查和检验工程材料、工程设备和工艺；对承包人实施合同内容的全部工作质量和工程质量进行全过程监督检查；主持或参与合同项目验收。

（4）工程进度管理。对承包人提交的施工组织设计和施工措施计划进行审批并监督落实；对承包人的工期延误进行处理等。

（5）计量与支付。对已完成工作的计量和校核，审核月进度付款；向发包人提交竣工和最终付款证书等。

（6）处理工程变更与索赔。

（7）协助发包人进行安全和文明施工管理。

第三节　合同管理的依据

发包人与承包人签订的合同文件是缔约法律和经济关系的规范和准则，也是合同管理最重要的依据之一，全面、完整、清楚、准确的合同文件是最大限度减少误解和争端的重要条件。

一、合同文件的构成

合同文件一般由以下内容构成：

（1）招标规定。

（2）合同条件（通用条件和专用条件）。

（3）技术规范。

（4）图纸。

（5）合同协议书、投标函及其附件。

（6）投标文件和有报价的工程量清单等。

（7）招标文件的修改和补遗。

（8）其他，包括招标、投标、评标以及合同执行过程中的往来信函、会议纪要、备忘录和书面答复、补充协议，监理人的各种指令、变更等。

二、合同文件解释的优先次序

构成合同的所有文件是互相说明和补充，前后合同条款的含义应一致，由于各种原因合同款之间出现含糊、歧义或矛盾时，通用条件中规定由监理人作出解释。为减少合同双方所承担的风险，在专用条款中规定了合同解释的优先顺序。按照惯例，一般优先顺序如下：

（1）合同协议书（包括补充协议）。

（2）中标通知书。

（3）投标报价书。

（4）专用合同条款。

（5）通用合同条款。

（6）技术条款。

（7）图纸。

（8）已标价的工程量清单。

（9）构成合同一部分的其他文件（包括承包人的投标文件）。

三、合同管理的依据

（1）国家和主管部门颁发的有关合同、劳动保护、环境保护、生产安全和经济等法律、法规和规定。

（2）国家和主管部门颁发的技术标准、设计标准、质量标准和施工操作规程等。

（3）上级有关部门批准的建设文件和设计文件。

（4）依法签订的合同文件。

（5）发包人向监理人授权的文件。

（6）经监理人审定颁发的设计文件、施工图纸与有关的工程资料，监理人发出的书面通知及经发包人批准的重大设计变更文件等。

（7）发包人、监理人和承包人之间的信函、通知或会议纪要以及发包人和监理人的各种指令。

第四节　施工准备阶段的合同管理

一、提供施工条件

（一）为承包人提供进场条件

对合同规定的（即招标文件写明的，并作为投标人投标报价的条件）由发包人通过监

理人提供给承包人的进场条件，以及有关的施工准备工作，包括道路、供电、供水、通信、必要的房屋和设施、施工征地及现场场地规划等进行落实。

（二）提供施工技术文件

（1）按合同规定的日期向承包人提供施工图纸，同时根据工程实际的变化情况提供设计变更通知和图纸。在向承包人提供图纸前，监理人应进行如下审查：

1）以招标阶段的招标图纸和技术质量标准为准，核定合同实施阶段的施工图纸和技术质量标准是否有变化，如有就可能意味着是变更。

2）勘察设计单位所提交的施工详图，经监理人核定，承包人现有的或即将进场的施工设备和其他手段是否能实现该图纸的要求。

3）核定施工图纸是否有错误。如剖面图是否有错误，各详图总尺寸与分尺寸是否准确一致等。

无论施工图纸是否经过监理人审查或批准，都不解除设计人员的直接责任。

（2）按合同要求向承包人指定所有材料和工艺方面的技术标准和施工规范，并负责解释。

（3）向承包人提供必要的准确的地质勘探、水文和气象等参考资料，以及测量基准点、基准线和水准点及其有关资料。

二、检查承包人施工准备情况

（一）核查承包人人员、施工设备、材料和工程设备等

（1）核查派驻现场主要管理人员的施工资历和经验、任职和管理能力等是否同投标文件一致。如有差异，可依有关证件和资料重新评定是否能令人满意地完成工作任务。不能胜任者，可要求承包人更换。

（2）核查施工设备种类、数量、规格、状况，以及施工设备能力等是否同投标文件一致。如有差异，可依据资料重新评定是否能顺利完成工程任务，否则可要求承包人更换或增加数量。

（3）核查进场的物资种类、数量、规格和质量，以及储存条件，是否符合合同规定的标准，不符合合同规定的材料和工程设备不得使用到工程上去。

（二）检查承包人的技术准备情况

（1）对承包人提交的工程施工组织设计、施工措施计划和承包人负责的施工图纸进行审批。

（2）对承包人施工前的测量资料、试验指标等进行审核，包括原始地形测量、混凝土配合比、土石填筑的碾压遍数、填筑料的含水量等。

第五节　施工期的合同管理

施工期是合同管理的关键环节，也是合同管理的核心。本节主要从工程进度、质量、结算和支付、变更，以及违约和索赔等方面进行叙述。

一、工程进度管理

在合同执行过程中的工程进度控制是项目合同管理的重要内容之一，在工程实施过程中。工程进度的计划编制和实施全部由承包人负责，监理人代表发包人，并在其授权范围内，依据合同规定对工程进度进行控制和管理。监理人在工程进度控制方面的主要工作是：审核承包人呈报的施工进度计划和修正的施工进度计划；合同实施过程中对工程开工、停工、复工和误期进行具体管理控制；全面监督实际施工进度；协助发包人和监督承包人执行合同规定的主要业务程序，并纳入合同管理的程序之中。

（一）工程控制性工期和总工期的制定

大中型水利工程的控制性工期和总工期，是在项目前期阶段反复论证的合理工期。该工期和相应的工程资金使用计划，都是经过发包人审定和上级主管部门批准的，无特殊情况是不能随意改变。因此，发包人将该工期列入招标文件中，作为投标人遵从的投标条件；在合同实施过程中，监理人代表发包人进行合同监督和管理，将此工期作为控制承包人各阶段的工程进度的依据；也是承包人必须遵守和必须实现的进度目标。

（二）承包人施工进度计划的制订和审批

在承包人的投标文件中包含一份符合招标条件规定的初步施工进度计划和施工方法的说明，并附有投标人主要施工设备清单、建筑材料使用和开采加工计划、劳务使用计划、合同期内资金使用计划等，该计划往往不能满足施工期的需要。在选定中标人并签订合同后，承包人应在合同规定的时间内，按监理人规定的格式和要求，递交一份准确的施工进度计划，以取得监理人的审核和同意。监理人依据以下 3 个方面对施工进度计划进行审核：

（1）承包人的投标文件中呈报的初步施工进度计划和施工方法说明。

（2）招标文件所规定的工程控制性工期和总工期。

（3）发包人和主管部门批准的各年、季或月的工程进度计划和投资计划。

施工进度计划的编制和实施均由承包人负责，施工进度计划正式实施前，必须先经监理人审核和同意，但这并不解除合同规定承包人的任何义务和责任。

（三）工程进度控制

在合同实施过程中，监理人应随时随地对工程进度进行控制。控制的依据是由符合总工期要求的承包人月计划分解成的周计划或日计划。控制的手段是监理工作人员现场监督以及对施工报表和施工日志的核查等。一旦发现进度拖后，查清原因，及时通告承包人，并要求采取补救措施。

工程进度日常控制的具体工作程序如下。

1. 工程开工

（1）开工。监理人应按照合同文件规定的时间（一般为 14 天），向承包人发出开工通知，按开工通知中明确的开工日期（一般为开工通知发出日期的第 7 天）为准，按天数（包括节假日）计算合同总工期。承包人接到开工通知后按合同要求，进入工程地点，并按发包人指定的场地和范围进行施工准备工作。

（2）主体工程开工。承包人在施工准备工作完成后、进行主体工程施工前，监理人需组织有关人员进行检查和核实。当具备主体工程开工条件时，监理人发布主体工程开工通知。核查施工准备工作的主要内容有：

1）检查附属设施、质量安全措施、施工设备和机具、劳动组织和施工人员技能等是否满足施工要求。

2）检查建筑材料的品种、性能、合格证明、储存数量、现场复查成果和报告等是否满足设计和技术标准的要求。

3）检查试验人员和设备能否满足施工质量测试、控制和鉴定的需要。

4）检查工程测量人员和测量设备能否满足施工需要，复核工程定位放线的控制网点是否达到工程精度要求。

2. 停工、复工和误期

（1）不属于发包人或监理人的责任，且承包人可以预见到的原因引起的停工。如：

1）合同文件有规定。

2）由于承包人的违约或违反合同规定引起的停工。

3）由于现场天气条件导致的必要停工。

4）为工程安全或其任何部分的安全而必要的停工（不包括由发包人承担的任何风险所引起的暂时停工）。

由于上述原因，监理人有权下达停工指令，承包人应按监理人认为必要的时间和方式停止整个工程或任何部分工程的施工。停工期间承包人应对工程进行必要的维护和安全保障。待停工原因由承包人妥善处理后，经监理人下达复工指示，承包人方可复工。停工所造成的工期延长，承包人应采取补救措施。引起承包人支出费用的增加，均由承包人自行承担。

（2）属于发包人的责任，且有经验的承包人无法预见并进行合理防范的风险原因引起的停工。如：

1）异常恶劣的气候条件。

2）除现场天气条件以外的不利的自然障碍或外部条件。

3）由于发包人或监理人的任何延误、干扰或阻碍，例如：发包人提供的施工条件未能达到合同规定的标准；施工场地延误提供；延误发出工程设计文件和图纸；工程设计错误；苛刻的检查和工程监测；延误支付费用；监理人不恰当或延误的指示等。

4）工程设计和工程合同的变更，引起增加额外的工作或附加工作，其数量大（变化比例在招标文件的《合同专用条款》中明确，一般设定为使合同价增加15％）或工作性质改变。

5）除承包人不履行合同或违约外，其他可能发生的特殊情况，以及发包人的风险引起的工程损害和延误。

由于上述原因，无论监理人发布停工指示与否，均应给予承包人适当延长工期或适当费用补偿。在上述事件发生后，监理人和承包人都应做好详细记录，作为工期或费用补偿的直接依据。承包人在此类事件发生后的一定时间内（一般情况为28天），通知监理人，并将一副本呈交发包人；在此事件结束后的合理时间内（一般情况为28天），向监理人提交最终详情报告，提出详细的补偿要求。监理人收到上述报告后，应尽快开展调查，并通过协商，以公正和实事求是的态度作出处理决定。

（3）复工和误期。当发生停工和误期事件时，如果监理人没有下达停工指令，承包人有责任使损失减少到最小，并应尽快采取措施，及早复工生产；如果监理人下达了停工指令，承包人已对工程进行必要的维护和安全保障，自停工之日起在一定的时间内（一般情况为 56 天），监理人仍未发布复工通知，承包人有权向监理人递交通知要求复工。监理人收到此通知以后在一定的时间内（一般情况为 28 天），应发出复工通知。如果由于某种原因仍未发出复工通知时，则承包人可认为被停工的这部分工程已被发包人取消，或者当此项停工影响整个合同工程时，承包人可采取降低施工速度、或暂时停工、或将此项停工视为发包人违约，承包人有终止被发包人雇用的权利，由此给承包人造成的经济损失，有进一步向发包人索赔的权利。

3. 承包人修订的施工进度计划的审核

由于大中型水利工程是复杂的技术和经济活动，受自然条件影响多，因此修订施工进度计划是难以避免的，也是正常的。一般有以下 3 种情况：

（1）经监理人审核并同意的施工进度计划，已不符合实际工程进展情况，需要修订。其原因既不是由发包人的责任引起的，也不是由承包人的责任引起的，而是实际情况需要。一般情况下，每隔 3 个月修订一次。但这种修订必须在合同文件规定的控制性工期和总工期控制之下。如果要改变此类工期，承包人要申述理由，监理人要与发包人和承包人适当协商，并经发包人批准后，监理人按发包人批准的原则修订工程进度计划并予以实施。

（2）由于发包人的责任，并同意给予承包人适当的工期延长。承包人提交新的施工进度计划，经监理人审核同意后实施，并按新的进度计划考核工程实际进度。

（3）在合同实施过程中，无论何时，监理人认为承包人未能达到令人满意的施工进度，已落后于经审核同意的施工进度计划时，承包人应根据监理人的要求提出一份修订的施工进度计划。表明为保证工程按期完工，而对原进度计划进行修改，并说明在完工期限内，拟采取的赶工措施，以保证如期完成工程任务。这种情况下，承包人无权因工程进度赶工，而要求得到任何额外付款。还应说明的是，如果承包人不能保持足够的施工速度，严重偏离工程进度计划，给工程按时完工带来很大风险时，而承包人又无视监理人事先的书面指示或警告，在规定的时间内（一般情况为 28 天）未提交修订的施工进度计划和采取补救措施，加快工程进展时，将视为承包人违约。发包人可视其情况，有可能终止对承包人的雇佣。一旦终止则开始核定各种费用，并准备条件接受新的承包人进驻工地现场，继续完成未完的工程项目。

（四）工程进度管理应注意的问题

1. 工程总工期的问题

一般情况下工程总工期应该是在工程初步设计的施工组织设计基础上，通过工程施工规划论证制定的。这样确定的总工期是经济合理的。但如果招标工作中出现招标人随意缩短总工期，在合同实施过程中，发包人将面临以下两种可能的风险：

（1）由于投标报价低，工期紧，为了赶工期承包人不得不对工程作较大的投入，因而增加成本。这时，承包人可能会因此偷工减料，严重影响工程质量，威胁工程安全。

（2）为赶工期增加投入，承包人增大了工程成本，造成企业亏损，被迫降低施工速度，甚至被迫停工，从而会延长工程总工期，结果是适得其反。

2. 发包人义务的履行

合同文件中规定的发包人义务能否认真履行，对工程进度影响是较大的，也是承包人是否会提出工期索赔的主要原因。所以监理人要不断关注和提醒发包人履行其义务。如进场交通道路、施工场地和征占土地、房屋、供水、供电和通信等条件的提供，以及抓好设计工作，按时提供施工图纸，按期支付工程价款，积极主动协调与地方政府和附近居民的关系等。为项目的合同管理工作和承包人的施工环境创造良好的外部条件。

3. 施工进度的考核

考核承包人工程施工进度是否满足合同规定的控制性工期和总工期，是监理人重要的工作。但是，考核的标准是变化的。无论如何变化，承包人编制各阶段的或修订的施工进度计划，必须通过与发包人协商，并经监理人审核同意。依据同意的施工进度计划考核下一阶段的施工进度。一旦发现有偏离，就应查清原因和责任，确定修订原则和采用补救措施，使工程实际进展在监理人监督的情况下，按事先确定的计划实现。只有这样才能按合同总工期要求有序而顺利完成工程建设任务。

4. 发包人干预承包人的施工

承包人对所有工程的现场作业和施工方法的完备、稳定和安全承担全部责任，安全、准时地完成工程建设是承包人的义务。发包人对这些责任和义务无权改变和干预，否则将形成义务责任的转化，导致工程延期，承包人有权获得工期和经济补偿。所以发包人不能以行政手段直接指挥生产，这对实行招标投标制和合同管理制的工程来说，是严重违反合同规定的行为。发包人要以合同为准则，责任明确，不干预，多协商，做好各种服务工作，协调好各方关系，为承包人的工程施工创造一个良好的外部条件，以利于顺利完成工程建设。

5. 延期事件的处理

在合同执行过程中延期事件是有可能发生的，往往涉及各种原因和各方责任，是错综复杂的。因此在处理延期事件时，首先应深入实际，进行实事求是的调查，核对同期记录，客观分析，分清责任，并及时进行疏导和协调，按程序妥善处理，把引发事件的原因消灭在萌芽状态。这样才能使合同双方的损失最小，也及时改善了施工条件。否则会使事态扩大，严重影响工程顺利实施，给处理延期事件带来困难。

二、现场作业和施工方法的监督与管理

（一）审查承包人的施工技术措施

承包人进场后一定时间内，必须对单位工程、分部工程，制定具体的施工组织设计，经监理人审批后，方能生效。主要包括以下内容：

1. 工程范围

说明本合同工程的工作范围。

2. 施工方法

施工方法包括现场所使用的机械设备名称、型号、性能及数量；负责该项施工的技术

人员的人数；各种机械设备操作人员和各工种的技术工人人数，以及一般的劳动力人数；辅助设施；照明、供电、供水系统的配置以及各种临时性设施。

3. 材料供应

说明对于材料的技术质量要求，材料来源，材料的检验方法和检验标准。

4. 检查施工操作

（1）施工准备工作，例如测量网点复测和设置、基础处理。施工设施和设备的布置等的准备工作，例如混凝土搅拌站的准备，混凝土水平与垂直运输线路的布置等。

（2）每一个施工工序的操作方法和技术要求。例如混凝土工程模板的架立和支撑，预埋件的埋设和固定，混凝土材料的加工和储存，混凝土的拌和、运输与浇筑，混凝土的养护等，均需说明具体的施工工艺要求、技术要求和注意事项。

5. 质量保证的技术措施

承包人在工作程序中表明，为了保证达到技术规范规定的技术质量要求和检验标准，将采取哪些技术保证措施。例如，在施工放样时，如何保证建筑物坐标位置的标准性、垂直度、坡度和几何尺寸的准确性；用什么技术措施保证混凝土浇筑的质量，或土方填筑的密实度等。

（二）监督和检查现场作业和施工方法

监理人在现场的主要任务是代表发包人监督工程进度，监督和检查现场作业、施工方法、工程质量检验，调查和收集施工作业资料，准确地做好施工值班记录。值班记录包括施工方法、施工工序和现场作业的基本情况；出勤的施工人员工种、数量和工时；施工设备种类、型号、数量和运行台时；消耗材料的种类和数量；施工实际进度和效率，工程质量，以及施工中发生的各种问题和处理情况等（例如停工、停电、停水、安全事故、施工干扰等）。这些基本情况是信息管理的信息源，是进行投资、进度和质量控制的基本资料，是作为核实合同执行情况，处理合同具体事件，索赔、争端或提交仲裁的重要基础资料。由于值班记录不全、不详甚至漏记各种事件或事故的同期记录，其后果是处理事件时没有核实事实的依据，造成处理索赔和争端的困难，导致发包人处于不利的地位。这种情况在过去多个涉外工程合同实施过程中发生过，因此，现场监理人员跟班进行施工监督是其最基本的职责，否则将视为不称职或失职，也是合同管理上失控的一种体现。另外，还要避免监理人的现场管理机构人员变动过大，轮换值班，这将严重影响合同管理的连续性。

（三）核查承包人施工临时性设施

监理人应依照项目合同的规定和承包人提交的施工方法的说明，对承包人施工临时设施进行审核。这里临时设施主要包括：

（1）施工交通。包括场内外交通的临时道路、桥涵、交通隧洞和停车场。

（2）施工供电。包括施工区和生活区的输电线路、配电所及其全部配电装置和功率补偿装置。

（3）施工供水。包括施工区和生活区的供水系统。

（4）施工照明。包括所有施工作业区、办公区和生活区以及道路、桥涵、交通隧道等的照明线路和照明设施。

（5）施工通信：

1）项目的施工场地内无通信设施时，则承包人应在工程开工前与当地邮电部门协商解决通向施工现场的通信线路和现场的邮电服务设施，并由承包人签订协议。

2）承包人应负责设计、施工、采购、安装、管理和维修施工现场的内部通信服务设施。发包人和监理人有权使用承包人的内部通信设施。

（6）砂石料和土料开采加工系统，或采购运输：

1）承包人应负责提供合同工程施工所需的全部砂石料和土料，并负责砂石料和土料加工系统的设计和施工以及加工设备的采购、安装、调试、运行、管理和维修。

2）砂石料和土料开采加工系统的生产能力和规模应根据施工总进度计划对各种砂石料和土料的需要，进行料场的开采、加工、储存和供料平衡后选定，配置的开采加工设备应满足砂石料和土料的高峰要求。

3）承包人提供的各种砂石料和土料应满足施工图纸的技术要求和符合各专项技术条款规定的质量标准。

（7）混凝土生产系统：

1）承包人应负责混凝土生产系统的设计和施工，包括混凝土骨料储存、拌和、运输以及材料、设备和设施的采购、安装、调试、运行管理和维修等。

2）混凝土生产必须满足混凝土的质量、品种、出口温度和浇筑强度等级要求。

3）承包人应按施工图和技术条款的温控要求，负责混凝土制冷（热）系统的设计和施工，并负责制冷（热）设备的采购、安装、调试、运行管理和维修。

（8）施工机械修配和加工厂：

1）承包人应按施工图纸的施工要求修建施工机械修配和加工厂，包括：机械修配厂、预制混凝土构件加工厂、钢筋加工厂、木材加工厂和钢结构加工厂。

2）承包人应负责上述加工厂的设计、施工及其各项设备和设施的采购、安装、调试、运行管理和维修。

（9）仓库和堆料场：

1）承包人应负责工程施工所需的各项材料、设备仓库的设计、修建、管理和维护。

2）储存炸药、雷管和油料等特殊材料的仓库应严格按监理人批准的地点进行布置和修建，并遵守国家有关安全规程的规定。

3）各种露天堆放的砂石骨料、土料、弃渣料及其他材料应按施工总布置规划的场地进行布置设计，场地周围及场地内应做防洪、排水等保护措施以防止冲刷和水土流失。

（10）临时房屋建筑和公用设施：

1）除合同另有规定外，承包人应负责设计和修建施工期所需的全部临时房屋建筑和公用设施（包括职工宿舍、食堂、急救站和公共卫生等房屋建筑和设施，文化娱乐、体育场地和设施，治安等房屋建筑，消防设施等）。

2）承包人应按施工图纸和监理人的指示，负责上述临时房屋和公用设施的设备采购、安装、管理和维护。

（四）主持生产例会

（1）依据合同规定监理人应在每周的某一日和每月底定期主持召开周、月生产例会，检查承包人的合同执行情况、施工进展和工程质量情况，协调解决工程施工中发生的工程变更、质量缺陷处理、支付结算等问题；并协调解决承包人、设计人员、发包人等各方的关系，协调解决（解答）承包人提出的问题。

（2）承包人应在生产例会上按规定的格式提交周、月报表，其内容包括：

1）上周（或上月）计划要求、实际完成和累计完成工程量统计。

2）本周（本月）计划完成的工程量。

3）质量情况汇报，以及按监理人规定的格式提交周、月各项目质量统计报表。

（3）监理人负责编写每周（每月）生产例会的会议纪要，抄送承包人，并报发包人备案。

三、工程质量控制

在项目合同实施阶段，保证项目施工质量是承包人的基本义务，而工程质量检查、工程验收检验是监理人进行合同管理的重要任务之一。监理人从原材料、工程设备和工艺等施工活动的全过程进行有效监督和控制。

（一）工程质量控制的依据

（1）合同文件，特别是发包人和承包人签订的工程施工合同中有关质量的合同条款。

（2）已批准的工程设计文件和施工图纸，以及相应的设计变更与修改通知。

（3）已批准的施工组织设计和确保工程质量的技术措施。

（4）合同中引用的国家和行业（或部颁）工程技术规范、标准、施工工艺规程、验收规范以及国家强制性标准。

（5）合同引用的有关原材料、半成品、构配件方面的质量依据。

（6）制造厂提供的设备安装说明书和有关技术标准。

（二）工程质量检查的方法

（1）旁站检查。指监理人员对重要工序、重要部位、重要隐蔽的施工进行现场监督和检查，以便及时发现事故苗头，避免发生质量问题。

（2）测量和检测。对建筑物的几何尺寸和内部结构进行控制。

（3）试验。监理人为确认各种材料和工程部位内在品质所做的试验。

（4）审核有关技术文件、报告、报表。对质量文件、报告、报表的审核是监理人进行全面质量控制的重要手段。

（三）工程质量检查内容

1. 检查承包人在组织和制度上对质量管理工作的落实情况

监理人应要求并督促承包人建立和健全质量保证体系，全面推行质量管理，在工地设置专门的质量检查机构，配备专职的质量检查人员，建立完善的质量检查制度。承包人应在接到开工通知后的一定时间内，提交一份内容包括质量检查机构的组织、岗位责任、人员组成、质量检查程序和实施细则等的工程质量保证措施报告，报送监理人审批。

2. 审查施工方法和施工质量保证措施

审查承包人在工程施工期间提交的各单位工程和分部工程的施工方法和施工质量保证措施。

3. 对需要采购的材料和工程设备的检验和交货验收

对于承包人负责采购的材料和工程设备，应由承包人会同监理人进行检验和交货验收，并提供检验材料质量证明和产品合格证书。承包人还应按合同规定的技术标准进行材料的抽样检验和工程设备的检验测试，并应将检验成果提交给监理人。监理人应按合同规定参加交货验收，承包人应为其监督检查提供一切方便。监理人参加交货验收不解除承包人所承担的任何应负的责任。

对于发包人负责采购的工程设备，应由发包人（或发包人委托监理人代表发包人）和承包人在合同规定的交货地点共同进行交货验收，由发包人正式移交给承包人。在验收时承包人应按监理人的指示进行工程设备的检验测试，并将检验结果提交监理人。工程设备安装后，若发现工程设备存在缺陷时，应由监理人和承包人共同查找原因，如属设备制造不良引起的缺陷应由发包人负责；如属承包人运输和保管不慎或安装不良引起的损坏应由承包人负责。如果工程材料也由发包人采购时，提供给承包人的材料应是合格的。由于建筑材料的问题，造成工程质量事故时，其质量责任要由发包人承担。

4. 现场的工艺试验

承包人应按合同规定和监理人的指示进行现场工艺试验。如爆破试验（预裂爆破、光面爆破和控制爆破等）、各种灌浆试验、各种材料的碾压试验、混凝土配合比试验等。其试验成果应提交监理人核准，否则不得在施工中使用。在施工过程中，如果监理人要求承包人进行额外的现场工艺试验，承包人应遵照执行。

5. 工程观测设备的检查

监理人需检查承包人对各种观测设备的采购、运输、保存、滤定、安装、埋设、观测和维护等。其中观测设备的滤定、安装、埋设和观测均必须在有监理人在场的情况下进行。

6. 现场材料试验的监督和检查

监理人监督检查承包人在工地建立的试验室，包括试验设备和用品、试验人员数量和专业水平，核定其试验方法和程序等。承包人应按合同规定和监理人的指令进行各项材料试验，并为监理人进行质量检查和检验提供必要的试验资料和成果。监理人进行抽样试验时，所需试件应由承包人提供，也可以使用承包人的试验设备和用品，承包人应予协助。

7. 工程施工质量的检验

（1）施工测量。监理人应在合同规定的期限内，向承包人提供测量基准点、基准线和水准点及其书面资料。承包人应依上述基准点、基准线以及国家测绘标准和本工程精度要求，布设自己的施工控制网，并将资料报送监理人审批。待工程完工后完好地移交给发包人。承包人应负责施工过程中的全部施工测量工作，包括地形测量、放样测量、断面测量、收方测量和验收测量等，并应由承包人自行配置合格的人员、仪器、设备和其他物品。承包人在各项目施工测量前还应将所采取措施的报告报送监理人审批。监理人可以指示承包人在监理人监督下或联合进行抽样复测，当抽样复测发现有错误时，必须按照监理人指示进行修正或补测。监理人可以随时使用承包人的施工控制网，承包人应及时提供必要的协助。

（2）监理人有权对全部工程的所有部位及其任何一项工艺、材料和工程设备进行检查和检验，也可随时提出要求，在制造地、装配地、储存地点、现场、合同规定的任何地点进行检查、测量和检验，以及查阅施工记录。承包人应提供通常需要的协助，包括劳务、电力、燃料、备用品、装置和仪器等。承包人也应按照监理人的指示，进行现场取样试验、工程复核测量和设备性能检测，提供试验样品、试验报告和测量成果，以及监理人要求进行的其他工作。监理人的检查和检验不解除承包人按合同规定应负的责任。

（3）施工过程中承包人应对工程项目的每道施工工序认真进行检查，并应把自行检查结果报送监理人备查，重要工程或关键部位承包人自检结果需核准后才能进行下一道工序施工。如果监理人认为必要时，也可随时进行抽样检验，承包人必须提供抽查条件。如抽查结果不符合合同规定，必须进行返工处理，处理合格后，方可继续施工。

（4）依据合同规定的检查和检验，应由监理人与承包人按商定的时间和地点共同进行检查和检验。如果监理人未按商定时间派员到场，除监理人另有指示外，承包人可自行检查和检验，并立即将检验结果报送监理人，由监理人应给予事后确认。不论何种原因，如果监理人对承包人报送的结果有疑问时，可以重新抽样检验。

如果承包人未按合同规定自行检查和检验，监理人有权指示承包人补做这类检查和检验，承包人应遵照执行；如果监理人指示承包人对合同中未作规定的某项进行额外检查和检验时，也应遵照执行。若上述检查和检验，承包人未按照监理人指示完成时，监理人有权指派自己的人员或委托其他有资质的检验机构和人员进行检查和检验，承包人不得拒绝，并应提供一切方便，其检验结果也必须承认。

8. 隐蔽工程和工程隐蔽部位的检查

（1）覆盖前的检查。经承包人的自行检查确认隐蔽工程或工程的隐蔽部位具备覆盖条件的，24h 内承包人应通知监理人进行检查。监理人应按通知约定的时间到场检查，当确认符合合同规定的技术质量标准时，应在检查记录上签字，承包人在监理人签字后才能进行覆盖。如果监理人未按约定时间到场检查，拖延或无故缺席，造成工期延误，承包人有权要求延长工期和赔偿其停工或误工损失。

（2）虽然经监理人检查，并同意覆盖，但事后对质量有怀疑时，监理人仍可要求承包人对已覆盖的部位进行钻孔探测，甚至揭开重新检验，承包人应遵照执行；当承包人未及时通知监理人，或监理人未按约定时间派人到场检查时，承包人私自将隐蔽部位覆盖，监理人有权通知承包人进行钻孔探测或揭开检查，承包人应遵照执行。

9. 不合格工程、材料和工程设备的处理

在工程施工中禁止使用不符合合同规定的等级质量标准和技术特性的材料和工程设备。如果承包人使用了不合格的材料、工程设备和工艺，并造成工程损害时，监理人可以随时发出指示，要求承包人立即改正，并采取措施补救，直至彻底清除工程的不合格部位以及不合格的材料和工程设备。若承包人无故拖延或拒绝执行监理人的上述指令，则发包人可按承包人违约处理，发包人有权委托其他承包人承担此项任务，其违约责任应由承包人承担。

四、投资控制和费用支付

在工程承包合同实施阶段，工程投资（造价）管理是发包人和监理人的重要任务。工

程投资管理的目的是，在保证工程质量、进度和施工安全的条件下，使投资控制在合同价格范围内，并保证工程价款的支付都是合同规定的，防止不合理的超支。发包人通过监理人进行工程投资（造价）的管理，其内容包括：制定工程合同的投资控制规划和目标、编制资金使用计划、控制每期进度支付。工程价款支付凭证是发包人授权监理人签发的，这是监理人制约承包人的主要经济手段，也是监理人通过合同规定的计量标准和支付手段进行的投资管理和投资控制。

（一）合同投资控制性目标的编制

在发包人主持下，监理人依据施工进度计划、工程设计概算和合同价，以及经监理人核定的承包人现金流量，制定工程合同投资控制规划和资金使用计划。同时要考虑工程变更、索赔和物价浮动调价的预测，以及对发包人风险的评估等。结合工程的特点，影响发包人投资控制的主要风险因素有：

（1）工程地质和水文地质的影响。

（2）工程重大设计变更和合同变更。

（3）超标准洪水、恶劣气候和不利的自然条件。

（4）发包人提供的场地、设备、材料等对工程的影响等。

针对上述风险因素，监理人要研究各种防范措施，控制工程投资，避免失控，并在合同执行过程中不断完善和修正工程投资规划和目标，并提供发包人进行投资控制的参考。

监理人依据承包人投标报价的工程量清单与合同规定各种费用的支付和扣还，按照审定的施工进度计划，进行资金分配，统计各时段需要支付的资金，并参照承包人现金流量，编制工程资金使用计划。该计划作为发包人制定各年、季、月资金投入计划的基础以及指导和控制承包人年、季和月计划的依据。同时编制工程合同的时间与资金的计划累计曲线，通过对比实际支付费用的累计曲线，考核承包人的资金使用和工程项目进展情况，以及投资控制的情况。

根据工程进展情况，应该不断修正工程资金使用计划。对工程资金的投入累计曲线要进行经常性的分析，适时调整工程进度计划，并从中找出问题，采取相应的资金和施工措施，确保工程总目标的实现。

（二）工程预付款支付和扣还

工程预付款是发包人为了帮助承包人解决资金周转困难的一种无息贷款，供承包人为添置本合同施工设备以及承包人需要预先垫支的部分费用。工程预付款的额度一般是合同价的 $10\%\sim20\%$。

1. 工程预付款的支付条件和支付方式

当合同已签订，承包人已按合同规定的额度提供履约保函后，由监理人开据付款证书，发包人按合同规定的额度进行预支付。一般分两次支付，第一次预付款应在协议书签订后 21 天内，其金额应不低于工程预付款总金额的 40%。第二次工程预付款需待承包人主要设备进入工地后，其估算价值已达到本次预付款金额时，由承包人提出申请，经监理人核实后出具付款证书报送发包人，并在 14 天之内将第二次预付款支付给承包人。

2. 工程预付款的扣还方式

工程预付款的扣还，一般按下列公式，从每期进度付款中扣还。

$$R = \frac{A}{(F_2 - F_1)S}(C - F_1 S) \tag{4-1}$$

式中　R——每月进度付款中累计扣还的金额；

　　　A——工程预付款总金额；

　　　S——合同价格；

　　　C——合同累计完成金额；

　　　F_1——开始扣还款时合同累计完成金额达到合同价格的百分比；

　　　F_2——全部扣还款时合同累计完成金额达到合同价格的百分比。

上述合同累计完成金额均指与合同价格相对应的项目的累计完成金额，而且是未进行价格调整前和扣保留金的金额。其中，F_1一般选为 20%，F_2 一般选为 90%。

（三）材料预付款支付和扣还

当材料已进场并且质量和储备条件符合合同规定的标准，经监理人审核承包人提交的材料订货单、收据、数量或价格证明文件后，按合同规定实际价格的 90% 的金额，支付给承包人材料预付款。材料预付款一般从付款月后的 6 个月内等额扣回。

（四）保留金扣留和归还

发包人扣留保留金的目的是用于承包人履行属于自身责任的工程缺陷修补，处理项目质量问题，以及合同实施过程中承包人违约等，为有效监督承包人圆满完成合同目标提供资金保证。我国《水利水电土建工程施工合同条件》中建议从第一个月开始在给承包人的月进度付款中（不包括预付款和价格调整金额）扣留 $5.0\% \sim 10.0\%$，直至扣款总金额达到合同价格的 $2.5\% \sim 5.0\%$ 为止（对于具体保留金扣留比例和扣留方式在招标文件的合同专用条款中设定）。在签发工程移交证书后 14 天内监理人出具保留金付款证书，发包人将保留金一半支付给承包人；保修期满时，监理人出具付款证书，发包人收到证书后 14 天内将剩余保留金支付给承包人。

（五）物价波动的价格调整

由于工程投标时，承包人一般是按投标截止日前 28 天或 42 天或标书中约定时点的物价水平编制的投标报价。另外，大中型水利工程的施工期较长，在此期间的物价波动很难预测。因为物价的波动会引起承包人的工程项目成本的改变，所以应在合同实施期间根据市场物价波动情况，按每期进度付款额进行合同价格的调整。一般采用调差公式法，即

$$\Delta P = P_0 \left(A + \sum B_n \frac{F_{tn}}{F_{on}} - 1 \right) \tag{4-2}$$

式中　ΔP——需要调整的价格差额；

　　　P_0——每月进度付款证书中应调整价格的金额；

　　　A——定值权重（即不调部分的权重）；

　　　B_n——可调变值权重（即可调部分权重），是指各可调项目费用在合同价格（监理人概算或标底）中所占的比例；

　　　F_{tn}——可调项目的现行价格指数，该指数可选择月完成工程量计算周期最后一天的价格指数，也可选择监理人颁发付款证书前 42 天的价格指数；

　　　F_{on}——可调项目的基本价格指数，是指投标截止日前 42 天的各可调项目的价格指数。

运用该公式应注意以下几个问题。

1. 调价金额（P_0）

P_0 是指每期付款证书中承包人应得到的已完成工程量的金额，但不包括各种价格调整，不计保留金的扣留和退还，不计工程预付款和材料（永久设备）预付款支付和扣还，也不包括按现行价格计价的工程合同变更费用等。即 P_0 是指招标文件指明的开标前确定时点的物价水平，编制的投标价格相对应的项目每期结算额。

2. 调价项目和权重系数（B_n）的确定

一般选择 5～12 个项目可以满足调价精度。权重系数是监理人通过合同概算确定的，即把影响工程成本较小和不具有代表性的项目，按其性质归纳到各调价项目之中，并计算出调价项目的费用，该费用所占合同概算的比例，即为该项目权重系数。依此确定该项目权重的范围值，并列明在招标文件中，投标人投标时依据施工方案和投标价格，并预测施工期货物价格波动情况选定（与涨价幅度成正比），所有各项目的权重之和为 1.0。投标人一旦中标，所选定的权重系数，作为调价公式中的权重系数。

3. 定值权重（A）

A 是指不参与调价部分项目的费用占合同概算的比例，定值权重在招标文件中以固定值列明，即不允许投标人选定。

4. 价格指数（F_{tn}、F_{on}）选择

投标人在投标文件中按招标文件的规定和格式，填写各调价项目的基本价格指数（同时注明相应的项目价格），并指明价格指数来源的官方机构、刊物名称和条目编号、采用指数日期等。价格指数应首先选择国家或省（自治区、直辖市）政府物价管理部门或统计部门提供的价格指数。当缺乏上述价格指数时，可采用上述部门提供的物价或双方商定的专业部门提供的价格指数或物价代替。

5. 承包人工期延误后价格调整的限制

由于承包人的原因未按合同规定的竣工日期完工，或者未按经监理人和发包人批准延长工期后的完工日期完工时，则其后所完成的工程进行调价时，采用原定完工的现行价格指数，也可以采用监理人颁发付款证书前 42 天的现行价格指数，或者采用月完成工程量计算周期最后一天的价格指数。选取的原则是有利于发包人。如果不是承包人的责任，并经监理人和发包人批准的完工延期，延长期间的价格调整，可采用月完成工程量计算周期最后一天的价格指数。

（六）进度款支付

1. 月进度支付

月进度支付是监理人按事先确定的计量标准核定的工程实际完成工作量，按月进行支付。支付的前提是工程质量必须满足技术条款的规定，并且完成的工作量达到最低付款限额。如果月进度支付款达不到最低付款限额，则合并到下一期支付。月进度支付的时限是：一般情况下在监理人收到承包人的月进度付款申请单后 28 天之内，经监理人核定后由发包人支付；如果发包人延期支付，按合同规定的利率支付给承包人利息。同时监理人有权对以往历次已签证的月进度付款证书的汇总和复核中发现的错、漏或重复进行修正或

更改。

月进度支付的工作程序：

（1）对当月完成工程量进行收方、计量和列项。每月 25 日开始对当月完成工程量情况进行收方和计量，并对新增加的工程项目列项。收方的方法可采用承包人自测，由监理人抽查验证，也可以采用联合测量收方，共同确认工程完成量。

（2）承包人编制月进度付款申请单。申请单的主要内容是：

——已完成的《工程量清单》中的工程项目及其他项目的应付金额。

——经监理人签认的当月计日工支付凭证标明的应付金额。

——按合同规定的价格调整金额。

——工程材料预付款金额。

——发包人应扣还各种预付款、保留金等。

（3）监理人对月进度付款申请的审核。收到承包人月进度支付申请单之后，监理人主持全面审核，负责各项目的监理人员分别审查各项目完成的工程量和工作量，同时对各项目提出质量评定。对付款申请中错误或意见不一致的地方，应事先协商，争取一致。经协商取得一致意见后，承包人再按此重新申报月进度付款申请。如果不能取得一致，可以移至下月继续协商再结算，或者由监理人作出决定。一般情况下，监理人在收到月进度付款申请单后的 14 天内完成核查，并向发包人出具月进度付款证书。

监理人核查月进度付款申请内容如下：

——各项目当月完成量（计量标准是否符合合同规定）或累计完成量应与联合收方或经双方讨论的相一致，否则进行相应改正。

——付款申请列项是否正确，与工程量清单中承包人投标时所报单价是否相一致。

——计日工是否经过监理人的批准，批准手续是否完善，批准文件是否齐全。核实统计报表与监理人掌握记录是否一致等。

——合同变更和索赔项目是否经发包人和监理人批准，批准手续和文件是否完善和齐全，并重新核实承包人的同期记录。

——核查各项费用计算是否正确。

（4）编制和签发月进度付款证书。监理人经过认真核查，并通过与承包人和发包人协商，确定月进度付款金额之后，由监理人草拟月进度付款证书，经监理人（是指总监理工程师）签字批准后，呈报发包人。

（5）发包人办理支付手续。发包人根据监理人签发的月进度付款证书进一步核实，如有异议则与监理人协商，必要时监理人再与承包人协商。取得一致意见后，在收到付款证书后的一定时间（一般为 14 天）内，发包人签字办理支付手续，从银行或贷款单位直接转入承包人的银行账户。

2. 完工结算

在合同工程接收证书颁发后的一定时间内，承包人应按监理人批准的格式，向监理人提交完工付款申请单，并附有监理人的证明文件，申请单的内容主要有：

（1）到完工证书注明的日期（指完工日期）为止，根据合同累计完成的全部合同工程价款金额。

（2）承包人认为根据合同应支付给他的追加金额和其他金额。

（3）承包人认为根据合同将支付给他的全部计算数额。

监理人在收到承包人提交的完工付款申请单后的一定时间（一般为 28 天）内完成复核，复核过程中如有歧义应与承包人和发包人协商，并作相应调整或修改。完成复核后，在完工付款申请单上签字和出具完工付款证书报送发包人审批。发包人在收到上述付款证书后的一定时间（一般为 42 天）内审批后支付给承包人。若发包人不按期支付，则应按月进度支付规定相同的办法，将逾期付款违约金加付给承包人。同时监理人应核定合同工程投资的控制状况，对合同工程量清单内项目的支付、合同外工程和合同变更支付、计日工支付、物价波动调价、索赔等 5 个方面的状况进行财务核定和财务分析。

3. 最终结清

颁发履约证书后，承包人虽已全部完成合同工程的承包工作，但合同的财务尚未结清。因此要求承包人在收到履约证书后的一定时间（一般为 28 天）内，按监理人批准的格式向监理人提交最终付款申请单（也称最终财务报表，一式 4 份），并附有有关证明文件，该申请单包括以下内容：

（1）按合同规定已经完成的全部工程价款金额。

（2）按合同规定应付给承包人的追加金额。

（3）承包人认为应付给他的其他金额。

（4）最终结算总金额和应最终支付的金额。

监理人应对承包人提交的最终付款申请单仔细核查，若对某些内容有异议，应与发包人和承包人反复协商，并有权要求承包人进行修改和提供补充资料，直至监理人认为符合约定的支付条件为止。然后由承包人提交经同意修改后的最终付款申请单，同时要求承包人向发包人提交结清单，其副本提交监理人。该结清单应进一步证实最终付款申请单的总金额是根据合同规定应付给承包人的全部款项的最终结算金额，并包括结清全部索赔额。但是，结清单应在承包人收到退还履约担保证件且发包人已向承包人付清监理人出具的最终付款证书中标明，最终支付金额后方才生效。这也是保护承包人合法权益的措施。

监理人在收到经其同意的最终付款申请单和结清单副本后的约定时间（一般为 14 天）内，出具一份最终付款证书报送发包人审批。最终付款证书应说明：

（1）按合同规定和其他情况应最终支付给承包人的合同总金额。

（2）发包人已支付的所有金额以及发包人有权得到的全部金额。

（3）发包人还应支付给承包人或者承包人应返还给发包人的余额。

发包人审查最终付款证书后，当确认还应向承包人付款时，则应在收到该证书后的约定时间（一般为 42 天）内，向承包人付款。若确认承包人还应向发包人支付返还款时，承包人也应在收到通知后的约定时间（一般为 42 天）内，还给发包人。若不按期支付均应按逾期违约论，并加付逾期违约金。

合同中的各项工程已全部完成并最终移交给发包人，以及最终支付金额结清，履约担保证件已退还承包人，结清单正式生效。承包人对由合同及工程实施引起的或与之有关的任何问题和事件，不再承担任何责任，合同自然终止。

五、合同项目变更

(一) 变更的范围和内容

(1) 增加或减少合同中所包括工作的数量。

(2) 省略某一工作 (但被省略的工作由业主或其他承包人实施者除外)。

(3) 改变某一工作的性质、质量或类型。

(4) 改变工程某一部位的标高、基线、位置和尺寸。

(5) 实现工程竣工所必需的附加工作。

(6) 改变工程某一部分的已做规定的施工顺序或时间安排。

(二) 变更的处理原则

1. 引起工期改变的处理原则

在合同执行过程中，若不是承包人的原因引起的变更，使关键项目的施工进度计划拖后而造成工期延误时，由监理人与发包人和承包人协商，发包人应延长合同规定的工期；若变更使合同关键项目的工作量减少，监理人与发包人和承包人协商，发包人可以把变更项目的工期提前。

2. 确定变更价格的原则

(1) 在合同《工程量清单》中有适用于变更工作的项目时，应采用该项目的单价。

(2) 在合同《工程量清单》中无适用于变更工作的项目时，则可在合理的范围内参考类似项目的费率或单价作为变更项目估价的基础，由监理人与承包人商定变更后的费率和单价。

(3) 在合同《工程量清单》中无类似项目的费率或单价可供参考，则应由监理人与发包人协商确定新的费率或单价。

3. 承包人原因引起的变更处理原则

(1) 若承包人根据工程施工需要，要求监理人对合同的某一项目和工作进行变更时，则应提交详细的变更申请报告，由监理人审批，批准的原则是技术上可行和经济上合理，即按新的为发包人省钱的价格为承包人结算。如果技术上可行，并且确保原工期，经济不合理时，超过部分由承包人自行承担。未经批准，承包人不得擅自变更。

(2) 承包人要求的变更属于合理化建议的性质时，经与发包人协商，建议如被采纳，由监理人发出变更决定后方可实施。发包人将酌情给予奖励。

(3) 承包人违约或其他由于承包人原因引起的变更，其增加的费用和工期延误责任由承包人自行承担。其延误的工期承包人必须采取适当赶工措施，确保工程按期完成。

(三) 变更工作程序

如果监理人认为有必要对工程或其中某一部分的形式、质量或数量作出变更 (不论是谁提出的任何变更)，则有权确定费率和指示承包人进行此类变更。其变更程序如下：

(1) 发出变更指示。监理人在发包人授权范围内，只要认为此类变更是必要的，就应该及时向承包人发出变更指示。其内容应包括变更项目的详细变更内容、变更工程量、变更项目的施工技术要求、质量标准、图纸和有关文件等，并说明变更的处理原则。

(2) 承包人对监理人提出的变更处理原则持有异议时，可在收到变更指示后在约定时

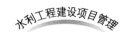

间（一般为 7 天）内通知监理人，监理人在收到通知后在约定时间（一般为 7 天）内，经与发包人和承包人协商之后以书面方式答复承包人。

（3）承包人收到监理人发出的变更指示后在约定时间（一般为 28 天）内，应向监理人提交一份变更报价书。内容包括承包人确认的变更处理原则、变更工程量和变更项目的报价单。监理人认为必要时，可要求承包人提交重大变更项目的施工措施、进度计划安排和单价分析等。

（4）监理人应在收到承包人变更报价书后的约定时间（一般为 28 天）内，经与发包人和承包人协商，并对变更报价书进行审核后，作出变更决定，通知承包人，呈报发包人。如果发包人和承包人未对监理人的变更决定提出异议，则应按此决定执行。

（5）发包人和承包人未能就监理人的变更决定取得一致意见时，监理人的决定为暂时决定，承包人也应遵照执行。此时发包人或承包人有权在收到监理人变更决定后的约定时间（一般为 28 天）内将问题提请争端裁决委员会解决。若在此期限内双方均未提出上述要求，则监理人的变更决定即为最终决定，对双方均具有约束力。

（6）当发生紧急事件时，在不解除合同规定的承包人的任何义务和责任的情况下，监理人向承包人发出变更指示，可要求立即进行变更工作，承包人应立即执行。然后承包人按上述变更程序提交变更报价书，由监理人与发包人和承包人协商后，在上述规定的时间内作出变更工作的价格和需要调整工期的决定，并应补发变更决定的通知。

六、工程索赔处理

索赔管理是合同管理的主要任务之一，它直接关系到投资、进度和工程质量的控制。因此，合同各方对索赔事件应有正确的认识和理解，否则会给项目合同的实施造成严重的困难。

（一）索赔发生的原因

在项目合同执行过程中，导致承包人提出索赔的原因是多方面的，常见的有以下几种。

1. 发包人提供的原始资料不足或不准确引起的索赔

发包人在招标时向投标人提供的气象、水文和地质等原始资料与工程实际情况不符时，导致承包人工期延误或费用增加，承包人有权要求索赔。但是，属于承包人判断上的错误问题，不能提出索赔。

2. 合同项目变更未能及时处理引起的索赔

由于发包人原因引起的工程设计、合同范围、施工顺序和工期的改变，以及发包人提前占用或使用部分永久性工程等，给承包人造成费用增加，应由发包人及时进行补偿。在发包人未做及时处理的情况下，承包人有权要求索赔。

3. 后续的法律、法规和规章的变更引起的索赔

在合同实施过程中，国家法律、法规和规章的改变引起费用的增加，应给予补偿，如果引起费用减少则发包人应扣回多余款额。如果发包人未作出相应的调整，则承包人有权要求索赔。

4. 发包人风险引起的索赔

若出现发包人负责的工程设计不当，发包人提供不合格的材料和工程设备，承包人不能预见、不能避免并不能克服的自然灾害和外部障碍，战争、动乱等社会因素等问题，均属发包人风险造成的损失和损坏，其责任由发包人承担，承包人有权提出索赔的要求。

5. 发包人违约引起的索赔

发包人未能按合同规定的时间和内容提供施工条件，如承包人进场条件和通道、水和电的供应、通信、住宿和医疗条件、施工用地、测量基准等准备工作；未能按合同规定的期限向承包人提供施工图纸；未能按合同规定的时间支付各项预付款和合同价款，或拖延、拒绝批准付款申请和支付证书，导致付款延误；由于法律、财务等原因导致发包人已无法继续履行本合同义务。由此造成承包人费用的增加和与此相关款额及工期延误均属发包人的责任，承包人有要求索赔的权利。

（二）索赔的类型

1. 工期索赔

工期索赔指由于发包人的责任及发包人违约和风险等原因，使得承包人不能按合同预定工期完成工程项目，而要求延长施工时间或推迟竣工日期和保修日期。

2. 费用索赔

费用索赔指由于发包人的责任及发包人违约和风险等原因，改变了原投标报价的条件，使得承包人为完成合同规定的工程任务增加了额外的开支。为此承包人要求发包人给予费用补偿或赔偿其经济损失。

（三）索赔程序和时限

1. 索赔程序

（1）索赔的提交。在索赔事件发生后，承包人在 28 天内将索赔意向书提交发包人和监理人。上述意向书发出 28 天内，再向监理人提交索赔申请报告，详细说明索赔理由和费用计算依据，并附必要的记录和证明材料。如果索赔事件继续发展或继续产生影响，承包人应按监理人的要求，定期提出索赔申请报告；索赔事件影响全部结束后 28 天内，承包人向监理人提交最终索赔申请报告。

（2）索赔的审核。监理人收到索赔申请报告后，应立即进行审核，审核内容包括：

1）用监理人档案中的有关记录、调查资料，核对承包人所提出的基本事实。核查承包人引用的索赔权利的合同条款依据，以及对索赔事实的适用性，并进行实事求是的客观分析，公平地分清各方责任。

2）审核计算方式是否合理，核查计算结果。

3）初步确定索赔款额或（和）延长工期，必要时，可要求承包人补充更详细的资料，或修改索赔申请报告。

（3）监理人向发包人汇报审核承包人索赔申请报告的情况，并提出初步确定的索赔款额或（和）延长工期的建议。

（4）发包人和承包人应在收到监理人的索赔处理决定后 14 天内，将其是否同意索赔处理决定的意见通知监理人。若双方均接受监理人的决定，则监理人在收到上述通知后 14 天内，依此实施，并将确定的索赔金额列入当月付款证书中支付。

（5）若双方或其中任一方不接受监理人的索赔处理决定，则双方均可按合同规定提请争议调解组解决。

2. 索赔的时限

《水利水电土建工程施工合同条件》（GF—2000—0208）中规定：本合同工程移交证书颁发后 28 天内承包人提交完工付款申请单后，应认为已无权再提出在本合同工程移交证书颁发前所发生的任何索赔。还规定：本合同保修责任终止证书颁发后 28 天内承包人提交的最终付款申请单中，只限于提出本合同工程移交证书颁发后发生的索赔。提出索赔的终止期限是提交最终付款申请单的时间。

如果承包人在寻求任何索赔时，未能遵守索赔程序的各项规定，有权得到付款的权利将会受到限制。即承包人有权得到的有关付款将不超过监理人核定或争端裁决委员会核定或者由仲裁机构裁定的金额。虽然在合同中规定了索赔程序和时限，但这并不影响通过法律程序提出解决争议和索赔的权利。

（四）发包人向承包人索赔

发包人向承包人索赔是指在合同执行过程中，由于承包人的责任给发包人造成经济损失或工程拖延，发包人可以按合同规定的合法程序要求承包人补偿、赔偿和赶工。另外由于某种原因，承包人获得了可查清的不应得到的发包人支付的额外收益时，发包人有权索回这部分款额。

发包人向承包人索赔的主要原因有：工程误期、违反合同规定、工程缺陷和不执行监理人纠正指示、承包人违约，以及由于承包人违约、毁约或对此负有责任引起的变更等。

发包人在处理向承包人索赔时，应恪守合同准则，运用合同条款，并通过监理人进行，做到有理、有利、有节，否则将会把发包人向承包人索赔演变成承包人向发包人进行索赔。在一般情况下，只要承包人认真履行合同，精心施工，按期竣工和按质量标准修补缺陷，很少发生发包人向承包人索赔的情况，即使发生，其次数相对于承包人向发包人索赔要少得多。在发生发包人向承包人索赔事件中，发包人处于主动地位，因为发包人可以从应支付或将要支付的任何款项中将赔偿扣回，也可从保留金和履约担保中得到补偿，或者以债务方式利用承包人的现场材料和设备作为抵押等。

七、合同违约的处理

（一）承包人违约

1. 承包人违约行为

（1）承包人无正当理由未按开工通知的要求及时进点组织施工和未按签订协议时商定的施工组织计划有效开展施工准备，造成工期延误。

（2）承包人私自将合同或合同的任何部分转让其他人，或私自将工程或工程的一部分分包出去。

（3）未经监理人批准，承包人私自将已按合同规定进入工地的施工设备、工程材料和临时设施撤离工地。

（4）承包人违反有关规定使用了不合格的材料和工程设备，并拒绝改正。

（5）由于承包人的原因未按合同进度计划及时完成合同规定的工程，又未采取有效措施赶上进度，造成工期延误。

（6）其他承包人的原因，致使承包人造成损失的行为。

2. 监理人对承包人违约的处理程序

（1）监理人对承包人违约行为发出警告。承包人发生了违约行为后，监理人应及时向承包人发出书面警告，限令承包人立即采取有效措施认真改正，并尽可能挽回由于违约造成的延误和损失。

（2）发包人解除合同。如果承包人在收到书面警告后，继续无视监理人的指示，仍不采取有效措施改正其违约行为，继续延误工期或严重影响工程质量，甚至危及工程安全，监理人可暂停支付工程价款。发包人可通知承包人解除合同，并在发出通知14天后派员进驻工地直接接管工程，使用承包人设备、临时工程和材料，另行组织人员或委托其他承包人施工，但发包人的这一行动不解除承包人按合同规定应负的责任。发包人发出解除合同通知的14天期限并不是用于给予承包人补救违约的机会，而是允许承包人为撤离现场做一些必要的准备。同时发包人为尽量减少对工程竣工延误的影响，要及时派员进驻工地继续施工。

3. 解除合同后的估价和结算

（1）解除合同后的估价。发包人通知承包人解除合同后，监理人应尽快通过调查取证并与发包人和承包人协商后确定并证明：

——解除合同时，承包人根据合同实际完成的工作已经得到或应得到的金额。

——未用或已经部分使用的材料、承包人施工设备和临时工程等的估算金额。

（2）解除合同后的付款。如果发包人按合同规定无论是在缺陷保修期满以前或期满之后解除合同时，监理人在合适的时间查清以下各种费用，并出具付款证书报送发包人审批后支付。未审批前发包人应暂停对承包人的一切付款，包括：

——承包人按合同规定已完成的各项工作应得的金额和其他应得的金额（包括延迟付款违约金、赔偿费及其他费用）。

——已获得发包人的各项付款金额。

——由于解除合同监理人应查清工程（剩余的工程）的施工、竣工及修补所遗留缺陷的费用，竣工拖延的损坏赔偿费，以及由发包人支付的所有其他费用。

承包人有权得到的付款金额，是由监理人证明承包人完成的合格工程原应支付而未支付的金额，从中扣除承包人应支付和合理赔偿给发包人的上述3款费用的余额。如果承包人应支付和合理赔偿给发包人的上述3款费用超过发包人应支付而未支付的款额时，则承包人应将此超出部分的款额支付给发包人，并应视为承包人欠发包人的应付债务。

（二）发包人违约

1. 发包人的违约行为

（1）发包人按合同规定的应付款时间内，未能按监理人的付款证书向承包人支付应支付的款额。

（2）发包人未按规定时间和合同内容提供施工用地、测量基准和施工图纸等，以及合同中规定应由发包人提供的条件等。

（3）由于法律、财务等原因导致发包人已无法履行或实质上已停止履行本合同的义务。

2. 发包人违约的处理原则

（1）当发包人未按合同规定支付款项，导致付款延误违约时，发包人则应从逾期第一天起按中国人民银行规定的同期贷款利率计算逾期付款违约金。如果逾期（一般规定的时间 28 天）仍不支付，则承包人有权暂停施工，并通知发包人和监理人。由此增加的费用和工期延误责任，由发包人承担。

（2）若发包人因法律、财务等原因，丧失了履约和支付能力时，承包人在及时向发包人和监理人发出通知，并采取暂停施工的行动后，发包人仍不采取有效措施纠正其违约行为，承包人有权向发包人提出解除合同的书面要求，并抄送监理人。则承包人在发出书面通知规定的时间（一般为 14 天）后，有权采取行动解除合同。

3. 合同解除后的付款

若发生因发包人违约而承包人在合同规定时间内采取行动解除合同时，发包人应在解除合同后 28 天内向承包人支付合同解除日前所完成工程的价款和为了履约已发生的或需要支付的费用、人员遣返费和施工设备退场费、合理的管理费和利润以及由于发包人违约造成承包人其他损失的合理补偿费。发包人亦有权要求承包人偿还尚未收回的全部预付款（工程预付款和材料预付款）的余额以及按合同规定应由发包人向承包人收回的其他金额。同时发包人还应退还保留金、预付款保函和履约担保证件等。

第六节　合同验收与保修

一、合同验收

合同验收是指承包人按照合同内容规定的任务全部完成后，所进行的验收。合同验收后，监理人签署工程移交证书，完工工程的监管责任由承包人转移到发包人。

1. 合同验收的条件

当工程具备以下条件时，承包人提交验收申请报告：

（1）已完成了合同范围内的全部单位工程以及有关的工作项目，但经监理人同意列入保修期期限内完成的尾工项目除外。

（2）按规定备齐了符合合同要求的完工资料。

（3）已按照监理人的要求编制了在保修期限期内实施的尾工工程项目清单和未修补的缺陷项目清单以及相应的施工措施计划。

2. 完工资料

（1）工程实施概况和大事记。

（2）已完工程移交清单（包括工程设备）。

（3）永久工程竣工图。

（4）列入保修期限内继续施工的尾工工程项目清单。

（5）未完成的缺陷修复清单。

（6）施工期的观测资料。

（7）监理人指示应列入完工报告的各类施工文件、施工原始记录（含图片和录像资料）及其他应补充的竣工资料。

3. 合同验收的内容和程序

（1）监理人的验收准备。当合同中规定的工程项目基本完工时，监理人应在承包人提出竣工验收申请报告之前，组织设计、运行、地质和测量等有关人员进行全面的工程项目的检查和检验，并核对准备提交的竣工资料等，做好工程验收的准备。

（2）承包人提交竣工验收申请报告，并附完工资料。

（3）监理人收到承包人提交的竣工验收申请报告后，审核其报告。

（4）当监理人审核后发现工程尚有重大缺陷时，可拒绝或推迟进行竣工验收，这时应在收到申请报告后 28 天内通知承包人，指出竣工验收前应完成的工程缺陷修复和其他的工作内容和要求。并将申请报告退还，待承包人具备条件后重新提交申请报告。

当监理人审核后发现对上述报告和报告中所列的工作项目和工作内容持有异议时，应在收到申请报告后的 28 天内将意见通知承包人，承包人应在收到上述通知后的 28 天内重新提交修改后的完工验收申请报告，直到监理人同意为止。

4. 合同的完工验收

监理人审核报告后认为工程已具备验收条件时，应在收到申请报告后的 28 天内提请发包人进行工程完工验收。发包人应在收到验收申请报告后的 56 天内签署工程移交证书，颁发给承包人。移交证书中应写明经监理人与发包人和承包人协商核定工程的实际竣工日期。此日期也是工程维修期的开始日。

二、工程保修

1. 保修期

保修期是自工程移交证书中写明的全部工程完工日开始算起，保修期限在专用合同条款中规定（一般为 1 年），在全部工程完工验收前，已经发包人提前验收的单位工程或部分工程，若未投入正常使用，其保修期也按全部工程完工日开始计算。

2. 保修责任

（1）保修期内，承包人负责未移交的工程和工程设备的全部日常维护和缺陷修复工作，对已移交发包人使用的工程和工程设备，应由发包人负责日常维护工作，承包人应按移交证书中所列缺陷修复清单进行修复，直至监理人检验合格为止。

（2）发包人在保修期内使用工程和工程设备中，发现新的缺陷和损坏或原修复缺陷部位或部件又遭破坏，则承包人应按监理人的指示修复，直至监理人检验合格为止。监理人应会同发包人和承包人共同进行查验，若属于承包人施工中隐存或承包人的责任造成的，由承包人承担修复费用；若属发包人使用不当或其他发包人的责任造成的，由发包人承担修复费用。

3. 保修责任终止证书

在工程保修期满后 28 天内，由发包人或者委托监理人签署和颁发保修责任终止证书给承包人。若保修期满后还有缺陷未修补，则需待承包人按监理人的要求完成缺陷修复工作后，再颁发保修责任终止证书。颁发保修责任终止证书，且合同双方按合同规定应履行的义务全部完成后，合同终止。

第五章　水利工程建设项目施工管理

水利工程建设是一个综合复杂的系统工程，项目法人（或称业主）将工程的总体目标和任务分解后，采用合同的形式委托给不同责任主体。各责任主体通过组织措施、管理措施、技术措施和经济措施，实现各方的目标和任务。本章从承包人的角度，阐述水利工程建设项目的施工管理。

第一节　施工现场组织与管理

一、承包人现场管理机构的组建

承包人中标后，按照施工合同要求和承包的工程任务，尽快组织建立相应的现场管理机构，并组织人员进场。施工现场的总负责人项目经理、副经理和技术负责人等的主要管理人员，在承包人投标时，已经在投标文件中明确，中标后，不得随意调整。承包人进入工地后，监理人要根据投标文件的承诺，对承包人现场管理人员以及管理人员的资格等进行核查，如与投标文件所提供的人员以及资料不符，承包人应按照投标文件的人员更换。承包人如果要进行人员调整，必须征得发包人的同意，并经过监理人批准。

承包人的施工现场机构即项目经理部（或施工项目部），根据项目的实际情况和需要下设不同的职能部门，进行工程项目的各项任务的管理。一般情况下需设立以下部门：

（1）经营核算部门。主要负责预算、合同、索赔、资金收支、成本核算及劳动分配等工作。

（2）工程技术部门。主要负责生产调度、技术管理、施工组织设计、劳动力配置计划统计等工作。

（3）物资设备部门。主要负责材料工具的询价、采购、计划供应、管理、运输、机械设备的租赁及配套使用等工作。

（4）监控管理部门。主要负责工程质量、安全管理、消防保卫、文明施工、环境保护等工作。

（5）测试计量部门。主要负责计量、测量、试验等工作。

承包人的施工现场机构也可按控制目标进行设置，包括进度控制、质量控制、成本控制、安全控制、合同管理、信息管理、组织协调等部门。

根据工程大小和特点不同，各部门可互相兼职，但质量管理机构必须与施工管理机构分设。项目部下设各种专业施工组织机构，负责不同工种和不同子项目的施工任务。

二、施工管理制度

施工项目部一般应制定以下管理制度：

（1）质量管理制度和质量保证措施。

（2）工程施工进度管理制度和保证措施。

（3）安全生产管理制度。

（4）文明施工管理制度。

（5）项目经理、技术负责人、质量检测负责人等责任制度。

具体施工项目部管理制度应根据工程特点和各自管理模式进行制定。

【案例】　某承包人工程施工项目现场管理机构及管理制度

1　现场管理机构及人员

1.1　现场组织机构

为实施×××工程的施工与管理，施工项目部要健全管理机构，明确各部门的管理职能，实行专业化管理，使各部门职责明确，职能有效发挥，最终实现本工程项目目标。施工项目部组织机构如图 5-1 所示。

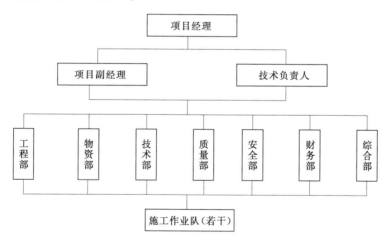

图 5-1　某施工项目部现场组织机构

1.2　职责分工

1.2.1　项目经理

（1）对本工程全面负责，确保工程全部目标的实现。

（2）科学组织和管理项目的人、财、物资源，合理调配使用，及时解决施工中出现的重大问题。

（3）项目经理作为项目工程质量第一负责人，对项目施工质量负终身责任，确保项目质量目标的实施。

（4）对项目实施管理的程序化、规范化、制度化，对工程进度、质量、安全、成本等进行全面监督管理，组织制定项目内部各类管理人员的岗位职责和各类规章制度，并着重抓好落实工作。

（5）严格执行财经制度，实行目标成本控制管理，努力实现经济目标。

（6）组织实施本单位质量管理体系在本项目的贯彻执行。

1.2.2 项目副经理

（1）在项目经理的领导下，全面负责项目经理所安排的各分部工程的施工组织管理，保证施工生产按进度计划要求、质量按合同和技术规范要求实施。

（2）对分管范围内的工程质量负领导和管理责任。

（3）贯彻本单位的质量方针，坚持以"预防为主"的原则，认真落实好各项规章制度，提高分管工作的质量保证措施，保证项目质量目标的实现。

（4）积极配合项目总工的工作，监督将分管工作内的施工技术资料和质量记录移交给项目资料管理人员，并对有关资料的完整性和准确性负责。

（5）负责施工现场的安全生产、文明施工，并把安全管理工作落实到实处，落实到人。

（6）负责施工设备的管理、使用、维修和保养。

1.2.3 项目技术负责人

（1）在项目经理的领导下，全面负责项目的施工技术工作，主持编制本工程的施工组织设计、施工方案、作业指导书等。

（2）主抓本工程质量管理的工作，保证工程质量目标的实现。

（3）项目技术负责人对工程质量负技术责任；主持项目部技术交底工作，对技术交底的及时性、完整性和准确性负责。

（4）根据工程项目的需要负责制定质量计划，指导和监督各施工部门按合同和技术规范要求进行施工。

（5）负责处理和解决工程施工中出现的技术和质量问题。

（6）负责组织项目部工程技术资料的收集整理、归档工作，掌握本项目工程质量动态，负责项目部工程进度报表和质量报表的及时、完整、准确报送上级质管部门。

2 现场管理规章制度

为保证×××工程的施工质量、施工安全、施工工期，以及在施工过程中加强合同管理、文明施工和环境保护，施工现场建立了各项规章制度。

2.1 安全生产管理制度

（1）建立健全安全生产组织机构，明确职责。

（2）各工区必须设专（兼）职安全员。

（3）工地设立醒目的安全标志牌、安全标语、安全口号等。各项目经理部要定期或不定期地召开安全工作会议，布置安全管理工作。

（4）各工区要定期或不定期地开展安全检查，发现事故隐患及时整改，堵塞漏洞，防止事故发生。

（5）各工种作业人员必须严格遵守安全操作规程，禁止违章操作。

（6）进入施工现场必须戴好安全帽，高空作业人员系好安全带，悬挂好安全网等设施。

（7）严禁无证驾驶、酒后驾车等行为。

(8) 吊装作业时，起重臂下严禁站人。

(9) 变压器、大型车辆前后轮间要设有护栏，以防止发生意外伤害。

2.2　安全防火管理制度

(1) 坚持"预防为主、防消结合"的方针和"谁主管、谁负责"的原则，加强安全防火教育，遵守消防法规，增强防火意识。

(2) 制定防火措施，定期组织消防安全检查，及时解决重大火险隐患，配齐、配全消防设施。

(3) 各职工宿舍必须明确安全防火人员，职工离开宿舍前，必须将用电器从电源线上断开，以防火灾。

(4) 人人会用消防器材，易燃、易爆物品要单独存放在安全位置，要远离火源、电源。

(5) 5级以上大风天气，禁止在室外动用明火，并挂出防火旗。

(6) 不准乱接乱拉电线，发现可能引起火花、短路及绝缘损坏等情况，必须立即修理。

(7) 油罐附近要设置醒目的"禁止烟火"标牌，严禁携带任何火种靠近油罐，严禁穿外露铁钉鞋攀登油罐。

2.3　技术管理制度

(1) 认真贯彻执行《质量管理手册》和国家制定的其他有关技术管理的法律、法规。

(2) 根据公司发展目标，有预见性地提高企业的技术素质，实现施工技术现代化。

(3) 抓好日常施工技术管理工作，搞好施工前、施工过程、竣工移交及保修回访4个阶段的技术管理工作。

(4) 开展经常性的技术培训工作，不断提高技术干部素质。

(5) 积极引进和推行"四新"（新技术、新工艺、新材料、新机具），使之为生产服务。

(6) 对技术干部实行德、能、勤、绩诸方面考核，为技术职务（职称）晋升、聘任奠定基础。

2.4　质量管理制度

(1) 认真贯彻执行《质量管理手册》和国家制定的其他有关质量管理的法律、法规。

(2) 建立健全质量管理体系，严格执行质量检验、质量等级评定程序。

(3) 加强质量教育和施工全过程质量管理，人人注意施工质量，把"质量是企业的生命"的理念贯穿到实际工作中。

(4) 在施工过程中，严格执行"三检制"（自检、互检、交接检），严格执行总公司下发的《质量保证手册》和《质量保证体系程序文件》，不断提高工程质量。

(5) 建立质量档案，设立专人负责，竣工工程的质量资料要做到齐全、准确、完整、清洁。

(6) 加强质量培训，在抓好内培的同时，选拔责任心强、素质较好的技术管理人员进行外培，不断提高技术人员的素质和管理水平。

2.5　现场文明施工管理制度

(1) 严格按照施工组织设计的总平面布置图布置施工现场，做到"四通（水、电、路、信）一平（场平）"。

（2）合理设置混凝土拌和场地、材料仓库及其他施工设施，做到方便生产，有利安全，清洁卫生。

（3）各种建筑材料及半成品、成品，按类别、规格、型号整齐存放，标明进场日期、保管要则及责任者。

（4）为确保安全生产，对易燃、易爆、吊装、高空作业及其他易发生安全事故的施工现场，要有标志牌及宣传板等。

（5）对交叉作业的施工现场，按交叉作业施工方案部署施工，合理利用时间、空间，做到有条不紊、忙而不乱。

（6）施工现场按规定配备消防设备及工具，划分防火责任区，落实防火责任者。

（7）工程竣工时要达到工完、料净、场地清。

2.6 工程竣工资料管理制度

工程竣工资料收集和整理工作从施工准备阶段开始，直到工程交工，贯穿于整个施工全过程。凡列入技术资料的图表、文件、证单，都须经项目总工程师审核签证。

竣工资料是交工验收的重要文件，是对工程各环节的历史记载，是评定工程质量的主要依据，是工程技术档案的重要组成部分，因此，工程技术人员在施工过程中必须全面、及时、准确地对施工技术资料进行记录、整理，保持资料的原始性、准确性、真实性、科学性。

2.6.1 竣工资料的主要内容

（1）工程承包合同及有关批准文件。

（2）开工报告。

（3）图纸会审和技术交底会议纪要。

（4）施工组织设计。

（5）重要工程会议纪要。

（6）设计变更单、设计联络单、施工技术核定单。

（7）经济技术签证单。

（8）主要实物工程量表。

（9）工程测量资料。

（10）工程中间交工检验证书及竣工验交证书。

（11）各种施工原始记录（施工日志、值班记录等）。

（12）竣工报告。

（13）隐蔽工程检验记录。

（14）各种原材料、设备、容器、仪表、试验、检验记录，设备生产合格证、混凝土配料单及试块检验记录等。

（15）设备解体记录，机电试运转记录，焊接检验探伤试压记录。

（16）质量事故处理及返工记录。

（17）分项、分部工程以及单位工程质量评定表。

（18）竣工图。

2.6.2 资料的收集和整理

（1）竣工资料的收集、整理必须与工程施工同步进行。

（2）竣工资料中技术资料部分由项目技术负责人负责整理，质检资料由项目质检员收集整理，试验资料由项目试验员负责收集整理，主任工程师对竣工资料的质量负全责。

（3）竣工资料以建设单位的要求为准，资料要用规定的表格、纸张打印，做到工整、清晰、无涂改。

2.6.3　资料的移交

由总工程师组织现场有关技术人员按有关要求进行移交。

2.6.4　存档

竣工资料的份数除满足建设单位需要外，需交总公司档案室一套，重要工程或有代表性的工程，公司可自存资料1套，对工程交工后不按时移交资料而导致资料丢失、损坏的，公司将视情节给予责任人适当的处罚。

2.7　机械设备管理制度

（1）贯彻执行上级主管部门下发的机电管理规定、办法，认真落实"养重于修、防重于治"的管理方针。

（2）在设备管理上，公司实行统一调动，未经允许，任何人不得私自动用机械设备或将设备转让他人使用。

（3）项目部设专人负责设备日常管理工作，定期检查设备使用状况，及时安排设备检修、保养和大中修计划。

（4）建立健全设备技术档案，做到认真填写、项目齐全。

（5）严格执行安全技术操作规程，合理安排使用设备，禁止超负荷作业，努力延长设备使用寿命。

（6）建立土方机械双班交接制度，使用设备人员在交接班时，可相互了解设备运转情况，清点工具，同时进行班次保养。

（7）对设备抱瓦、断轴、捣缸等重大事故，要及时查明原因，写出书面材料上报并追查事故责任者。

2.8　材料管理制度

（1）按施工图计划材料量编制出施工器材计划，并确定材料来源。

（2）材料采购要从质量、数量、规格及交货期等方面考虑，满足施工需要，采购前要制订优化的采购订货方案，保证质量、保证工期及降低工程成本的要求。

（3）材料运输要选好运输路线，选择责任心强的人员押运，以确保材料安全。

（4）材料检验人员要按规定对进场材料进行检查，如规格、标记、型号、外形几何尺寸、数量等，如无疑义的，检验人员才可在器材验收单上加盖允许入库或进场印记，对不合格品有权拒收。

（5）对接收入库的材料要做到"四相符"：即账、卡、物、质量保证文件相符。

（6）定期对材料的质量进行检查，如发现变质、损坏等问题，及时采取有效措施加以处理。

（7）领料时，要填好器材领用单，写明材料名称、材质、规格、型号、数量，经领导审核后，交保管员核发，发放时要保证规格正确、数量准确。

（8）工程剩余材料必须办理退库手续。

三、施工管理流程

施工管理流程是工程施工过程中，参与工程建设的各方必须遵守和执行的程序，工程施工流程一般按照图5-2进行。

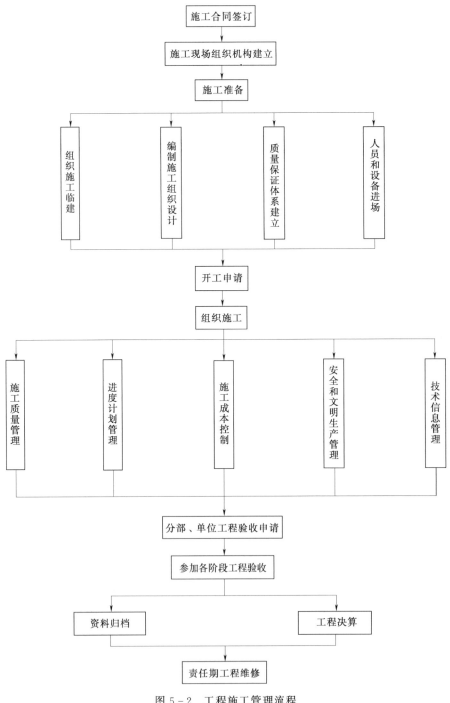

图 5-2　工程施工管理流程

第二节 承包人施工前准备工作

承包人施工前的准备工作包括：技术准备工作和人员、物资准备工作等。技术准备工作主要是指施工技术措施、场地规划和施工总布置以及施工技术保证措施等；人员、物资准备工作主要是按照施工合同要求组织人员、设备以及材料进场等方面的工作。

一、承包人的施工技术措施

(一) 施工组织设计

1. 施工组织设计编制依据

(1) 有关法律、法规、规章和技术标准。

(2) 工程设计批复意见以及主管部门对工程建设的要求。

(3) 工程所在地区的法规和条例，地方政府、项目法人对本工程的要求。

(4) 国民经济有关部门对本工程建设期间的有关要求和协议。

(5) 工程所在地区和河流的自然条件（地形、地质、水文、气象特征和当地建材情况等）、施工电源、水源及水质、交通、环保、防洪、灌溉、航运、过木、供水等现状和近期发展规划。

(6) 当地城镇现有修配、加工能力，生活、生产物资和劳动力供应条件，居民生活、卫生习惯等。

(7) 勘察设计各专业有关成果和技术要求。

(8) 施工导流及通航等水工模型试验、各种原材料试验、混凝土配合比试验、重要结构模型试验、岩土物理力学试验等结果。

(9) 工程有关工艺试验或生产性试验成果。

(10) 施工合同中与施工组织设计编制的有关的条款。

(11) 承包人施工装备、管理水平和技术特点。

2. 承包人编制施工组织设计的主要内容

(1) 工程任务情况及施工条件分析。

(2) 施工总方案、主要施工方法、工程施工进度计划、主要单位工程综合进度计划和施工力量、机具及部署。

(3) 施工组织技术措施，包括工程质量、施工进度、安全防护、文明施工以及环境污染防治等各项措施。

(4) 施工总平面布置图。

(5) 总包和分包的分工范围及交叉施工部署等。

3. 施工组织设计编制程序

(1) 分析原始资料（拟建工程地区的地形、地质、水文、气象、当地材料、交通运输等）及工地临时给水、动力供应等施工条件。

(2) 确定施工场地和道路、堆场、附属设施、仓库以及其他临时建筑物可能的布置情况。

(3) 考虑自然条件对施工可能带来的影响和必须采取的技术措施。

（4）确定各工种每月可以施工的有效工日和冬、夏季及雨季施工技术措施的参数。

（5）确定各种主要材料的供应方式和运输方式，可供应的施工机具设备数量与性能，临时给水和动力供应设施的条件等。

（6）根据工程规模和等级，以及对工程所在地区地形、地质、水文等条件的分析研究，拟定施工导流方案。

（7）研究主体工程施工方案，确定施工顺序，编制整个工程的进度计划。

（8）当大致确定了工程总的进度计划以后，即可对主要工程的施工方案作出详细的规划计算，进行施工方案的优化，最后确定选用的施工方案及有关的技术经济指标，并用平衡调整修正进度计划。

（9）根据修订后的进度计划，即可确定各种材料、物件、劳动力及机具的需要量，以此来编制技术与生活供应计划，确定仓库和附属企业的数量、规模及工地临时房屋需要量，工地临时供水、供电、供风设施的规模与布置。

（10）确定施工现场的总平面布置，绘制施工总平面布置图。

（二）施工临时设施的设计

1. 施工交通运输设计

（1）对外交通运输设计的主要内容：

——估算总运量，计算年运输量及日运输量。

——选择对外交通运输方式。

——配合施工总平面布置进行场内交通运输设计。

——研究运输组织，提出交通运输工具种类、规格、数量、劳动定员。

——安排交通运输施工计划。

（2）选择运输方案应遵守的原则：

——线路运输能力满足工程施工期间大宗物资、材料和设备的需求，满足超重、超限件运输的要求。

——运输物资的中转环节少，运费省，及时、安全、可靠。

——结合当地运输发展规划，充分利用已有国家、地方交通道路和其他工矿企业专用线。

（3）选择超限件运输应考虑的因素：

——超限件名称、型号、数量，解体后单件重量，运输外形尺寸、承重面积及相应的图纸资料。

——设备安装进度。

——装卸、运输方式和条件。

——减少超限件转运次数。

（4）场内交通运输设计的主要内容：

——场内主要交通干线的运输量和运输强度。

——场内交通主要线路的规划、布置和标准。

——场内交通运输线路、工程设施和工程量。

2. 施工工厂设施设计

（1）施工工厂设施的任务：

——制备施工所需的建筑材料。

——供应水、电和压缩空气。

——建立工地内外通信联系。

——维修和保养施工设备。

——加工制作少量的非标准件和金属结构。

（2）主要施工工厂设施。

1）混凝土生产系统。混凝土生产系统的规模应满足质量、品种、出机口温度和浇筑强度的要求，单位小时生产能力可按月高峰强度计算，月有效生产时间可按 500h 计，不均匀系数 K_n 按 1.3～1.5 考虑，并按充分发挥浇筑设备的能力校核。

根据设计进度计算的高峰月浇筑强度，计算混凝土浇筑系统单位小时生产能力计算公式为

$$q_m = K_n Q_m / (MN) \qquad (5-1)$$

式中　q_m——小时生产能力，m^3/h；

　　　K_n——小时不均匀系数，可取 1.3～1.5；

　　　Q_m——混凝土高峰浇筑强度，$m^3/月$；

　　　M——每月工作天数，天，一般取 25 天；

　　　N——每天工作小时数，h，一般取 20h。

2）混凝土制冷/热系统。

混凝土制冷系统：混凝土的出机口温度较高，不能满足温度控制要求时，拌和料应进行预冷。选择混凝土预冷材料时，主要考虑用冷水拌和、加冰搅拌、预冷骨料等，一般不把胶凝材料（水泥、粉煤灰等）选作预冷材料。

混凝土制热系统：低温季节混凝土施工时，提高混凝土拌和料温度宜用热水拌和及进行骨料预热，水泥不应直接加热。低温季节混凝土施工气温标准为，当日平均气温连续 5 天稳定在 5℃以下或最低气温连续 5 天稳定在−3℃以下时，应按低温季节进行混凝土施工。

3）砂石料加工系统。砂石加工厂通常由破碎、筛分、制砂等车间和堆场组成，同时还设有供配电、给排水、除尘、降低噪音和污水处理等辅助设施。

4）机械修配及综合加工系统。综合加工厂是由混凝土预制构件厂、钢筋加工厂和木材加工厂组成。

机械修配厂的厂址应靠近施工现场，便于施工机械和原材料运输，附近有足够场地存放设备、材料并靠近汽车修配厂。

5）风、水、电、通信及照明。压缩空气系统：主要是供石方开挖、混凝土施工、水泥输送、灌浆、机电及金属结构安装所需的压缩空气。压气站位置宜靠近用气负荷中心、接近供电和供水点，处于空气洁净、通风良好、交通方便、安静和防震的场所。

供水系统：主要供工地施工用水、生活用水和消防用水。施工供水量应满足不同时期日高峰生产和生活用水需要，并按消防用水量进行校核。

施工供电系统：主要包括施工用电负荷及用电量计算、施工电源方式选择、施工变电所主接线的选择、施工照明负荷计算及照明方式、改善功率因数措施等。

施工通信系统：符合迅速、准确、安全、方便的原则。

二、施工现场规划与总平面布置

(一) 施工总布置及其施工分区规划

1. 施工总布置应遵循的原则

(1) 贯彻执行合理利用土地的方针。

(2) 因地制宜、因时制宜、有利生产、方便生活、易于管理、安全可靠、经济合理。

(3) 注重环境保护、减少水土流失。

(4) 充分体现人与自然的和谐相处。

2. 施工总布置着重研究的内容

(1) 施工临时设施项目的组成、规模和布置。

(2) 对外交通衔接方式、站场位置、主要交通干线及跨河设施的布置情况。

(3) 可利用场地的相对位置、高程、面积。

(4) 供生产、生活设施布置的场地。

(5) 临时建筑工程和永久设施的结合。

(6) 应做好土石方挖填平衡,统筹规划堆渣、弃渣场地;弃渣处理符合环境保护及水土保持要求。

3. 施工总布置分区

(1) 主体工程施工区。

(2) 施工工厂设施区。

(3) 当地材开采加工区。

(4) 仓库、站、场、厂、码头等储运系统。

(5) 机电、金属结构和大型施工机械设备安装场地。

(6) 工程存、弃料堆放区。

(7) 施工管理及生活营区。

4. 施工分区规划布置应遵守的原则

(1) 以混凝土建筑物为主的枢纽工程,施工区布置宜以砂、石料的开采、加工和混凝土拌和、浇筑系统为主;以当地材料坝为主的枢纽,施工区布置宜以土石料开采和加工、堆料场和上坝运输线路为主。

(2) 金属结构、机电设备安装场地应靠近主要安装地点。

(3) 施工管理及生活应取得布置考虑风向、日照、噪音、绿化、水源水质等因素,与生产设施应有明显界限。

(4) 主要物资仓库、站场等储运系统宜布置在场内外交通衔接处。

(5) 施工分区规划布置考虑施工活动对周围环境的影响,避免噪声、粉尘等污染对敏感区的危害。

(二) 施工总平面图

1. 施工总平面图的主要内容

(1) 施工用地范围。

(2) 一切地上和地下的已有和拟建的建筑物、构筑物及其他设施的平面位置与尺寸。

（3）永久性和半永久性坐标位置。

（4）场内取土和弃土的区域位置。

（5）为工程服务的各种临时设施的位置。包括：施工导流建筑物，交通运输系统，料场及其加工系统，各种仓库、料堆、弃料场等，混凝土制备及浇筑系统，机械修配系统，金属结构、机电设备和施工设备安装基地，风、水、电供应系统，其他施工工厂，办公及生活用房，安全防火设施及其他。

2. 施工总平面的布设要求

（1）在保证施工顺利进行的情况下，尽量少占耕地。在进行大规模水利水电工程施工时，要根据各阶段施工平面图的要求，分期分批地征用土地，以便做到少占土地或缩短占用土地时间。

（2）临时设施最好不占用拟建永久性建筑物和设施的位置，以避免拆迁这些设施所引起的损失和浪费。

（3）满足施工要求的前提下，最大限度地降低工地运输费。为降低运输费用，必须合理地布置各种仓库、起重设备、加工厂及其他工厂设施，正确选择运输方式和铺设工地运输道路。

（4）满足施工需要的前提下，临时工程的费用应尽量减少。

（5）工地上各项设施，应明确为工人服务，而且使工人在工地上因往返而损失的时间最少。

（6）遵循劳动保护和安全生产等要求。施工临时房屋之间必须保持一定的距离，储存燃料及易燃物品（如汽油、柴油等）的仓库，距拟建工程及其他临时性建筑物不得小于50m。在道路交叉处应设立明显的标志。工地内应设立消防站、消防栓、警卫室等。

三、施工进度计划的编制与进度保证措施

（一）水利水电工程施工组织设计的编制

1. 施工进度计划的表达方法

施工进度计划有以下几种表达方法：

（1）横道图。

（2）工程进度曲线。

（3）施工进度管理控制曲线。

（4）形象进度图。

（5）网络进度计划。

2. 横道图

用横道图表示的施工进度计划，一般包括两个基本部分，即左侧的工作名称及工作的持续时间等基本数据部分和右侧的横道线部分。如图 5-3 所示为某水闸工程用横道图表示的施工进度计划。该计划明确表示出各项工作的划分、工作的开始时间和完成时间、工作的持续时间、工作之间的相互搭接关系，以及整个工程项目的开工时间和完工时间等。

横道图计划的优点是形象、直观，且易于编制和理解，因而长期以来被广泛应用于建设工程进度控制中，但利用横道图表示工程进度计划存在以下缺点：

项　目	1月	2月	3月	4月	5月	6月	7月	8月
基础开挖								
底板施工								
闸室施工								
闸门及启闭机安装								

图 5-3　某水闸工程施工进度计划横道图

（1）不能明确反映出各项工作之间错综复杂的相互关系，因而在计划执行的过程中，当某些工作的进度由于某种原因提前或拖延时，不便于分析其对其他工作及总工期的影响程度，不利于建设工程进度的动态控制。

（2）不能明确地反映出影响工期的关键工作和关键线路，也就无法反映出整个工程项目的关键所在，不便于进度控制人员抓住主要矛盾。

（3）不能反映工作所具有的机动时间，看不到计划的潜力所在，无法进行最合理的组织和指挥。

（4）不能反映工程费用与工期之间的关系。

3. 工程进度曲线

该方法是以时间为横轴，以完成累计工程量（该工程量表示内容可以是实物量的大小、工时消耗或费用支出额，也可以用相应的百分比来表示）为纵轴，按计划时间累计完成任务量的曲线作为预定的进度计划。从整个项目的实施进度来看，由于项目初期和后期进度比较慢，因而进度曲线大体呈 S 形，如图 5-4 所示。

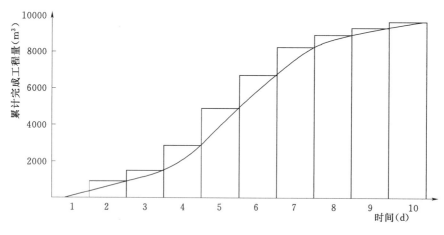

图 5-4　工程进度 S 曲线

按计划时间累计完成任务量的曲线作为预定的进度计划，将工程项目实施过程中各检查时间实际累计完成任务量的 S 曲线也绘制于同一坐标系中，对实际进度与计划进度进行比较，如图 5-5 所示。

4. 双代号网络计划

（1）双代号网络计划的绘图规则：

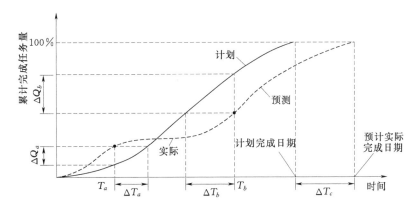

图 5-5　实际进度与计划进度比较曲线

ΔT_a—T_a 时刻实际进度超前的时间；ΔQ_a—T_a 时刻超额完成的任务量；ΔT_b—T_b 时
实际进度拖后的时间；ΔQ_b—T_b 时刻拖欠的任务量；ΔT_c—工期拖延预测值。

1）双代号网络图必须正确表达已定的逻辑关系。

2）双代号网络图中，严禁出现循环回路。

3）双代号网络图中，在节点之间严禁出现带双向箭头或无箭头的连线。

4）双代号网络图中，严禁出现没有箭头节点或没有箭尾节点的箭线。

5）绘制网络图时，箭线不宜交叉；当交叉不可避免时，可用过桥法或指向法。

6）双代号网络图中，应只有一个起点节点；在不分期完成任务的网络图中，应只有一个终点节点，其他所有节点均应是中间节点。

（2）双代号网络进度计划时间参数。在水利工程施工进度计划中，网络计划的时间参数是确定工程计划工期、确定关键线路、关键工作的基础，也是判断非关键工作机动时间和进行计划优化、计划管理的依据。时间参数计算的内容主要有：确定各项工作的最早开始时间、最迟开始时间、最早完成时间、最迟完成时间、节点的最早时间、节点的最迟时间及工作的时差。

1）最早开始时间：指一项工作要等它的紧前工作全部完成后，本工作有可能开始的最早时刻，这一时刻就是该工作的最早开始时间，用 ES_{i-j} 表示。

2）最早完成时间：指一项工作以其最早开始的时间开工，经过完成该项工作所必需的历时后结束，这个结束时刻就是该工作的最早完成时间，用 EF_{i-j} 表示。

3）最迟完成时间：指不影响工程总工期的条件下，一项工作必须完成的最迟时间，这一时间是该工作的最迟完成时间，用 LF_{i-j} 表示。

4）最迟开始时间：指不影响工程总工期的条件下，一项工作必须开始的最迟时刻，这一时刻就是该工作的最迟开始时间，用 LS_{i-j} 表示。

5）工作总时差：指在不影响工程工期的条件下，一项工作所具有的机动时间，用 TF_{i-j} 表示。

6）自由时差：指在不影响其紧后工作最早开始的前提下，该工作所具有的机动时间，用 FF_{i-j} 表示。

（二）水利工程施工进度计划的保证措施

1. 组织措施

（1）建立进度控制目标体系，明确现场管理组织机构中进度控制人员及其职责分工。

（2）建立进度计划实施过程中的检查分析制度。

（3）建立进度协调会议制度，包括协调会议举行的时间、地点、协调会议的参加人员等。

（4）编制年度进度计划、季度进度计划和月（旬）作业计划，将施工进度计划逐层细化，形成一个旬保月、月保季、季保年的计划体系。

2．技术措施

（1）抓好施工现场的平面管理，合理布置施工现场的拌和系统、钢筋加工、模板、材料堆场，确保水、电、动力良好的供应，确保道路畅通，场地平整。创造高效有序的施工条件。

（2）抓住关键部位、按时完成控制进度的里程碑节点。抓住关键部位和进度计划上的关键工序的按时完成，总工期才能有保障。由于水利工程野外作业，受自然因素影响比较大，若延误了有利时机，就会对工期造成严重影响。

（3）采用网络计划技术及其他科学适用的计划方法，对建设工程进度实施动态控制。

（4）优化施工方法与方案，利用价值工程理论，确定主体工程各分部的施工方法。组织技术人员研讨施工方案，优选施工机械设备，适时投入。

（5）抓好现场管理和文明施工，为工程施工创造良好的环境。

3．经济措施

抓好资金管理，确保项目资金专款专用，没有充足的资金保证，需要的材料、设备就没有办法投入，工期就无法保障。

4．合同措施

（1）抓好原材料质量控制和及时供应，确保供应及时和质量合格。

（2）抓好班组的承包兑现，提高广大职工的积极性。

（3）履行自我的合同责任，服务好有关协作单位，创造良好的协作氛围。

（4）服务建设的协调管理，接受监理单位的监督与指导。

（5）加大奖励力度，保证节假日及赶工期间现场施工人员的稳定。

（6）加强合同管理，协调合同工期与进度计划之间的关系，保证合同中进度目标的实现。

（7）加强风险管理，在合同中应充分考虑风险因素及其对进度的影响，以及相应的处理方法。

四、施工前的人员、物资准备工作

承包人接到监理单位发出的开工通知后，应立即组织人员和施工设备进驻施工现场进行施工前的准备工作。

（一）组织施工人员和设备进场

（1）按照投标文件的承诺组建施工现场项目部，项目部主要管理人员必须按照投标文件的要求及时进场开展工作。主要管理人员包括：项目经理、技术负责人、质量管理人员、安全管理人员、档案资料管理人员、后勤保障管理人员等。

（2）制定管理制度。施工现场的管理制度是工程有序施工的重要保障，承包人进场后，应根据工程特点制定相应的管理制度，并上墙公布，同时管理制度必须与具体人员相对应。

（3）按照施工组织设计布置工程施工现场，进行临时设施的建设。

（4）组织和调运施工设备。按照经批准的施工组织设计和工程进度计划，组织相应的施工设备进场。调运的设备一定要与工程进度相适应，应尽量避免施工设备闲置，提高施工设备的有效利用率；同时在保证工程进度的情况下，适当留有余地。

（二）工程材料管理

工程材料（包括原材料、半成品、成品、构配件）是构成工程实体的物质基础，也是有效保证工程建设质量的基础，承包人应严格按照设计标准和招标文件的要求做好工程材料采购、保管工作。对于施工材料的来源一般有两种形式：一是由建设单位提供；二是由承包人自行采购。本部分主要讨论对于承包人自行采购材料的管理问题。

1. 材料的采购

承包人在材料采购订货之前，应广泛收集市场信息，并进行分析研究后，向监理单位申报并提出采购计划，其中包括所拟采购材料的规格、品种、型号、数量、单价，同时提供材料生产厂家的基本情况（厂家的生产规模、产品的品种、质量保证措施、生产业绩和厂家的信誉等）和样品供监理工程师审查。经监理工程师审查确认后，承包人才能正式进行材料的采购订货。

2. 材料进场后的管理

材料进场后，承包人应填写材料报验申请表，并附上有关证明文件报送监理单位审查，同时承包人还应对进场材料按规定进行自检和复检，自检和复检的结果应报监理单位检查确认。对于监理检查不合格的材料，监理应签发《监理工程师通知单》，通知承包人将不合格材料撤离施工现场。

经监理工程师检查确认合格的材料，承包人应分类妥善保管，加快材料周转，减少材料的积压，做到既能保质、保量、按期供应施工所需，又能降低费用，提高效益。

第三节 施 工 成 本 管 理

施工成本管理是承包人项目管理的一个关键任务，从工程投标报价开始直至项目竣工结算完成为止，贯穿项目实施的全过程。包括施工成本计划、施工成本控制、成本分析、成本考核等。

一、施工成本计划

施工成本计划是以货币的形式编制施工项目在计划期内的生产费用、成本水平、成本降低率以及为降低成本所采取的主要措施和规划的书面方案，它是建立在施工项目成本管理责任制、开展成本控制和核算的基础，是项目成本降低的指导文件。

（一）施工成本计划编制的依据

编制施工成本计划，需要广泛收集相关资料并进行整理，以作为施工成本计划编制的依据。在此基础上，根据有关设计文件、工程承包合同、施工组织设计、施工成本预测资料等，按照施工项目应投入的生产要素的变化和拟采取的各种措施，估算施工项目生产费用支出的总体水平，进而提出施工项目的成本控制指标，确定目标成本。将目标成本分解落实到各个机构、班组，便于进行控制的子项目或工序。

施工成本编制的依据：

（1）投标报价文件。

（2）企业定额、施工预算。

（3）施工组织设计或施工方案。

（4）人工、材料、机械台班的市场价格。

（5）企业颁布的材料指导价格、企业内部机械台班价格、劳动力内部价格。

（6）周转设备内部租赁价格、摊销损耗标准。

（7）已签订的工程合同、分包合同。

（8）结构件外加工计划和合同。

（9）有关财务成本核算制度和财务历史资料。

（10）施工成本预测资料。

（11）拟采取的降低施工成本的措施。

（二）施工成本组成

施工成本计划的编制以成本预测为基础，关键是确定目标成本。了解施工成本的构成是制定施工成本计划的基础内容，目前我国建筑安装工程费由直接费、间接费、利润和税金组成，详见图 5－6。

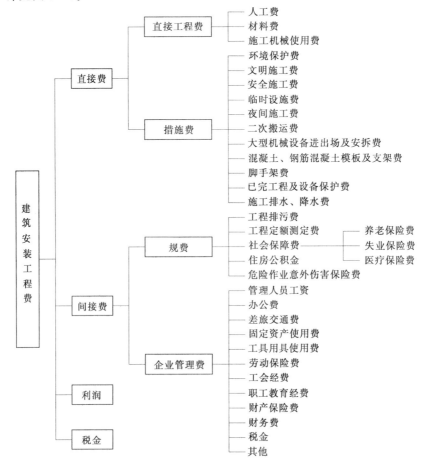

图 5－6　水利建筑安装工程费组成图

施工成本可以按成本组成分解为人工费、材料费、施工机械使用费、措施费和间接费，见图5-7。

图5-7　施工成本组成示意图

（三）施工成本计划的编制方法

1. 按照项目组成编制成本计划的方法

大中型水利工程项目一般由若干个单位工程组成，而每个单位工程又包括多个分部工程。同时在工程施工中，将一个工程项目划分为不同的合同包，承包给不同的承包人。因此承包人会将自己所承包的项目总施工成本分解到每个单位工程，再进一步分解到分部工程和分项工程中，见图5-8。

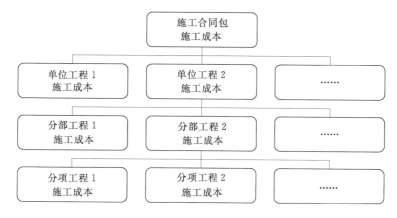

图5-8　施工合同包成本分解图

在完成施工成本目标分解后，就要具体分配成本，编制分项工程的成本支出计划，从而得出详细的成本计划表，见表5-1。

表5-1　　　　　　　　　　　　　分项工程成本计划表

项目序号	项目编码	项目名称	计量单位	工程数量	计划成本	分项成本合计
（1）	（2）	（3）	（4）	（6）	（7）	（8）

在编制成本计划时，要在总体施工项目方面考虑预备费，也要在主要分项工程中安排适当的不可预备费，避免在具体编制成本计划时，由于主要项目工程量有较大出入，使原来成本预算失实。

2. 按照工程进度编制施工成本计划的方法

按工程施工进度编制施工成本计划，通常可以利用控制项目进度的网络图进一步扩充而得，即在建立网络图时，一方面确定完成各项工作所需花费的时间；另一方面将各项目的费

用按照施工进度进行分配，做出施工进度成本计划。一般用时间—成本累积曲线表示。

时间—成本累积曲线绘制步骤如下：

（1）确定工程项目进度计划，编制进度计划的横道图。

（2）根据单位时间内完成的实物工程量或投入的人力、物力和财力，计算单位时间（月或旬）的成本，在时标网络图上按时间编制成本支出计划，见图5-9。

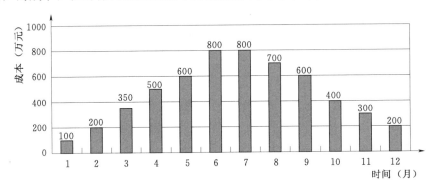

图 5-9　时标网络图上按月编制的成本计划

（3）计算规定时间 t 计划累积支出的成本额，其计算方法为：各单位时间计划完成的成本额累加求和，可按式（5-2）计算：

$$Q_t = \sum_{n=1}^{t} q_n \qquad (5-2)$$

式中　Q_t——某时间 t 内计划累积支出成本额；

　　　q_n——单位时间 n 内计划支出成本额；

　　　t——某规定计划时刻。

（4）按各规定时间的 Q_t 值，绘制 S 形曲线，如图5-10所示。

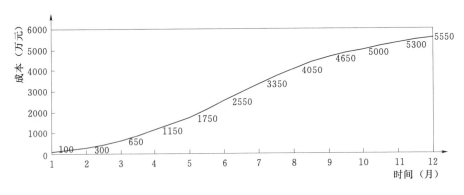

图 5-10　时间—成本累积曲线

每一条 S 形曲线都对应某一特定的工程进度计划。因为在进度计划的非关键线路中存在许多有时差的工序或工作，因而 S 形曲线（成本计划值曲线）必然包络在由全部工作都按最早开始时间开始和全部完成工作都按最迟必须开始时间开始的曲线所组成的"香蕉图"内。项目经理可根据编制的成本支出计划来合理安排资金，同时项目经理也可根据筹措的资金来调整 S 形曲线，即通过调整非关键线路上的工序项目的最早或最迟开工时间，力争将实际成本支出控制在计划的范围内。

以上三种编制施工成本计划的方法并不是相互独立的，在实践中，往往是将这几种方式结合起来使用，从而可以取得扬长避短的效果。

二、施工成本控制

(一) 成本控制的依据

1. 工程承包合同

施工成本控制要以工程承包合同为依据，围绕降低工程成本这个目标，从预算收入和实际成本两方面，努力挖掘节支潜力，以求获得最大的经济效益。

2. 施工成本计划

施工成本计划是根据施工项目的具体情况制定的施工成本控制方案，既包括预定的具体成本控制目标，又包括实现控制目标的措施和规划，是施工成本控制的指导文件。

3. 进度报告

进度报告提供了当前工程实际完成量，工程施工成本实际支付情况等重要信息。施工成本控制工作正是通过实际情况与施工成本计划相比较，找出二者之间的差额，分析偏差产生的原因，从而采取措施改进以后的工作。此外，进度报告还有助于管理者及时发现工程实施过程中影响工程进度的隐患，并在事态还未造成重大损失前采取有效措施，尽量避免损失。

4. 工程变更

在项目实施过程中，由于各方面的原因，工程变更是很难避免的。工程变更一般包括设计变更、进度计划的变更、施工条件变更、施工次序变更、工程数量变更等。一旦出现变更，工程量、工期、成本都必将发生变化，从而使得施工成本控制工作变得更加复杂和困难。因此，施工成本控制管理人员就应当通过对变更要求当中各类数据的计算、分析，随时掌握变更情况，包括已发生工程量、将要发生工程量、工期是否拖延、支付情况等重要信息，判断变更以及变更可能带来的索赔额度等。

除了以上几种施工成本控制工作的主要依据外，还有施工组织设计、分包合同等。

(二) 施工成本控制的步骤

施工成本计划确定后，定期进行施工成本计划值与实际值比较，当实际值偏离计划值时，分析产生偏差的原因，采取适当纠偏措施，以确保施工成本控制目标的实现。步骤如下。

1. 比较

按照某种确定方式将施工成本计划值与实际值逐项进行比较，以检查施工成本是否已超支。

2. 分析

在比较的基础上，对比较的结果进行分析，以确定偏差的严重性及偏差产生的原因。这一步是施工成本控制工作的核心，其主要目的是根据找出产生偏差的原因，从而采取有针对性的措施，减少或避免相同问题的再次发生以减少由此造成的损失。

3. 预测

按照完成情况估计完成项目所需的分项费用及其总费用。

4. 纠偏

当工程项目的实际施工成本出现了偏差，应当根据工程的具体情况、偏差分析和预测的结果，采取适当的措施，以期达到使施工成本偏差尽可能小的目的。纠偏是施工成本控制中最具实质性的一步。只有通过有针对性的纠偏，才能实现成本的动态控制和主动控制，最终达到有效控制施工成本的目的。

纠偏首先要确定纠偏的主要对象，在确定了纠偏的主要对象之后，就需采取有针对性的纠偏措施。纠偏措施可采用组织措施、经济措施、技术措施和合同措施等。

5. 检查

指对工程的进展进行跟踪和检查，及时了解工程进展状况以及纠偏措施的执行情况和效果，为下一步工作积累经验。

(三) 施工成本控制的方法

1. 施工成本的过程控制方法

(1) 人工费的控制。人工费控制实行"量价分离"的方法，将作业用工及零星用工按定额工日的一定比例综合确定用工数量和单价，通过劳务合同进行控制。

(2) 材料费的控制。

1) 材料用量控制。在保证符合设计要求和质量标准的前提下，合理使用材料，通过定额管理、计量管理等手段有效控制材料物资的消耗。

定额控制：对于有消耗定额的材料，以消耗定额为依据，实行限额发料制度。在规定限额内分期分批领用，超过限额领用的材料，必须先查明原因，经过一定审批手续方可领料。

指标控制：对于没有消耗定额的材料，实行计划管理和按指标控制的办法。根据以往项目的实际耗用情况，结合具体施工项目的内容和要求，制定领用材料指标，以此控制发料。超过指标的材料，必须经过一定的审批手续方可领用。

计量控制：准确做好材料物资的收发计量检查和投料计量检查。

包干控制：在材料使用过程中，对部分小型及零星材料，根据工程量计算出所需材料量，将其折算成费用，由作业者包干控制。

2) 材料价格的控制。控制材料价格主要是通过掌握市场信息，应用招标和询价等方式控制材料、设备的采购价格。

(3) 施工机械使用费的控制。施工机械使用费主要由台班数量和台班单价两方面决定，为有效控制施工机械使用费支出，主要从以下几方面进行控制：

1) 合理安排施工生产，加强设备租赁计划管理，减少因安排不当引起的设备闲置。

2) 加强机械设备的调度工作，尽量避免窝工，提高现场设备利用率。

3) 加强现场设备的维修保养，避免因不正确使用造成机械设备的故障停置。

4) 做好机上人员与辅助生产人员的协调与配合，提高施工机械台班产量。

(4) 施工分包费用的控制。分包工程价格的高低，必然对项目经理部的施工项目成本产生一定的影响。因此，施工项目成本控制的重要工作之一是对分包价格的控制。对分包费用的控制，主要是要做好分包工程的询价、订立平等互利的分包合同、建立稳定的分包关系网络、加强施工验收和分包结算等工作。

2. 挣得值（也称赢得值）法

挣得值法（Earned Value Management，EVM）作为一项先进的项目管理技术，最初由美国国防部于 1967 年首次确立。到目前，国际上先进的工程公司已普遍采用挣得值法进行工程项目的费用、进度综合分析控制。用此法进行费用、进度综合分析控制，基本参数有三项，即已完工作预算费用、计划工作预算费用和已完工作实际费用。

（1）三个基本参数。

1）已完工作预算费用：简称 BCWP（Budgeted Cost for Work Performed），是指在某一时间已经完成的工作（或部分工作），以批准认可的预算（已完成工作的投标报价费用）为标准所需的资金总额，由于业主是根据这个值为承包人完成的工作量支付相应的费用，也就是承包人获得（挣得）的金额，故称为挣值（赢值）。

$$已完工作预算费用(BCWP) = 已完成工作量 \times 预算(计划)单价$$

2）计划工作预算费用：简称 BCWS（Budgeted Cost for Work Scheduled），是指根据进度计划，在某一时刻应当完成的工作（或部分工作），以预算为标准所需的资金总额，一般来说，除非合同有变更，BCWS 在工程实施过程中应保持不变。

$$计划工作预算费用(BCWS) = 计划工作量 \times 预算(计划)单价$$

3）已完工作实际费用：简称 ACWP（Actual Cost for Work Performed），是指到某一时刻为止，已完成的工作（或部分工作）所实际花费的总额。

$$已完工作实际费用(ACWP) = 已完成工程量 \times 实际单价$$

（2）挣得值的四个评价指标。在三个基本参数的基础上，可以确定挣得值法的四个评价指标，它们都是时间的参数。

1）费用偏差（CV）：

$$费用偏差(CV) = 已完工作预算费用(BCWP) - 已完工作实际费用(ACWP)$$

当费用偏差（CV）为负值时，表示项目运行超出预算费用；当费用偏差（CV）为正值时，表示项目运行节支，实际费用低于预算费用。

2）进度偏差（SV）：

$$进度偏差(SV) = 已完工作预算费用(BCWP) - 计划工作预算费用(BCWS)$$

当进度偏差（SV）为负值时，表示进度延误，即实际进度落后于计划进度；当进度偏差（SV）为正值时，表示进度提前，即实际进度快于计划进度。

3）费用绩效指数（CPI）：

$$费用绩效指数(CPI) = 已完工作预算费用(BCWP) / 已完工作实际费用(ACWP)$$

当费用绩效指数 CPI<1 时，表示超支，即实际费用高于预算费用；

当费用绩效指数 CPI>1 时，表示节支，即实际费用低于预算费用。

4）进度绩效指数（SPI）：

$$进度绩效指数(SPI) = 已完工作预算费用(BCWP) / 计划工作预算费用(BCWS)$$

当进度绩效指数 SPI<1 时，表示进度延误，即实际进度比计划进度落后；

当进度绩效指数 SPI>1 时，表示进度提前，即实际进度比计划进度快。

赢得值原理图如图 5-11 所示。

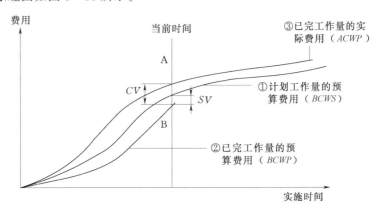

图 5-11　赢得值原理图

3. 偏差分析的表达方法

偏差分析可以采用不同的表达方法，常用的有横道图法、表格法和曲线法。

（1）横道图法。用横道图进行费用偏差分析，是用不同的横道标识已完工工作预算费用（BCWP）、计划工作预算费用（BCWS）和已完工作的实际费用（ACWP），横道的长度与其金额成正比例，见图 5-12。

单位：万元

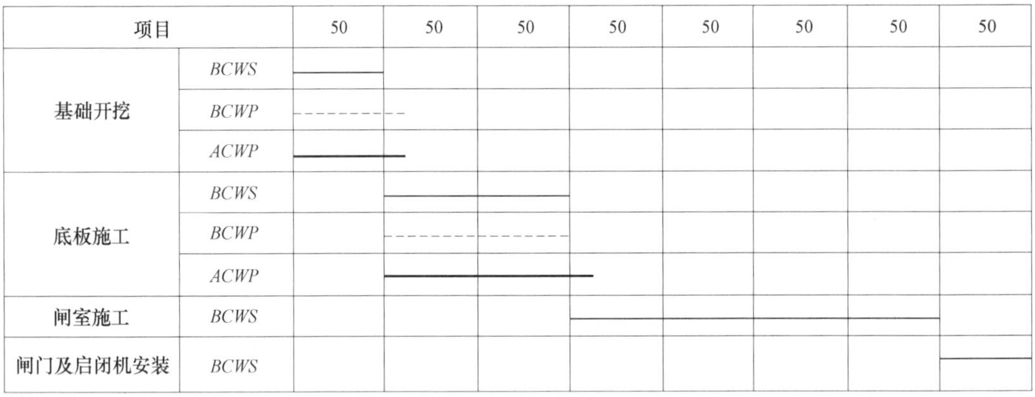

项目		50	50	50	50	50	50	50	50
基础开挖	BCWS								
	BCWP								
	ACWP								
底板施工	BCWS								
	BCWP								
	ACWP								
闸室施工	BCWS								
闸门及启闭机安装	BCWS								

图 5-12　某一检查时刻某闸费用偏差横道图

横道图法具有形象、直观、一目了然等优点，它能够准确表达出费用的绝对偏差，而且能够直观感受到偏差的严重性。

（2）表格法。表格法是进行偏差分析最常用的一种方法。它将项目编码、名称、各费用参数以及费用偏差数综合归纳入一张表格中，并且直接在表格中进行比较。由于各偏差参数都在表中列出，使得费用管理者能够综合地了解并处理这些数据。

用表格法进行偏差分析具有如下优点：

1）灵活、适用性强，可以根据实际需要设计表格，进行增减项。

2）信息量大，可以反映偏差分析所需的资料，从而有利于费用控制人员及时采取针对性措施，加强控制。

3）表格处理可以借助计算机，从而节约大量数据处理所需的人力，并大大提高速度。

三、成本考核

施工成本考核的目的，在于贯彻落实责任权利相结合的原则，促进成本管理工作的健康发展，更好地完成施工项目的成本目标。在施工项目的成本管理中，项目经理和所属部门、施工队以及生产班组，都有明确的成本管理责任，而且有定量的责任成本目标。通过定期和不定期的成本考核，既可对他们加强督促，又可调动他们对成本管理的积极性。

施工项目的成本考核，可以分为两个层次：一是企业对项目经理的考核；二是项目经理对所属部门、施工队和班组的考核。通过层层考核，督促项目经理、责任部门和责任者更好地完成自己的责任成本，从而形成实现项目成本目标的层层保证体系。

(一) 施工项目成本考核的内容

施工项目成本考核的内容，应该包括责任成本完成情况的考核和成本管理工作业绩的考核。

1. 企业对项目经理考核的内容

（1）项目成本目标和阶段成本目标的完成情况。

（2）建立以项目经理为核心的成本管理责任制的落实情况。

（3）成本计划的编制和落实情况。

（4）对各部门、各施工队和班组责任成本的检查和考核情况。

（5）在成本管理中贯彻责权利相结合原则的执行情况。

2. 项目经理对所属各部门、各施工队和班组考核的内容

（1）对各部门的考核内容：

1）各部门、各岗位责任成本的完成情况。

2）各部门、各岗位成本管理责任的执行情况。

（2）对各施工队的考核内容：

1）对劳务合同规定的承包范围和承包内容的执行情况。

2）劳务合同以外的额外支出情况。

3）对班组施工任务单的管理情况，以及班组完成施工任务后的考核情况。

（3）对生产班组的考核内容：以分部分项工程成本作为班组的责任成本，以施工任务单和限额领料单的结算资料为依据，与施工预算进行对比，考核班组责任成本的完成情况。

(二) 施工项目成本考核的实施

1. 采取评分制

施工项目的成本考核采取评分制，具体方法为：先按考核内容评分，然后按 7∶3 的比例加权平均，即责任成本完成情况的评分为 7，成本管理工作业绩的评分为 3。这是一个人为设定的比例，施工项目可以根据实际情况进行调整。

2. 与相关指标的完成情况相结合

施工项目的成本考核要与相关指标的完成情况相结合，具体方法为：成本考核的评分是奖罚的依据，相关指标的完成情况为奖罚的条件。也就是在根据评分计奖的同时，还要

参考相关的完成情况进行嘉奖或扣罚。

与成本考核相结合的相关指标，一般有进度、质量、安全和现场标准化管理。下面以质量指标的完成情况为例说明如下：

（1）质量达到优良，按应得奖金加奖 20%。

（2）质量合格，奖金不加不扣。

（3）质量不合格，扣除应得奖金的 50%。

3. 强调项目成本的中间考核

项目成本中间考核，可以从以下两方面考虑：

（1）月成本考核。一般是在月成本报表编制以后，根据月成本报表的内容进行考核。在进行月成本考核时，不能单凭报表数据，还要结合成本分析资料和施工生产、成本管理的实际情况，然后才能作出正确的评价，推动今后的成本管理工作，保证项目成本的实现。

（2）阶段成本考核。项目的施工阶段，一般可分为分部分项、单位工程、单项工程等阶段。阶段成本考核的优点，在于能对施工某一阶段结束后的成本进行考核，可与施工阶段其他指标（如进度、质量等）的考核结合得更好，也更能反映施工项目的管理水平。

4. 准确考核施工项目的竣工成本

施工项目的竣工成本，是在工程竣工和工程款结算的基础上编制的，它是竣工成本考核的依据。

工程竣工，表示项目建设已经全部完成，并已具备交付使用的条件。而月度完成的分部分项工程，不具备使用条件，只能作为分期结算工程进度款的依据。因此，真正能够反映全貌而又正确的项目成本，是在工程竣工和工程款结算的基础上编制的。施工项目的竣工成本是项目经济效益的最终反映，它既是上缴利税的依据，又是进行职工分配的依据。由于施工项目的竣工成本关系到国家、企业、职工的利益，必须做到核算准确，考核准确。

5. 施工项目成本完成情况的奖罚

施工项目的经济奖罚，在月考核、阶段考核和竣工考核三种考核的基础上尽快兑现，不能只考核不奖罚，或者考核后拖了很久才奖罚。因为职工担心的，就是领导对贯彻责、权、利相结合的原则执行不力，忽视职工利益。

由于月成本和阶段成本都是假设性的，准确程度有限。因此，在进行月成本和阶段成本奖罚的时候留有余地，然后再按照竣工成本结算的奖金总额进行调整。

施工项目成本奖罚的标准，一方面，应通过经济合同的形式明确规定，经济合同规定的奖罚标准具有法律效力，任何人都不应中途变更或拒不执行。另一方面，通过经济合同明确奖罚标准以后，职工群众有了努力的目标，也会在实现项目成本目标中发挥更积极的作用。

确定施工项目成本奖罚标准的时候，必须从本项目的客观情况出发，既要考虑职工的利益，又要考虑项目成本的承受能力。在一般情况下，造价低的项目，奖金水平要定得低一些，造价高的项目，奖金水平可以适当提高。具体奖罚标准，应该经过认真测算再行确定。

第四节　施工质量管理

工程项目的施工阶段是工程实体逐步形成的过程，也是工程项目质量和工程使用价值最终形成和实现的阶段，因此也是工程项目质量管理的重要阶段。

一、影响施工质量的因素

影响工程施工质量的因素归纳起来有 5 个方面，即人的因素、材料因素、机械因素、方法因素和环境因素。其中人的因素是操作人员的质量意识、技术能力和工艺水平，施工管理人员的经验和管理能力；材料因素包括原材料、半成品和构配件的品质和质量，工程设备的性能和效率；方法因素包括施工方案、施工工艺技术和施工组织设计的合理性、可行性和先进性；环境因素主要指工程所在地的社会环境（如政治、法律制度、当地人的生活习惯、民族风俗、社会治安等）、工程技术环境（工程地质、地形地貌、水文地质、工程水文、气象等）、工程管理环境（如管理制度的健全与否、质量管理体系的完善与否、质量保证活动开展的情况等）和劳动环境。上述 5 方面因素都在不同程度上影响到工程的质量，所以施工阶段的质量管理，实际就是对这 5 因素实施监督和控制的过程。

（一）人的因素的控制

"人"主要是指直接参与工程项目的决策者、组织者、管理者和操作者，人是工程项目建设的实施者，人的素质，即人的思想意识、文化素质、技术水平、管理能力、工作经历和身体条件等，都直接和间接地影响到工程项目的质量。所以，为了保证工程项目的质量，必须对人的因素进行控制，既要充分发挥人的主观能动性，又要避免人的失误。要加强思想意识和劳动纪律的教育，专业技能和科学技术知识的培训，提高人的素质。

对人的因素的控制，主要侧重于人的资质、人的生理缺陷、人的心理缺陷、人的错误行为等几个方面。

1. 人的资质

（1）领导者。领导者主要包括经理、总工程师、总经济师、总会计师和各部门的负责人，他们是工程项目的决策者、组织者、指挥者、管理者和经营者，领导者的素质对保证工程项目的质量起着重要的作用。

领导者作为工程项目的指挥者和组织者，必须具有较高的思想水平、一定的文化素质、丰富的实践经验、较强的组织管理能力，善于协作配合，能够果断、正确地作出决策并采取有效的技术措施，领导职工完成各项任务。

（2）主要技术人员。主要技术人员应具有一定的文化素质，相应的专业资质和技术水平，丰富的实践经验和较强的组织管理水平。

（3）技术工人。技术工人应具有本专业的资质证书，有较丰富的专业知识和熟练的操作技能，熟悉操作规程和质量标准。

2. 人的生理缺陷

人的生理缺陷主要是指具有疾病，精神失常，智商过低（呆滞、接受能力差、判断能力差等），易紧张、冲动和兴奋，疲劳，对自然条件和环境不适应，应变能力差等。

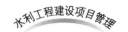

在工程施工过程中，承包人根据施工特点严格控制人的生理缺陷，如患有高血压、心脏病和恐高症的人，不应从事高空作业和水下作业；视力、听力较差的人，不应从事测量工作和以音响、灯光、旗语进行指挥的作业；反应迟钝、应变能力差的人，不应操作快速运转的机械等。

3. 人的心理缺陷

人的心理缺陷主要表现为心情不安，身心不支，注意力不集中等。人的心理缺陷常常会引起工作能力波动，产生厌倦和操作失误。所以在人的因素的控制中要分析人的心理变化，稳定人的思想情绪，防止工作失误。

4. 人的错误行为

人的错误行为表现为工作时打闹、玩耍、嬉笑、错听、错视、误动、误判、违章违纪、粗心大意、漫不经心、玩忽职守等。人的错误行为，都会引起质量问题或质量事故，必须及时制止。

（二）材料因素的控制

材料包括原材料、成品、半成品、构配件、仪器仪表、生产设备等，是工程项目的物质基础，也是工程实体的组成部分。

材料因素重点控制几个以下方面：

（1）收集和掌握材料的信息，通过分析论证优选供货厂家，以保证购买优质、廉价、能如期供货的材料，经监理工程师签字确认后，承包人进行采购订货。

（2）合理组织材料的供应，确保工程的正常施工。

（3）对材料进行严格的检查验收，确保材料的质量。

（4）实行材料的使用认证，严防材料的错误使用。

（5）严格按规范、标准的要求组织材料的检验，材料的取样、试验操作均应符合规范要求。

（6）对于工程中所用主要设备，承包人应严格按照设计文件或标书中所规定的规格、品种、型号和技术性能进行采购，并经监理工程师检查确认后方可安装、施工。

（三）机械因素的控制

施工机械是实施工程项目施工的物质基础，是现代化施工必不可少的手段。施工设备的选择是否适用、先进和合理，将直接影响工程项目的施工质量和进度。承包人应按照工程项目的布置、结构型式、施工现场条件、施工程序、施工方法和施工工艺，进行施工机械型式和主要性能参数的选择。并制定相应的使用操作制度，严格执行。

（四）方法因素的控制

所谓方法，主要是指工程项目的施工组织设计、施工方案、施工技术措施、施工工艺、检测方法和措施等。

采取的"方法"是否得当，直接影响到工程项目的质量形成，特别是施工方案是否合理和正确，不仅影响到施工质量，还对施工的进度和费用产生重要影响。因此承包人要结合工程实际情况，从技术、组织、管理、经济等方面进行全面分析和论证，确保施工方案在技术上可行、经济上合理、方法先进、操作简便，既能保证工程项目质量，又能加快施工进度，降低成本。

（五）环境因素的控制

影响工程项目的环境因素很多，归纳起来有 4 个方面，即社会环境、工程技术环境、工程管理环境和劳动环境。

（1）社会环境。主要包括政治、法律制度、当地人的生活习惯、民族风俗、社会治安等环境。

（2）工程技术环境。主要包括工程地质、地形地貌、水文地质、工程水文、气象等因素。

（3）工程管理环境。主要包括质量管理体系、质量管理制度、质量保证活动等。

（4）劳动环境。主要包括劳动组合、劳动工具、施工工作面等。

在工程项目施工中，环境因素是不断变化的，如施工过程中气温、湿度、降水、风力等。前一道工序为后一道工序提供了施工环境，施工现场的环境也是变化的。不断变化的环境对工程项目的质量产生不同程度的影响。为保证工程项目施工正常、有序地进行，以及工程项目质量的稳定，承包人根据工程项目特点和施工具体条件，采取相应的有效措施，对影响质量的环境因素进行严格的控制。

二、施工阶段的质量控制

施工阶段的质量控制主要从两个方面进行，一是内控，即承包人自我的质量控制；二是外控，即监理工程师通过对工程项目的施工质量，进行检查、抽检、签证等，使工程质量达到设计标准并符合规范要求。承包人进行施工质量的管理是施工质量管理的关键。

（一）施工阶段质量控制的主要内容

（1）承包人要建立和完善质量保证体系，配备相应的质量管理和检测人员，明确各自的职责和权限、工作方法和工作程序；配备所需的检测仪器和设备，以及有关的法规、标准和文件；做好质量内控的各项准备工作。

（2）承包人派驻现场的管理人员以及各种特殊岗位的人员必须符合施工合同和相应管理规程的要求。

（3）工程中所用的原材料、半成品、构配件、永久性设备和器材，必须符合设计要求和相应规程、规范的要求。在其进场后必须提供相应的合格证，并经监理工程师当场检查合格后，方可使用。

（4）承包人要按照施工组织设计和施工进度计划、施工方案和施工方法的要求，组织施工机械设备，设备的性能参数和数量必须满足工程施工需要。

（5）承包人在开工前要按照投标文件的技术条款，编制施工组织总体设计和单位工程施工组织设计方案。施工组织总体设计是在招标阶段承包人提交的施工组织的基础上，进一步详细和完善的施工文件，该施工组织设计经监理工程师审查确认后，即作为施工承包合同文件的一部分，不得任意变动。在施工阶段，承包人在施工组织总体设计的基础上，根据工程的特点和施工现场的具体情况，编制详细的单位工程或重点工程的施工组织设计或施工计划和施工质量保证措施，并提交监理工程师审查，经审查批准后，承包人即应遵守该文件施工，不得任意改动。

编制施工组织总体设计时，应着重注意以下问题：

1）施工组织总体设计要符合国家的方针、政策、法律，要符合"安全第一，保证质量"的原则。

2）施工组织总体设计的工期目标和质量目标要符合施工承包合同中的规定和要求。

3）施工组织总体设计中的施工布置和施工程序要符合工程特点、施工工艺和设计文件要求，施工总平面图的布置要与地形、地貌、建筑平面相协调。

4）施工组织总体设计所选的施工技术要先进、可靠。

5）技术管理和质量保证措施要切实可行和有效。

6）所用的安全、卫生、消防、环保和文明施工措施要切实可行并符合有关规定的要求。

编制单位工程施工组织设计时，应着重注意以下问题：

1）施工质量管理体系要健全、有效。

2）施工总平面布置要合理，并有利于正常施工和保证施工质量。

3）要根据工程地质特点和场区环境状况，制定保证施工质量和安全的具体措施。

4）对于主要分部分项工程的施工和特殊条件下（如炎热、严冬、雨季等）的施工，制定有针对性的保证施工质量和安全的施工组织技术措施。

编制施工技术方案时，应着重注意以下问题：

1）施工程序要合理，要充分考虑和有效避免施工中的交叉作业所造成的相互干扰和对施工质量及施工安全的影响。

2）施工机械设备的型式、性能和数量要能满足施工的要求，要与所拟定的施工组织方式相适应，要能保证施工质量、施工效率和施工安全。

3）施工方法要合理可行，符合施工现场条件和环境，符合施工规范和标准的规定，满足工艺要求。

（6）施工总承包单位要严格挑选分包单位，并将拟选用的分包单位，报送监理工程师审查，经监理工程师对分包单位的资质进行审查，并确认其施工队伍的技术资质、管理水平和质量保证能力符合要求后，才能签订分包合同。分包单位要按照合同约定对所分包的工程质量向总承包单位负责。

（7）交桩复测的质量管理，承包人应将设计单位移交的测量基准点、基准线和参考标高等测量控制点进行复核，建立施工现场的平面坐标控制网（或控制导线）及高程控制网，并将复核结果报监理工程师审批确认后，才可据此进行施工测量和放线。

（8）施工工序的质量管理。承包人要按水利工程施工质量规范要求，做好工序控制，严格执行"三检制"（自检、复检、终检）。

（二）施工过程（工序）的质量控制

工程项目的整个施工过程，就是完成一道一道的工序，所以施工过程的质量控制主要就是工序的质量控制，而工序控制又表现为施工现场的质量控制，也是施工阶段质量控制的重点。

1. 工序控制的主要内容

（1）工序活动（作业）条件的控制。工序活动（作业）条件的控制，就是为工序的活动（作业）创造一个良好的环境，使工序能够正常进行，以确保工序的质量，所以工序活动（作业）条件的控制就是对工序准备的控制。

工序的质量受到人、材料、机械、方法、环境等因素综合作用的影响，所以工序的质量控制就是要利用各种手段对影响工序质量的人、材料、机械、方法、环境等因素加以控制。

1）人的因素。人的因素对工序的影响主要表现在操作人员的质量意识差、粗心大意、不遵守操作规程、技术水平低、操作不熟悉等。因此对人的因素的控制措施是：检查操作人员和其他工作人员是否具备上岗条件，进行岗前考核，竞争上岗；进行质量教育，提高质量意识和责任心；建立质量责任制，进行岗前培训等。

2）材料因素。材料因素对工序的影响主要表现在材料的质量特性指标是否符合设计和标准的要求，控制措施是加强使用前的检验和试验。重视材料的使用标识和材料的现场管理，防止错用和使用不合格材料；使用代用材料时必须通过计算和充分论证，并履行相关批准手续，方可使用。

3）机械因素。机械因素对工序质量影响主要表现在机械的性能和操作使用上，控制措施是根据工序的特性和要求合理地选择施工机械设备的型式、数量和性能参数，同时应加强施工机械设备的使用管理，严格执行操作规程，遵守各种管理制度等。

4）方法因素。方法因素对工序质量的影响主要表现在工艺方法，即工艺流程、技术措施、工序间的衔接等。控制的措施是确定正确的工艺流程、施工工艺和操作规程，进行质量预控，加强工序交接的检查验收等。

5）环境因素。环境影响对工序质量的影响主要表现在气象条件、管理环境和劳动环境等。控制的措施是预测气象条件的可能变化（如温度、大风、暴雨、酷暑、严寒等），应采取相应的预防措施，如防风、防雨、降温、保温措施等；制定相应的质量监控管理制度和管理程序；进行合理的劳动组合和现场管理，建立文明施工和文明生产的环境，保持材料堆放有序，道路畅通，施工程序井井有条等。

（2）工序活动（作业）的过程控制。工序活动是在预先（施工前）准备好的条件和环境下进行的，在工序活动过程中，影响质量的因素会发生变化。所以在工序活动过程中，施工管理人员应注意各种影响因素和条件变化，如发现不利于工序质量的因素和条件变化，要立即采取有效措施加以处理，使工序质量始终处于受控状态。为此，施工人员一定要按规定的操作规程和工艺标准进行施工；随时注意各种其他因素和条件的变化，如物料、人员、施工机械设备、气象条件和施工现场环境状况和条件的变化，应及时采取相应措施加以控制和纠正。

（3）工序活动（作业）效果的控制。工序活动（作业）效果的控制主要是对工序施工完成的工程产品质量性能状况和性能指标的控制，通常是工序完成后，首先由承包人进行自检，自检合格后填写验收通知单，监理单位在接到验收通知单后，在规定的时间内对工序进行抽样，通过对样品检验的数据，进行统计分析，判断工序活动的效果（质量）是否正常和稳定，是否符合质量标准的要求。通常其程序如下：

1）抽样。对工序抽取规定数量的样品，或确定规定数量的检测点。

2）实测。采用必要的检测设备和手段，对抽取的样品或确定的检测点进行检验，测定其质量性能指标或质量性能状况。

3）分析。对检验所得的数据，用统计分析方法进行分析、整理，发现其所遵循的变化规律。

4）判断。根据对数据分析的结果，与质量标准或规定相对照，判断该工序产品的质量是否达到规定的质量标准的要求。

5）认可或纠正。通过判断如果符合规定的质量标准的要求，则可对该工序的质量予以确认；如果通过判断发现该工序的质量不符合规定的质量标准的要求，则应进一步分析产生偏差的原因，并采取相应的措施予以纠正。

2．工序质量控制的实施

施工过程中的工序控制，通常按下列程序进行：

（1）制定质量控制的工作程序或工作流程。

（2）制定工序质量控制计划，明确质量控制的工作程序和质量控制制度。

（3）分析影响工序质量的各种可能因素，从中找出对工序质量可能产生重要影响的主要因素，针对这些主要因素制定控制措施，进行主动地预防性控制，使这些因素处于受控状态。

（4）设置工序质量控制点，并进行质量预控。通过对工序施工过程的全面分析，确定需要进行重点控制的对象、关键部位或薄弱环节，设置质量控制点，并对所设置的质量控制点在施工中可能出现的质量问题，制定对策，进行预控。

（5）对工序活动过程进行动态跟踪控制。监理人员或施工管理人员，对工序的整个活动过程实施连续的动态跟踪控制，发现工序活动出现异常状态，应及时查找原因，采取相应的措施加以排除或纠正，保证工序活动过程处于正常、稳定的受控状态。

（6）工序施工完成后，及时进行工序活动效果的质量检验。

3．质量控制点的设立

质量控制点是指为了保证（工序）施工质量而对某些施工内容、施工项目、工程的重点和关键部位、薄弱环节等，在一定时间和条件下进行重点控制和管理，以使其施工过程处于良好的控制状态。

（1）质量控制点设置的原则。质量控制点的选择，应根据工程项目的特点、质量要求、施工工艺的难易程度、施工队伍的素质和技术水平等因素，进行全面分析后确定。一般情况下选择质量控制点的基本原则是：

1）重要的和关键性的施工环节和部位。

2）质量不稳定，施工质量没有把握的施工内容和项目。

3）施工难度大的施工环节和部位。

4）质量标准或质量精度要求高的施工内容和项目。

5）对工程项目的安全和正常使用有重要影响的施工内容和项目。

6）对后续工序的质量或安全有重要影响的施工内容、施工工序或部位。

7）对施工质量有重要影响的技术参数。

8）某些质量的控制指标。

9）可能出现常见质量通病的施工内容或项目。

10）采用新材料、新技术、新工艺施工时的工序操作。

（2）一般质量控制点的设置。

1）人的行为。对于某些危险性强、技术难度较大、操作复杂、精度要求高的作业和工序，为了避免和防止操作失误而造成质量问题，应将操作人员的作业行为作为质量控制点，事先除详细进行技术交底、提出要求外，还应对操作人员从思想素质、技术能力、生理和心理状态进行分析考查，事中对其作业过程和质量进行全面考核，以避免因人的行为失当和失误而造成质量问题。

2）物的状态。在某些工序和作业中，物的不良状态（如仪器、仪表、机械设备的技术性能和作业状态，腐蚀、有毒、易燃易爆物品的状态）常常会引起质量问题，所以在施工中应根据具体情况，防止机械设备的失稳、倾覆、冲击、振动，防止易燃易爆物品的自燃、自爆，保持仪器、仪表的精度等。

3）材料的性能。某些施工内容和施工项目对材料的质量和性能有严格的要求，因此应对材料的性能进行重点控制，以保持施工的质量。例如钢筋进行预应力加工时，要求钢材均质、弹性模量一致，含硫量和含磷量不能过大，以免产生冷脆。

4）关键性操作。在一些工序的施工中，有时应对某些施工操作进行重点控制，以保证施工的质量。例如混凝土施工中，在进行混凝土振捣时，振捣棒距模板应保持一定距离，否则拆模后混凝土表面易产生蜂窝麻面；分层浇筑的大体积混凝土，在进行混凝土振捣时，振捣棒应插入下层混凝土一定深度，以保证上、下层混凝土接合成一个整体。

5）施工顺序。某些施工工序或操作，应严格保持一定的施工顺序，否则会严重影响施工质量。例如冷拉钢筋时一定要先对焊后冷拉，如若先冷拉后对焊就会失去冷强。

6）施工间隙。在某些工序的施工中，应严格控制工序操作中的施工间隙时间，否则会严重影响施工的质量。例如在分层浇筑的大体积混凝土中，要控制上、下两层混凝土浇筑的间隔时间，一般应控制在 2h 之内，否则上、下层混凝土之间将不能很好地结合成一个整体，而形成一个薄弱面，即形成所谓的"冷缝"，这将严重影响混凝土的整体性质量。

7）施工方法。在某些施工内容或施工项目中，必须采用合理的施工方法，才能保证相应的施工质量。例如在大体积混凝土施工中，应采取相应的温控措施，以预防混凝土出现温度裂缝。此外，在建筑物施工中要防止建筑物倾斜，在结构施工中要防止群桩失稳，在模板施工中要防止模板失稳等，这些问题均作为质量控制的重点。

8）技术参数。在一些工序的施工中，某些技术参数与施工质量有密切关系，应进行重点控制。例如回填土和三合土施工中的最佳含水量，混凝土施工中水灰比、外加剂掺量等，都将影响到回填土或混凝土的质量。

9）质量指标。在一些工序的施工中，应经常检查和严格控制某些质量指标，以保证施工的质量。例如回填土的干密度、混凝土的强度、混凝土的抗渗性、寒冷地区混凝土的抗冻性、砌砖工程中砖缝的饱满度等。

10）新材料、新技术、新工艺的应用。当工程项目的施工中采用了新材料、新技术、新工艺时，由于是初次使用，缺乏施工经验，为了保证施工的质量，必须制定相应的操作规程，施工中严格检查和控制。

（3）质量控制点的布控。在分部工程施工前，承包人应制定施工计划，选定和设置质量控制点，并且在随后制定的质量计划中明确哪些是见证点，哪些是停止点，然后提交监

理工程师审批，如监理工程师对其有不同意见，可以用现场通知的方式书面通知承包人调整。

1）质量控制措施的设计：

①列出质量控制点明细表。表中应列出各质量控制点的名称和内容、质量要求、质量检验程度和方法、检验工具和设备、质量控制的责任人等内容。

②设计控制点的施工流程图。

③应用因果分析方法进行工序分析，找出工序的支配性要素。

④制订工序质量表，对各支配性要素规定出明确的控制范围和控制要求。

⑤编制保证质量的作业指导书。

⑥绘制作业网络图，图中标出各控制因素所采用的计量仪器、编号、精度等，以便精确进行计量。

2）质量控制点的实施：

①进行控制措施交底。将质量控制点的控制措施设计向操作班组交底，使操作人员明确操作要点。

②按作业指导书进行操作。

③认真记录，检查结果。

④运用统计方法不断分析改进（PDCA）以保证质量控制点的质量符合要求。

（4）见证点和停止点。

1）见证点。见证点是指重要性一般的质量控制点，在这种质量控制点施工前，承包人应提前（一般为24h）通知监理单位派监理人员在约定的时间到现场进行见证，对该质量控制点的施工进行监督和检查，并在见证表上详细记录质量控制点所在的建筑部位、施工内容、数量、施工质量和工时，并签字以作凭证。如果在规定的时间监理人员未能到达现场进行见证和监督，承包人可以认为已取得监理单位的同意，有权进行该见证点的施工。

2）停止点（待检点）。停止点是指重要性较高，其质量无法通过施工以后的检验来得到证实的质量控制点。例如无法依靠事后检验来证实其内在质量或无法事后把关的特殊工序或特殊过程。对于这种质量控制点，在施工之前承包人应提前通知监理单位，并约定施工时间，由监理单位派出监理人员到现场进行监督控制，如果在约定的时间监理人员未到现场进行监督和检查，则承包人应停止该质量控制点的施工，并按合同规定，等待监理人员，或另行约定该质量控制点的施工时间。

（三）施工质量检验

1．质量检验的一般要求

（1）承担工程检测业务的检测单位应具有水行政主管部门颁发的资质证书。其设备和人员的配备应与所承担的任务相适应，有健全的管理制度。

（2）工程施工质量检验中使用的计量器具、实验仪器仪表及设备应定期进行检定，并具备有效的检定证书。国家规定需强制检定的计量器具应经县级以上计量行政部门认定的计量检定机构或授权设置的计量检定机构进行检定。

（3）检测人员应熟悉检测业务，了解被检测对象性质和所有仪器设备性能，经考核合格后，持证上岗。参与中间产品及混凝土（砂浆）试件质量资料复核的人员应具备有工程师以上工程系列技术职称，并从事过相关试验工作。

（4）工程质量检验项目和数量应符合《水利水电基本建设工程单元工程质量等级评定标准》（试行）（SDJ 249—88，SL 38—92）规定。

（5）工程质量检验方法应符合 SDJ 249—88，SL 38—92 和国家及行业现行技术标准的有关规定。

（6）工程质量检验数据应真实可靠，检验记录及签证应完整齐全。

（7）工程项目中如遇到 SDJ 249—88，SL 38—92 中尚未涉及的项目质量评定标准时，其质量标准评定表格由项目法人组织监理、设计及承包人按水利部有关规定进行编制和报批。

（8）工程中永久性房屋、专用公路、专用铁路等项目的施工质量检验与评定可按相应行业标准执行。

（9）项目法人、监理、设计、施工和工程质量监督等单位根据工程建设需要，可委托具有相应资质等级的水利工程质量检测单位进行工程质量检测。承包人自检性质的项目及数量，按 SDJ 249—88，SL 38—92 及施工合同约定执行。对已建工程质量有重大分歧时，应由项目法人委托第三方具有相应资质等级的质量检测单位进行检测，检测数量视需要确定，检测费用由责任方承担。

（10）堤防工程竣工验收前，项目法人应委托具有相应资质等级的质量检测单位进行抽样检测，工程质量抽检项目和数量由工程质量监督机构确定。

（11）对涉及工程结构安全的试块、试件及有关材料，应实行见证取样。见证取样资料由承包人制备，记录应真实齐全，参与见证取样人员应在相关文件上签字。

（12）工程中出现检验不合格的项目时，应按以下规定进行处理：

1）原材料、中间产品一次抽样检验不合格时，应及时对同一取样批次另取两倍数量进行检验，如仍不合格，则该批次原材料或中间产品应定为不合格，不得使用。

2）单元（工序）工程质量不合格时，应按合同要求进行处理或返工重做，并经重新检验且合格后方可进行后续工程施工。

3）混凝土（砂浆）试件抽样检验不合格时，应委托具有相应资质等级的质量检测单位对相应工程部位进行检验。如仍不合格，由项目法人组织有关单位进行研究，并提出处理意见。

4）工程完工后的质量抽检不合格，或其他检验不合格的工程，应按有关规定进行处理，合格后才能进行验收或后续工程施工。

2. 质量检验的职责范围

（1）永久性工程（包括主体工程及附属工程）施工质量检验应符合下列规定：

1）承包人应依据工程设计要求、施工技术标准和合同约定，结合 SDJ 249—88，SL 38—92 的规定确定检验项目及数量并进行自检，自检过程应有书面记录，同时结合自检情况如实填写水利部颁发的《水利水电工程施工质量评定表》（办建管〔2002〕182 号）。

2）监理单位应根据 SDJ 249—88，SL 38—92 和抽样检测结果复核工程质量。其平行检测和跟踪检测的数量按《水利工程建设项目施工监理规范》（SL 288—2003）或合同约

定执行。

3）项目法人应对承包人自检和监理单位抽检过程进行督促检查，对报工程质量监督机构核备、核定的工程质量等级进行认定。

4）工程质量监督机构应对项目法人、监理、勘测、设计、承包人以及工程其他参建单位的质量行为和工程实物质量进行监督检查。检查结果应按有关规定及时公布，并书面通知有关单位。

（2）临时工程质量检验及评定标准，应由项目法人组织监理、设计及施工等单位根据工程特点，参照 SDJ 249—88，SL 38—92 和其他相关标准确定，并报相应的工程质量监督机构核备。

3．质量检验内容

（1）质量检验包括施工准备检查，原材料与中间产品质量检验，水工金属结构、启闭机及机电产品质量检查，单元（工序）工程质量检验，质量事故检查和质量缺陷备案，工程外观质量检验等。

（2）主体工程开工前，承包人应组织人员进行施工准备检查，并经项目法人或监理单位确认合格且履行相关手续后，才能进行主体工程施工。

（3）承包人应按 SDJ 249—88，SL 38—92 及有关技术标准对水泥、钢材等原材料与中间产品质量进行检验，并报监理单位复核。不合格产品不得使用。

（4）水工金属结构、启闭机及机电产品进场后，有关单位应按合同进行交货检查和验收。安装前，承包人应检查产品是否有出厂合格证、设备安装说明及有关技术文件，对在运输和存放过程中发生的变形、受潮、损坏等问题应做好记录，并进行妥善处理。无出厂合格证或不符合质量标准的产品不得用于工程中。

（5）承包人应按 SDJ 249—88，SL 38—92 检验工序及单元工程质量，做好书面记录，在自检合格后，填写《水利水电工程施工质量评定表》，并报监理单位复核。监理单位根据抽检资料核定单元（工序）工程质量等级，发现不合格单元（工序）工程，应要求承包人及时进行处理，合格后才能进行后续工程施工。对施工中的质量缺陷应书面记录备案，进行必要的统计分析，并在相应单位（工序）工程质量评定表"评定意见"栏内注明。

（6）承包人应及时将原材料、中间产品及单元（工序）工程质量检验结果报监理单位复核。并应按月将施工质量情况报送监理单位，由监理汇总分析后报项目法人和工程质量监督机构。

（7）单位工程完工后，项目法人应组织监理、设计、施工及工程运行管理等单位组成工程外观质量评定组，现场进行工程外观质量检验评定，并将评定结论报工程质量监督机构核定。参加工程外观质量评定的人员应具有工程师以上技术职称或相关执业资格。评定组人数应不少于 5 人，大型工程不宜少于 7 人。

三、施工质量评定

工程质量的检查与评定是对工程质量是否达到设计和规范要求的重要控制手段和综合评价，是工程质量管理工作的核心内容。根据《水利水电工程施工质量检测与评定规程》（SL 176—2007）规定，进行施工质量评定工作。

（一）施工质量评定的组织与管理

（1）单元（工序）工程质量在承包人自评合格后，报监理单位复核，由监理工程师核定质量等级并签证认可。

（2）重要隐蔽单元工程及关键部位单元工程质量经承包人自评合格、监理单位抽检后，由项目法人（或委托监理）、监理、设计、施工、工程运行等单位组成联合小组，共同检查核定其质量等级并填写签证表，报工程质量监督机构核备。

（3）分部工程质量，在承包人自评合格后，由监理单位复核，项目法人认定。分部工程验收的质量结论由项目法人报工程质量监督机构核备。大型枢纽工程主要建筑物的分部工程验收的质量结论由项目法人报质量监督机构核定。

（4）单位工程质量，在承包人自评合格后，由监理单位复核，项目法人认定。单位工程验收的质量结论由项目法人报工程质量监督机构核定。

（5）工程项目质量，在单位工程质量评定合格后，由监理单位进行统计并评定工程项目质量等级，经项目法人认定后，报工程质量监督机构核定。

（二）施工质量的合格标准

（1）施工质量的合格标准是工程验收标准。不合格工程必须进行处理且达到合格标准后，才能进行后续工程施工或验收。水利水电工程施工质量等级评定的主要依据有：

1）国家及相关行业技术标准。

2）《水利水电基本建设工程单元工程质量等级评定标准》（SDJ 249—88，SL 38—92）。

3）经批准的设计文件、施工图纸、金属结构设计图样与技术条件、设计修改通知书、厂家提供的设备安装说明书及有关技术文件。

4）工程承发包合同中约定的技术标准。

5）工程施工期及试运行期间的试验和观测分析成果。

（2）单元（工序）工程施工质量合格标准应按照 SDJ 249—88，SL 38—92 或合同约定的合格标准执行。当达不到合格标准时，应及时处理。处理后的质量等级应按下列规定重新确定：

1）全部返工重做的，可重新评定质量等级。

2）经加固补强并经设计和监理单位鉴定能达到设计要求时，其质量评为合格。

3）处理后的工程部分质量指标仍达不到设计要求时，经设计复核，项目法人及监理单位确认能满足安全和使用功能要求，可不再进行处理；或经加固补强后，改变了外形尺寸或造成工程永久缺陷的，经项目法人、监理及设计单位确认能基本满足设计要求，其质量可定为合格，但应按规定进行质量缺陷备案。

（3）分部工程施工质量同时满足下列标准时，其质量评定为合格：

1）所含单元工程的质量全部合格，质量事故及质量缺陷按要求处理，并经检验合格。

2）原材料、中间产品及混凝土（砂浆）试件质量全部合格，金属结构及启闭机制造质量合格，机电产品质量合格。

（4）单位工程施工质量同时满足下列标准时，其质量评为合格：

1）所含分部工程质量全部合格。

2）质量事故已按要求进行处理。

3）工程外观质量得分率达到70％以上。

4）单位工程施工质量检验与评定资料基本齐全。

5）工程施工期及试运行期，单位工程观测资料分析结果符合国家和行业技术标准以及合同约定的标准要求。

（5）工程项目施工质量同时满足下列标准，其质量达到合格：

1）单位工程质量全部合格。

2）工程施工期及试运行期，各单位工程观测资料分析结果均符合国家和行业技术标准以及合同约定的标准要求。

（三）施工质量的优良标准

（1）优良等级是为工程项目质量创优而设置的。

（2）单元工程施工质量优良标准应按照 SDJ 249—88，SL 38—92 以及合同约定的优良标准执行。全部返工重做的单元工程，经检验达到优良标准时，可评定为优良等级。

（3）分部工程施工质量同时满足下列标准时，其质量评为优良：

1）所含单元工程质量全部合格，其中70％以上达到优良等级，重要隐蔽单元工程和关键部位单元工程质量优良率达到90％以上，且未发生过质量事故。

2）中间产品质量全部合格，混凝土（砂浆）试件质量达到优良等级（当试件组数小于30时，试件质量合格），原材料质量、金属结构及启闭机制造质量合格，机电产品质量合格。

（4）单位工程施工质量同时满足下列标准时，其质量评为优良：

1）所含分部工程质量全部合格，其中70％以上达到优良等级，主要分部工程质量全部优良，且施工中未发生过较大质量事故。

2）质量事故已按要求进行处理。

3）外观质量得分率达到85％以上。

4）单位工程施工质量检验与评定资料齐全。

5）工程施工期及试运行期，单位工程观测资料分析结果符合国家和行业技术标准以及合同约定的标准要求。

（5）工程项目施工质量同时满足下列标准，其质量达到优良：

1）单位工程质量全部合格，其中70％以上单位工程质量达到优良等级，且主要单位工程质量全部优良。

2）工程施工期及试运行期，各单位工程观测资料分析结果均符合国家和行业技术标准以及合同约定的标准要求。

四、质量事故（缺陷）的处理

（一）水利工程质量事故的分类及报告内容

根据《水利工程质量事故处理暂行规定》（水利部 9 号令），水利工程质量事故是指在水利工程建设过程中，由于建设管理、监理、勘测、设计、咨询、施工、材料、设备等原因造成工程质量不符合规程、规范和合同规定的质量标准，影响工程使用寿命和对工程安全运行造成隐患和危害事件。需注意的问题是，水利工程质量事故可以造成经济损失，也可能造成人身伤亡。《水利工程质量事故处理暂行规定》所指的质量事故是指造成经济损失而没有人员伤亡的质量事故。

1. 水利工程质量事故的分类

工程质量事故按直接经济损失的大小，检查、处理事故对工期的影响时间长短和对工程正常使用的影响，分类为一般质量事故、较大质量事故、重大质量事故、特大质量事故。小于一般质量事故的称为质量缺陷。具体分类标准见表5-2。

表5-2 水利工程质量事故分类标准

损失情况 \ 事故类别		特大质量事故	重大质量事故	较大质量事故	一般质量事故
事故处理所需物资、器材和设备、人工等直接损失费（人民币万元）	大体积混凝土、金属制作和机电安装工程	＞3000	＞500 ≤3000	＞100 ≤500	＞20 ≤100
	土石方工程、混凝土薄壁工程	＞1000	＞100 ≤1000	＞30 ≤100	＞10 ≤30
事故处理所需合理工期（月）		＞6	＞3 ≤6	＞1 ≤3	≤1
事故处理后对工程功能和寿命影响		影响工程正常使用，需限制条件使用	不影响工程正常使用，但对于工程寿命有较大影响	不影响工程正常使用，但对于工程寿命有一定影响	不影响工程正常使用和工程寿命

注 直接经济损失费用为必要条件，事故处理所需时间以及事故处理后对工程功能和寿命影响主要适用于大中型工程。

2. 水利工程质量事故的报告

水利工程事故发生后，事故单位要严格保护现场，采取有效措施抢救人员和财产，防止事故扩大。因抢救人员、疏导交通等原因需要移动现场物件时，应做出标志、绘制现场简图并做书面记录，妥善保管现场重要痕迹、物证，并进行拍照或录像。

事故发生后，项目法人必须将事故的简要情况向主管部门报告。项目主管部门接到事故报告后，按照管理权限向上级水行政主管部门报告。发生较大质量事故、重大质量事故、特大质量事故，事故单位要在48h内向有关单位提出书面报告。突发性事故，事故单位要在4h内电话向上级单位报告。有关事故报告应包括以下主要内容：

（1）工程名称、建设地点、工期，项目法人、主管部门及负责人电话。

（2）事故发生的时间、地点、工程部位以及相应的参建单位名称。

（3）事故发生的简要经过、伤亡人数和直接经济损失的初步估计。

（4）事故发生原因初步分析。

（5）事故发生后采取的措施及事故控制情况。

（6）事故报告单位、负责人以及联络方式。

（二）水利工程事故调查的程序

根据《水利工程质量事故处理暂行规定》（水利部9号令），事故调查的基本程序

如下：

（1）发生质量事故，要按照规定的管理权限组织调查组进行调查，查明事故原因，提出处理意见，提交事故调查报告。事故调查组成员实行回避制度。

（2）事故调查管理权限按以下原则确定：

1）一般质量事故由项目法人组织设计、施工、监理等单位进行调查，调查结果报项目主管部门核备。

2）较大质量事故由项目主管部门组成调查组进行调查，调查结果报上级主管部门批准并报省级水行政主管部门核备。

3）重大质量事故由省级以上水行政主管部门组成调查组进行调查，调查结果报水利部核备。

4）特大质量事故由水利部组织调查。

（3）事故调查的主要任务：

1）查明事故发生的原因、过程、经济损失情况和对后续工程的影响。

2）组织专家进行技术鉴定。

3）查明事故的责任单位和主要责任人应负的责任。

4）提出工程处理和采取措施的建议。

5）提出对责任单位和责任人的处理建议。

6）提出事故调查报告。

（4）事故调查组有权向事故单位、各有关单位和个人了解事故的有关情况。有关单位和个人必须实事求是地提供有关文件或材料，不得以任何方式阻碍或干扰调查组正常工作。

（5）事故调查组提出的事故调查报告经主持单位同意后，调查工作即告结束。

（三）水利工程质量事故的处理

1. 质量事故处理原则

发生质量事故，必须坚持"事故原因不查清楚不放过，主要事故责任人和职工未受教育不放过，补救和防范措施不落实不放过"的原则，认真调查事故原因，研究处理措施，查明事故责任，做好事故处理工作。

2. 质量事故处理职责划分

（1）一般质量事故由项目法人负责组织有关单位制定处理方案并实施，报项目主管部门备案。

（2）较大质量事故由项目法人负责组织有关单位制定处理方案，报上级主管部门审定后实施，报省级水行政主管部门或流域机构备案。

（3）重大质量事故由项目法人负责组织有关单位制定处理方案，征得事故调查组意见后，报省级以上水行政主管部门或流域机构审定后实施。

（4）特大质量事故由项目法人负责组织有关单位制定处理方案，征得事故调查组意见后，报省级以上水行政主管部门或流域机构审定后实施，并报水利部备案。

3. 事故处理中设计变更管理

事故处理需要进行设计变更的，需原设计单位或有资质的单位提出设计变更方案。需进行重大设计变更的，必须经原设计审批部门审定后实施。

事故部位处理完毕后，必须按照管理权限经过质量评定与验收后，方可投入使用或进入下一阶段施工。

4. 质量缺陷的处理

小于一般质量事故的质量问题称为质量缺陷。所谓质量缺陷是指小于一般质量事故的质量问题，即因特殊原因，使得工程个别部位或局部达不到规范和设计要求（不影响使用），且未能及时进行处理的工程质量问题。一般按照以下方式处理：

（1）对因特殊原因，使得工程个别部位或局部达不到规范和设计要求（不影响使用），且未能及时进行处理的工程质量缺陷问题（质量评定仍为合格），必须以工程质量缺陷备案形式进行记录备案。

（2）质量缺陷备案的内容包括：质量缺陷产生的部位、原因，对质量缺陷是否处理和如何处理以及建筑物使用的影响等。内容必须真实、全面、完整，参建单位必须在质量缺陷备案表上签字，有不同意见应明确记载。

（3）质量缺陷备案资料必须按竣工验收的标准制备，作为工程竣工验收备查资料存档。质量缺陷备案表由监理单位组织填写。

（4）工程竣工验收时，项目法人必须向验收委员会汇报并提交历次质量缺陷备案资料。

第五节　施 工 进 度 管 理

施工进度管理，是指承包人根据招标人确定的总工期目标，编制施工进度计划和资源供应计划，进行施工进度控制，在与质量、费用目标协调的基础上，实现预先确定的工期目标的过程。工期、费用、质量是工程项目的三大目标，其中费用发生在项目的各项作业中，质量取决于每个作业过程，工期则依赖于进度系列上时间的保证，这些目标都是通过进度的管理加以控制，因此进度管理是项目管理工作的首要内容。在大型水利工程的建设中，建设周期长，影响范围广，受自然环境因素影响大，施工交叉作业多。这些因素处理不好都有可能影响工程项目的如期实现，甚至导致项目的失败。所以，在水利工程建设项目管理中，施工进度管理是工程实施中的首要任务，也是水利工程项目管理的灵魂。

一、施工进度计划的类型

施工进度计划是指工程项目施工中的各项工作（工序）开展顺序、开始及完成时间及相互衔接关系的计划。通过施工进度计划的编制，使得工程项目实施形成有机的整体。施工进度计划是施工进度控制和管理的依据。

施工进度计划按照管理范围不同可分为：施工总进度计划、单位工程施工进度计划、分部分项工程施工进度计划。

1. 施工总进度计划

施工总进度计划是以整个工程项目为对象，表明工程项目从开始实施到全部完工各个主要施工阶段的进度安排。施工总进度计划是根据已经批准的初步设计以及现场施工条件来编制，是指导工程施工进度全局性、指导性的技术文件。一般由总承包管理单位或施工总承包单位编制。

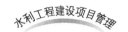

对于大型水利工程项目，因建设周期长、承包人多、工程前后和横向衔接多等特点，必须依靠施工总进度计划，协调建设的总进度。

2. 单位工程施工进度计划

单位工程的施工进度计划是承包人以各种施工定额为标准，根据各主要工序的施工顺序、工时及计划投入的人工、材料、设备等情况，编制出各分部分项工程的进度安排。在时间与空间上充分反映施工方案、施工平面图设计及资源计划编制等所起的各自作用。单位工程施工进度计划是具有控制性、作业性的单目标控制计划，是施工总进度计划的组成部分。

3. 分部工程施工进度计划（作业进度计划）

分部工程施工进度计划是施工进度计划的具体化，直接指导基层施工队（组）进行施工活动，安排具体作业进度。

二、影响施工进度的主要因素

1. 主要影响因素

（1）人的因素。

（2）材料、设备的因素。

（3）方法、工艺的因素。

（4）资金因素。

（5）环境因素。

2. 影响施工进度的主要表现形式

（1）错误估计了工程项目实现的特点及实现的条件。低估了项目的实现在技术上存在的困难；未考虑到某些项目设计和实施问题的解决，须进行必要的科研和实验，而它既需要资金又需要时间；低估了项目实施过程中各子项目参与者之间协调的困难；对环境因素、物资供应条件、市场价格变化趋势等缺乏了解等。

（2）对项目的特点考虑不周全，盲目确定工期目标。要么工期太短，无法实现；要么工期太长，效率低下。

（3）工期计划的不足。工程项目的设计、材料、设备等资源条件不落实，进度计划缺乏资源保证，以致进度计划难以实现；进度计划编制质量粗糙，指导性差；进度计划未认真交底，操作者不能切实掌握计划的目的和要求，以致管理不力；不考虑计划的可变性，认为一次计划就可以一劳永逸；计划的编制缺乏科学性，致使计划缺乏贯彻的基础而流于形式；项目实施者不按计划执行，凭经验办事，使编制的计划徒劳无益，不起作用。

（4）工程项目参与者的失误。设计进度拖延，突发事件处理不当，工程项目参加各方关系协调不顺等。

（5）不可预见事件的发生。恶劣气候条件，复杂的地质条件等。

三、施工进度计划的编制

（一）施工总进度计划的编制

1. 施工总进度计划的编制依据

（1）已批准的初步设计对工程项目总工期的要求。

（2）工程项目中包含的主要工程建设内容。

（3）工程项目所在河流的气象、水文、地质等自然条件。

（4）工程项目所在地的交通及所需资源的供应状况。

2．施工总进度计划的编制程序

（1）进行工程项目划分并确定子项目的工程量。施工总进度计划主要起控制总工期的作用，因此项目划分不宜过细，通常按照单位工程进行划分，并列出单位工程开展的顺序。对于一些附属项目、临时设施等可以合并列出。

按照批准的各单位工程的主要工程量清单，确定各单位工程施工方案的主要施工、运输机械，初步规划主要施工过程的流程顺序、估算各单位工程的完成时间、计算劳动力和各项主要物资的需要量等。定额标准可参照概算定额。

（2）确定各单位工程的施工期限。由于各承包人的施工技术和施工管理水平、机械化程度、劳动力和材料供应情况等不同，对各单位工程的施工期限影响很大。因此，应根据各承包人的具体条件，并考虑具体单位工程的实际情况和现场地形地质、施工条件等因素，并参照有关的工期定额来确定各单位工程的施工期限。

（3）确定各单位工程的开工、完工时间和相互搭接关系。在确定了总的施工期限、施工程序和各单位工程的控制期限及搭接后，就可以对每一个单位工程的开工、完工时间进行具体确定。通过对各单位工程的工期进行计算分析，具体安排各单位工程的搭接施工时间。通常应考虑以下各主要因素：

1）保证重点，兼顾一般。在安排进度时，要分清主次、抓住重点，同期进行的项目不宜过多，以免分散有限的人力物力。主要工程项目，是指工程量大、工期长、质量要求高、施工难度大，对其他工程施工影响大，对整个建设项目顺利完成起关键性作用的工程子项。这些项目在各系统的期限内应优先安排。

2）要满足连续、均衡施工要求。在安排施工进度时，应尽量使各工种施工人员、施工机械在全工地内连续施工，同时尽量使劳动力、施工机具和物质消耗量在全工地上力求均衡，尽量避免出现突出的高峰和低谷，以利于劳动力的调度和原材料供应。为达到这种要求，可以在工程项目之间组织大流水施工作业。另外，为实现连续均衡施工，还要留出一些后备项目（如临时设施、附属工程等），作为调节项目，穿插在主要项目的流水作业中。

3）全面考虑各种条件的限制。在确定各单位工程的施工顺序时，还应考虑各种客观条件的限制。如工程所在流域的水文、气象环境条件，施工作业场地条件，承包人的施工力量，各种原材料、机械设备的供应情况，设计单位提供图纸的时间，年度投资的资金安排情况等。这些因素都是影响施工进度的重要因素，有些因素可能对关键工期起决定性作用，例如主汛期和枯水期对水利枢纽截流起决定性作用，北方地区气温条件对混凝土浇筑影响很大。

（4）施工总进度的表达。施工总进度计划一般用图表示，通常有横道图和网络图两种。由于施工总进度计划只是起控制作用，因此不必做得太细。当用横道图表达总进度计划时，项目的排列可按施工总体方案所确定的工程展开程序排列。横道图上应表达出各施工项目的开工完工及其施工持续时间。

用网络图表达施工总进度计划，已经在实践中得到广泛应用。用时标网络图表达总进度计划，比横道图更加直观、明了，既能够清楚表达出各项目之间的逻辑关系，同时又可以用计算机计算输出，对进度计划进行调整、优化、统计资源数量、输出图表等。

（二）单位工程施工进度计划的编制

1. 单位工程施工进度计划的编制依据

（1）经过审批的单位工程技施图纸及地质、地形图等技术资料。

（2）施工总组织设计对本单位工程的要求及施工总进度计划。

（3）要求的施工工期及开工、完工时间。

（4）施工条件、劳动力、材料、构件及机械的供应条件、分包单位的情况等。

（5）确定的重要分部分项工程的施工方案、施工预算、施工定额等。

（6）招标投标文件中对工期的要求等。

2. 单位工程施工进度计划的编制程序

单位工程进度计划的编制程序应按照以下顺序进行，不得颠倒。

（1）收集编制依据。

（2）划分施工项目（也叫项目分解）。

（3）确定划分后的各子项目的工程量。

（4）根据本企业的施工定额计算各子项目的劳动量和机械台班需用量。

（5）确定各子项目施工持续时间。

（6）确定各子项目之间的关系及搭接。

（7）编制初步计划方案并绘制进度计划图。

（8）根据各种条件进行施工进度计划的优化。

（9）绘制正式进度计划。

3. 划分施工项目（也叫项目分解）

施工项目的划分是指将单位工程分解为若干项施工过程明确的工作内容，是施工进度计划的基本组成单元。项目内容的多少，划分的粗细程度，应根据计划的需要来决定。一般来说，单位工程进度计划的项目应明确到分项工程或更具体，以满足指导施工作业的要求。通常项目分解应按顺序列成表格、编排序号、查对是否遗漏或重复。凡是与工程对象施工直接的有关内容均应列入，非直接施工辅助性项目和服务性项目则不必列入。项目分解内容与施工方案保持一致。

4. 确定各子项目工程量和持续时间

各子项目工程量的确定应根据施工图纸、有关的计算规则和相应的施工方法进行计算。

各子项目的持续时间一般按正常情况下确定，待编制出初始计划并经过计算，再结合实际情况作必要的调整。一般多采用按照实际施工条件估算项目的持续时间。具体方法有两种：

（1）经验估计法。即根据过去的施工经验进行估计，这种方法多适用于采用新工艺、新方法、新材料等无定额可循的工程。在经验估计法中，有时为了提高其准确程度，往往采用"三时估计法"，即先估计出该项目的最长、最短和最可能的三种持续时间，然后据以求出期望的持续时间作为该项目的持续时间。

（2）定额计算法。其计算公式是：

$$T = \frac{Q}{RS} = \frac{P}{R} \qquad (5-3)$$

式中　T——项目持续时间，按进度计划的粗细，可采用小时、日、周；

　　　Q——项目的工程量，可以用实物量单位表示；

　　　R——拟配备的人力或机械数量，以人数或台数表示；

　　　S——产量定额，即单位工日或台班完成的工程量；

　　　P——劳动量（工日或工时）或机械台班量（台班或台时）。

式（5-3）是根据配备的人力或机械决定项目的持续时间，即先定 R 后求 T，但有时根据组织需要，要先定 T 后求 R。

5. 确定施工顺序

施工顺序是在施工方案中确定的施工流向和施工程序的基础上，按照所选施工方法和施工机械的要求确定的。

确定施工顺序是为了按照施工的技术规律和合理的组织关系，解决各项目之间在时间上的先后和搭接问题，以期达到保证质量、安全施工、充分利用空间、争取时间、实现合理工期的目的。

一般来说，施工顺序受施工工艺和组织两方面的制约。当施工方案确定后，项目之间的施工工艺顺序也就随之确定了，如果违背这种关系，将无法施工，或者导致出现质量、安全事故，或造成返工浪费。

由于劳动力、机械、材料和构件等资源的组织和安排而形成的各项目之间的先后顺序，成为组织关系。组织方式不同，组织关系也就不同。不同的组织关系产生不同的经济效果，所以组织关系不但可以调整，而且应该按规律、按管理需要与管理水平进行优化，并将施工工艺关系和组织关系有机地结合起来，形成项目之间的合理顺序关系。

不同专业的工程，同一专业的不同工程，其施工顺序各不相同。因此，设计施工顺序时，必须根据工程特点、技术上和组织上的要求以及施工方案等进行研究，即既要考虑施工顺序具有单件性的特点，又要考虑施工顺序的共性特点。

6. 绘制施工进度计划图

（1）首先要选择进度图的形式。主要包括横道图、双代号网络计划、单代号网络计划、时标网络计划。

（2）安排计划时应先安排各分部工程的计划，然后再组织成单位工程施工进度计划。

（3）安排各分部工程施工进度计划应首先确定主导施工过程，并以它为主导，组织等节奏或异节奏流水作业，从而组织单位工程的分别流水作业。

（4）施工进度计划图编制以后，要计算总工期并进行判别，目的是满足工期目标要求。若不满足，应进行调整或优化，然后绘制资源动态曲线进行资源均衡程度的判别；若不满足要求，再进行资源优化，主要是"工期规定、资源均衡"的优化。

（5）优化完成后再绘制正式的单位工程施工进度计划图，付诸实施。

四、施工进度控制

编制施工进度计划的目的就是指导项目的施工，以保证实现项目的工期目标。但在施工进度计划实施过程中，由于主客观条件的不断变化，计划也需随之改变。有效进行施工进度控制的关键是监控实际施工进度，及时、定期地将实际施工进度与施工进度计划进行比较，并及时采取纠正措施。施工管理人员不能简单地认为问题会在不采取任何措施的情况下自动消失。工程项目的施工进度控制就是在既定的工期内，编制出最优的施工进度计划，在施工进度计划的执行中，经常检查工程实际进度情况，并将其与进度计划相比较，若出现偏差，要及时分析产生的原因及对工期的影响程度，确定必要的调整措施，更新原计划。这一过程如此不断循环，直至工程完成。

施工进度控制的目标就是确保工程按既定工期目标实现，或在保证工程质量并不因此增加工程实际成本的条件下，适当缩短工期。

施工进度控制的主要方法是规划、控制和协调。规划是指确定工程施工总进度控制目标和单位工程施工进度目标，并编制其施工进度计划；控制是指在项目实施全过程中进行检查、比较及调整；协调是指协调参与工程的各有关单位、部门和人员之间的关系，协调资源的供应，使之有利于工程的进展。

施工进度控制所采用的措施主要有组织措施、技术措施、合同措施、经济措施和管理措施等。组织措施是指落实各层次的进度控制人员、具体任务和工作责任；建立进度控制组织系统；按照工程项目的工作流程或合同结构等进行项目的分解，确定其进度目标，建立控制目标体系；确定进度控制工作制度，如检查时间、方法、协调会议时间、参加人员等；对影响进度的因素进行分析和预测。技术措施主要是指采取加快项目进度的技术方法。合同措施是指工程项目的发包人和承包人之间、总包方与分包方之间等，通过签订合同明确工期目标，对工程完成的时间进行制约。经济措施是指实现进度计划的资金保证措施。管理措施是指加强信息管理，不断地收集工程实际进度的有关信息资料，并对其进行整理统计，与进度计划相比较，定期提出项目进展报告，以此作为决策依据之一。

（一）施工进度计划的实施

1. 施工进度计划实施的干扰因素

在施工进度计划实施过程中，必然会遇到许多障碍，这就需要根据项目的具体情况预测、分析可能遇到的干扰因素，提出消除这些干扰因素的措施并加以实施。实施的干扰因素来自多方面，一般有人的因素、资源的因素、环境的因素等。

（1）人的因素。工程项目的实施人员未能认识到施工进度计划的必要性和重要性，实际施工中不完全按施工计划施工，从而造成实际施工和计划脱节。

（2）资源的因素。工程项目中使用的资源，如材料、设备、劳力、资金等不能按计划提供，或提供的数量、质量不能满足要求。

（3）环境的因素。受不利的环境因素的影响，如不良的气候条件、不可预见的地质条件、超标准的洪水等自然因素等，都阻碍了计划的正常实施。

2. 施工进度计划实施准备

（1）建立组织机构。为了保证施工进度计划得以顺利实施，必须有必要的组织保证。组织机构主要作用就在于制定实施计划，落实计划实施的保证措施，监测计划的执行情况；分析与控制计划执行状况。组织机构的形式、规模等应根据工程项目的具体条件确定，无统一模式。但应做到使工期控制和管理工作层层有人抓，环环有人管。

（2）编制实施计划。工程项目实施复杂多变，所以施工进度计划的编制，不可能考虑到工程进展过程中的所有变化，也不可能一次安排好未来工程实施的全部细节。因此说，施工进度计划是比较概括的，还应有更为符合实际的实施性计划加以补充。根据计划时间的长短，实施计划包括年度、季度、月度计划等。

（3）进行人员培训。为提高计划实施的有效性，应根据工程的特点，对各类人员分层次、分期培训，以提高工程项目参加者的素质，为进度控制打下良好的基础。

3. 施工进度计划实施的保证措施

工程项目进度受到了众多因素的制约，因此必须采取一系列措施，以保证工程能满足进度要求。措施是多方面的，不同的工程，不同的条件，措施也不相同，但下列措施是必要的。

（1）施工进度计划的贯彻。施工进度计划的贯彻是计划实施的第一步，也是关键的一步。其工作内容包括：

1）检查各类计划，形成严密的计划保证系统。为保证工期的实现，应编制各类实施计划，形成一个计划实施的保证体系，以任务书的形式下达给项目实施者，以保证计划准确实施。

2）明确责任。项目经理、项目管理人员、现场作业人员，应按计划目标明确各自的责任、相互承担的经济责任、权限和利益。

3）计划全面交底。施工进度计划的实施是工程项目全体工作人员的共同行动，要使相关人员都明确各项计划的目标、任务、实施方案和措施，使管理层和作业层协调一致，将计划变为项目人员的自觉行动。要做到这点，就应在计划实施前进行施工进度计划的交底工作。

（2）适时调度。调度工作是实现工程项目工期目标的重要手段。其主要任务是掌握工程施工进度计划实施情况，协调各方关系，采取措施解决各种矛盾，加强薄弱环节，实现动态平衡，保证完成计划和实现进度目标。调度是通过监督、协调、调度会议等方式实现的。

（3）抓关键工作。关键工作是工程项目实施的主要矛盾，应常抓不懈。可采取以下措施：

1）集中优势按时完成关键工作。为保证关键工作能按时完成，可采取组织骨干力量、优先提供资源等措施。

2）专项承包。对于关键工作可以采取专项承包的方式，即：定任务、定人员、定目标。

3）采用新技术、新工艺。技术、工艺选择不当，就会严重影响工作进度。

（4）保证资源的及时供应。应按资源供应计划，及时组织资源的供应工作，并加强对资源的管理。

（5）加强组织管理工作。根据工程特点，建立项目组织和各种责任制度，将进度计划指标的完成情况与部门、单位和个人的利益分配结合起来，做到责、权、利一体化。

（二）施工进度动态监测

在项目实施过程中，为了收集反映施工进度实际状况的信息，以便对施工项目进展情况进行分析，掌握施工进展动态，应随时对施工进展状态进行观测。这一过程就称为施工进度动态监测。

对于施工进展状态的观测，通常采用日常观测和定期观测的方法进行，并将观测的结果用施工进展报告的形式加以描述。

1. 日常观测

随着工程的进展，不断观测施工进度计划中所包含的每一项工作的实施开始时间、实际完成时间、实际持续时间、目前状况等内容，并加以记录，以此作为施工进度控制的依据。记录的方法有实际进度前锋线法、图上记录法、报告表法等。

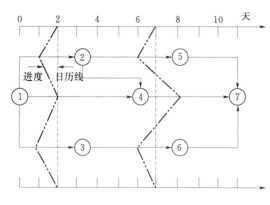

图 5-13　实际进度前锋线图

（1）实际进度前锋线记录法。实际进度前锋线，是一种在时间坐标网络中记录实际进度情况的曲线，简称前锋线。它表达了网络计划执行过程中，某一时刻正在进行的各工作的实际进度前锋线的连线，如图 5-13 所示。

（2）图上记录法。当采用非时标网络计划时，可直接在图上用文字或符号记录。用点划线代表其实际进度在网络图中标出，如图 5-14 所示；在网络图的节点内涂上不同的颜色或用斜线表示相应工作已经完成，如图 5-15 所示，表示 2→6 工作和 2→4 工作已完成。

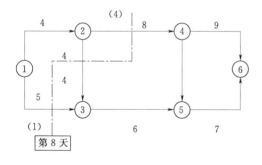

图 5-14　双代号网络实际进度记录图

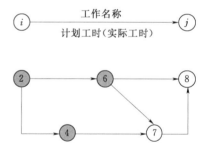

图 5-15　实际工时记录图

若计划进度是横道图，则在图中用不同的线条分别表示计划进度和实际进度。

随着工程项目的完成，可绘制实际进度网络图。该网络图表达了各工作实际开工、完工时间，并将项目进展中出现的问题、影响因素等反映在图中。绘制实际进度网络图，可明显表示出来实际与计划是否相符的情况，有助于计划工作的总结和资料的积累。

（3）报告表法。将实际进度状况反映在表上，即为报告表法。形式多种多样，反映的内容也各不相同。一般有：资源报告表、人力投入报告表、设备投入使用报告表、环境影响报告表、资金状况报告表等。

2. 定期观测

定期观测是指每隔一定时间对工程项目进度计划执行情况进行一次较为全面、系统的观测、检查。观测的间隔时间根据工程项目类型、规模、特点和对施工进度计划执行要求程度的不同而异。可用周、旬、半月、月、季等为一个观测周期。检查的主要内容有以下几个方面：

（1）检查关键工作的进度和关键线路的变化情况，以便采取措施调整或保证计划工期的实现。

（2）检查非关键工作的进度，以便更好地挖掘潜力，调整或优化资源，以保证关键工作按计划实施。

（3）检查工作之间的逻辑关系变化情况，以便适时进行调整。

（4）检查有关工程项目范围、施工进度计划和工程施工条件等变更的信息，以及对引起这些变更的原因等进行检查。

定期检查有利于工程进度动态监测的组织工作，使观测、检查具有计划性，成为例行性工作。对于检查结果应加以记录，其记录方法与日常观测记录相同。定期检查的重要依据是日常观测、检查的结果。

3. 工程施工进度报告

工程项目施工进度观测、检查结果通过工程项目施工进度报告的形式向有关部门和人员报告。工程项目施工进度报告是记录检查的结果、工程施工进度和发展趋势等有关内容的最简单的书面报告。根据不同的报告对象，报告的详细程度也不同。

工程项目施工进度报告的主要内容包括：工程概况、管理概况、进度概要；工程实际进度的说明；资源供应情况；进展趋势预测，到下次报告期可能发生的事件等；工程费用发生情况；工程存在的困难。

工程施工进度报告的形式分为日常报告、信息报告和特别分析报告。

（1）日常报告。根据日常监测和定期监测的结果所编制的施工进度报告即为日常报告。也是施工进度常用的形式。

（2）信息报告。为工程项目决策者提供必要的信息即为信息报告。

（3）特别分析报告。为某个特殊问题所形成的分析报告即为特别分析报告。

工程施工进度的报告期应根据项目的复杂程度和时间期限以及项目的动态监测方式等因素确定，一般可考虑定期观测的间隔周期相一致。一般来说，报告期越短，早发现问题并采取纠正措施的机会就越多。如果一个项目远远偏离了控制，就很难在不影响项目范围、预算、进度或质量的情况下实现项目目标。

（三）比较分析与施工进度计划更新

在工程施工过程中，有些工作或项目会按时完成，有些会提前，而有些可能会延期完成，这些都会对其后续工作产生影响。特别是已完成工作或项目的实际完成时间，不仅决定着后续工程项目的最早开始与完成时间，有可能影响总工期。但需要注意的是，并不是所有没有按工期完成的项目都会对工程总工期产生不利影响。有些可能会造成工期拖延，有的对总工期产生不利影响，有的可能有利于总工期的实现。这就需要对实际施工进度进行分析比较，以弄清对工程项目可能会产生的影响，以此作为工程项目施工进度更新的依据。

进度控制的核心问题就是能根据工程的实际施工进度情况，不断地进行进度计划的更新。

1. 比较与分析

通过施工进度报告所反映的实际情况，将工程项目的实际施工进度与计划进度进行比较分析，以评判其对工程项目工期的影响，确定实际进度与计划不相符合的原因，进而找出对策，这是进度控制的重要环节之一。进行比较分析的方法主要有以下几种：

（1）横道图比较法。横道图比较法是将在工程进度报告中通过观测、检查、搜集到的信息，经整理后直接用横道线并列于原计划的横道线一起，进行直观比较的方法。例如，某混凝土基础工程的施工实际进度与计划进度比较，如表 5－2 所示。

表中细实线表示施工计划进度，粗实线表示施工实际进度。在第 5 天末检查时，基础开挖已按计划完成；立模比计划进度拖后 1 天；绑扎钢筋的实际进度与计划进度一致；混凝土浇筑工作尚未开始，比计划进度拖后 1 天。

表 5－2 　　　　　　　　混凝土基础工程的施工实际进度与计划进度比较

工作编号	工作名称	工作时间（天）	项目进度									
			1	2	3	4	5	6	7	8	9	10
1	基础开挖	3										
2	立模	3										
3	绑扎钢筋	4										
4	混凝土浇筑	5										
5	土方回填	3										

检查日期 ▲

通过上述比较，为项目管理者明确了实际进度与计划进度之间的偏差，为采取调整措施提出了明确任务。这是进度控制中最简单的方法。这种方法仅适用于项目中各项工作都是按均匀的速度进行，即每项工作在单位时间内所完成的任务量是各自相等的。

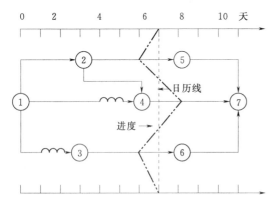

图 5－16　实际进度前锋线比较

（2）实际进度前锋线比较法。前锋线比较是从计划检查时间的坐标点出发，用点划线依次连接各项工作的时间进度点，最后到计划检查时间的坐标点为止，形成前锋线。根据前锋线与工作箭线交点的位置判断项目时间进度与计划进度偏差，如图 5－16 所示。

1）判断相关工作的进度状况。由实际进度前锋线图可以直接观察出工作的进展情况并作出判断。如图 5－16 所示，在第 7 天进行检查时，工作 2→5 和 3→6 比原计划拖后 1 天，工作 4→7 比原计划提前 1 天。

2）判断项目的进度状况。某工作的提前或拖后对项目工期会产生什么影响，这是项目管理人员最为关心的。根据实际进度前锋线可以判断该工作的状况对项目的影响。如果该工作是关键工作，则其提前或拖后将会对项目的工期产生影响。如图 5－16 所示，工作 2→5 是关键工作，所以该工作拖后 1 天，将会使项目工期拖后 1 天；如果该工作是非关键工作，则应根据其总时差的大小，判断其提前或拖后对项目工期的影响。一般来说，非关键工作的提前不会造成项目工期的提前；非关键工作如果拖后，且拖后的量在其总时差范围内，则不会影响总工期；但若超出总时差的范围，则会对总工期产生影响，若单独考虑该工作的影响，其超出总时差的数值，就是工期拖延量。需注意的是，在某个检查日期，往往并不是一项工作的提前或拖后，而是多项工作均未按计划进行，这时则应考虑其交互作用。

（3）S 形曲线比较法。S 形曲线比较法是以横坐标表达进度时间，纵坐标表示累计完成工作量，而绘制出一条按计划时间累计完成任务量的 S 形曲线，将项目的各检查时间实际完成的工作量与 S 形曲线进行实际进度与计划进度比较的一种方法。

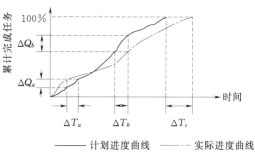

图 5－17　S 形曲线比较图

1）S 形曲线绘制。S 形曲线反映了随时间进展累计完成工作量的变化情况。如图 5－17 所示。

第一步：计算每个单位时间内计划完成的工作量 q_i。

第二步：计算时间 j 的计划累计完成的工作量，即

$$Q_j = \sum q_i \tag{5-4}$$

式中　Q_j——某时间 j 计划累计完成的工作量；

　　q_i——单位时间 i 的计划完成工作量。

第三步：按各规定时间的 Q_j 值，绘制 S 形曲线。

2）S 形曲线比较。S 形曲线比较法是在图上直观地进行项目实际进度与计划进度的比较。通常，在计划实施前绘制出计划 S 形曲线，在项目进行过程中，按规定时间将检查的实际完成情况，绘制在计划 S 形曲线同一张图中，即可得出实际进度的 S 形曲线，比较两条 S 形曲线，即可得到相关信息。

①项目实际进度与计划进度比较。当实际进展落在计划 S 形曲线左侧时，表明实际进度超前，若在右侧，则表示拖后；若正好落在计划曲线上，则表明实际与计划一致。

②项目实际进度与计划进度之间的偏差。如图 5－17 所示，ΔT_a 表示 T_a 时刻实际进度超前的时间；ΔT_b 表示 T_b 时刻实际进度拖后的时间。

③项目实际完成工作量与计划工作量之间的偏差。如图 5－17 所示，ΔQ_a 表示 T_a 时刻超额完成的工作量；ΔQ_b 表示 T_b 时刻少完成的工作量。

④项目进度预测。如图 5－17 所示，项目后期若按原计划速度进行，则工期拖延预测值为 ΔT_c。

（4）香蕉形曲线比较法。香蕉形曲线是两条 S 形曲线组合而成的闭合曲线。对于一个项目的网络计划，在理论上总是分为最早和最迟两种开始和完成时间。因此，任何一个项目的网络计划，都可以绘制出两条香蕉形曲线，即以最早时间和最迟时间分别绘制出相应

的 S 形曲线，前者称为 ES 曲线，后者称为 LS 曲线，如图 5 - 18 所示。香蕉形曲线的绘制方法与 S 形曲线相同。

香蕉形曲线的比较：在项目实施过程中，根据每次检查的各项工作实际完成的工程量，计算出不同时间实际完成工作量的百分比，并在香蕉形曲线的平面内绘出实际进度曲线，即可进行实际进度与计划进度的比较。

香蕉形曲线比较法主要进行如下两方面的比较：

1）时间一定，比较完成的工作量。当项目进展到 T_1 时，实际完成的累计工作量为 Q_1，若按最早时间计划，则应完成 Q_2，可见，实际比计划少完成 $\Delta Q_2 = Q_1 - Q_2 < 0$；若按最迟时间计划，则应完成 $\Delta Q_1 = Q_1 - Q_0 \geqslant 0$。由此可以判断，实际进度在计划范围之内，不会影响项目工期。

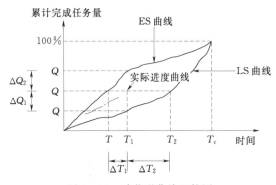

图 5 - 18　香蕉形曲线比较图

2）工作量一定，比较所需时间。当项目进展到 T_1 时，实际完成的累计工作量 Q_1，若按最早时间计划，则应在 T_0 时完成同样工作量，所以，实际比计划拖延，其拖延时间是：$\Delta T_1 = T_1 - T_0 \geqslant 0$；若按最迟时间计划，则应在 T_2 时完成同样工作量，所以，实际比计划提前，其提前工作量是：$\Delta T_2 = T_1 - T_2 < 0$。

可以判断：实际进度未超出计划范围，进展正常。

2. 工程施工进度计划的更新

根据实际进度与计划进度比较分析的结果，以保持项目工期不变、保证项目质量和所耗费用最少为目标，作出有效对策，进行项目进度更新，这是进行进度控制和进度管理的宗旨。工程项目进度更新包括两方面工作，即分析进度偏差的影响和进行项目进度计划的调整。

（1）分析进度偏差的影响。通过前述进度比较方法，当出现偏差时，应分析该偏差对后续工作及总工期的影响，主要从以下几方面进行分析：

1）分析产生进度偏差的工作是否为关键工作，若出现偏差的工作是关键工作，则无论其偏差大小，对后续工作及总工期都会产生影响，必须进行进度计划更新；若出现偏差的工作为非关键工作，则需根据偏差值与总时差和自由时差的大小关系，确定其后续工作和总工期的影响程度。

2）分析进度偏差是否大于总时差。如果工作的进度偏差大于总时差，则必将影响后续工作和总工期，应采取相应的调整措施；若工作的进度偏差小于或等于该工作的总时差，表明对总工期无影响，但其对后续工作的影响，需要将其偏差与其自由时差相比较才能作出判断。

3）分析进度偏差是否大于自由时差。如果工作的进度偏差大于该工作的自由时差，则会对后续工作产生影响，是否调整，应根据后续工作允许影响的程度而定；若工作的进度偏差小于或等于该工作的自由时差，则对后续工作无影响，进度计划可不作调整更新。

经过上述分析，项目管理人员可以确认应该调整产生进度偏差的工作和调整偏差值的大小，以便确定应采取的调整更新措施，形成新的符合实际进度情况和计划目标的进度计划。

（2）项目进度计划的调整。

1）关键工作的调整。关键工作无机动时间，其中任一工作持续时间的缩短或延长都会对整个项目工期产生影响。因此，关键工作的调整是项目进度更新的重点。

①关键工作的实际进度较计划进度提前时的调整方法。若仅要求按计划工期执行，则可利用该机会降低资源强度及费用。实现的方法是，选择后续关键工作中资源消耗量大或直接费用高的予以适当延长，延长的时间不应超过已完成的关键工作提前的量；若要求缩短工期，则应将计划的未完部分作为一个新的计划，重新计算与调整，按新的计划执行，并保证新的关键工作按新计算的时间完成。

②关键工作的实际进度较计划进度落后时的调整方法。调整的目标就是采取措施将耽误的时间补回来，保证项目按期完成。调整的方法主要是缩短后续关键工作的持续时间。

这种方法是在原计划的基础上，采取组织措施或技术措施缩短后续工作的持续时间以弥补时间损失。这种调整一般会增加费用。

2）改变某些工作的逻辑关系。若实际进度产生的偏差影响了总工期，则在工作之间的逻辑关系允许改变的条件下，改变关键线路和超过计划工期的非关键线路上有关工作之间的逻辑关系，达到缩短工期的目的。这种方法调整的效果是显著的。例如，可以将依次进行的工作变为平行或互相搭接的关系，以缩短工期。但这种调整应以不影响原定计划工期和其他工作之间的顺序为前提，调整的结果不能形成对原计划的否定。

3）重新编制计划。当采用其他方法仍不能有效时，则应根据工期要求，将剩余工作重新编制网络计划，使其满足工期要求。例如，某项目在实施过程中，由于地质条件，造成已完工程的大面积塌方，耽误工期 6 个月。为保证该项目在计划工期内完成，在认真分析研究的基础上，重新编制了网络计划，调整资源供应计划，并按新的网络计划组织实施，最终不仅保证了工期，且略有提前。

4）非关键工作的调整。当非关键线路上某些工作的持续时间延长，但不超过其时差范围时，则不会影响项目工期，进度计划不必调整。为了更充分利用资源，降低成本，必要时可对非关键工作的时差作适当调整，但不得超出总时差，且每次调整均需进行时间参数计算，以观察每次调整对计划的影响。

非关键工作的调整方法有三种：一是在总时差范围内延长非关键工作的持续时间；二是缩短工作的持续时间；三是调整工作的开始或完成时间。

5）增减工作项目。由于编制计划时考虑不周，或因某些原因需要增加或取消某些工作，则需重新调整网络计划，计算网络参数。增减工作项目不应影响原计划总的逻辑关系，以便使原计划得以实施。因此，增减工作项目只能改变局部的逻辑关系。

增加工作项目，只是对原遗漏或不具体的逻辑关系进行补充；减少工作项目，只是对提前完成的工作项目或原不应设置的工作项目予以删除。增减工作项目后，应重心计算网络时间参数，以分析此项调整是否对原计划工期产生影响。若有影响，应采取措施使之保持不变。

6）资源调整。若资源供应发生异常时，应进行资源调整。资源供应发生异常是指因供应满足不了需要，如资源强度降低或中断，影响到计划工期的实现。资源调整的前提是保证工期不变或使工期更加合理。

第六节　施　工　安　全　管　理

一、我国的安全生产管理体制

我国的安全生产管理体制为：企业负责、行业管理、国家监察、群众监督、劳动者遵章守纪。

（1）企业负责。明确了企业应认真贯彻执行国家安全生产的法律法规和规章制度，并对本企业的劳动保护和安全生产负责。从而改变了以往安全生产工作由政府包办代替、企业责任不明的情况，健全了市场经济条件下的新的安全生产管理体制。

（2）行业管理。行业主管部门根据"管生产必须管安全"的原则，管理本行业的安全生产工作，充分发挥行业主管部门对本行业安全生产的管理作用，负责对本行业安全生产管理工作的策划、组织实施和监督检查、考核等。

（3）国家监察。安全生产行政主管部门按照国务院要求实行国家劳动安全监察。国家监察是一种执法监察，主要监察国家法律法规的执行情况，预防和纠正违反法规、政策的偏差。它不干预企事业遵循法律法规制定的措施和步骤等具体事务，也不能代替行业管理部门的日常管理和安全检查。

（4）群众监督。保护员工的安全健康是工会的主要职责之一。工会对危害职工的安全健康的现象有抵制、纠正以致控告的权力，这是一种自下而上的群众监督，与国家监察和行业管理相辅相成，相互合作，共同搞好安全生产工作。

（5）劳动者遵章守纪。劳动者在生产过程中应该自觉遵守安全生产的规章制度和劳动纪律，严格执行安全技术操作规程，不违章作业，是实现安全生产的重要保证。

二、水利工程承包人的安全生产责任

承包人的安全生产管理，从承包人、承包人的相关人员以及施工作业人员三方面从事施工作业应当具备的安全生产条件出发，对承包人的资质等级、机构设置、投标报价、安全责任，承包人有关负责人的安全责任以及施工作业人员的安全责任等作出规定。

（1）承包人从事水利工程的新建、扩建、改建、加固和拆除等活动，应当具备国家规定的注册资本、专业技术人员、技术装备和安全生产等条件，依法取得相应等级的资质证书，并在资质等级许可的范围内承揽工程。

（2）承包人应当依法取得安全生产许可证后，方可从事水利工程施工活动。

（3）承包人主要负责人依法对本单位的安全生产工作全面负责。承包人应该建立健全安全生产责任制度和安全生产教育培训制度，制定安全生产规章制度和操作规程，保证本单位建立和完善安全生产条件所需资金的投入，对所承担的水利工程进行定期和专项安全检查，并做好安全检查记录。

（4）承包人的项目负责人应当由取得相应执业资格的人员担任，对水利工程建设项目的安全施工负责，落实安全生产责任制度、安全生产规章制度和操作规程，确保安全生产费用的有效使用，并根据工程的特点组织制定安全施工措施，消除安全事故隐患，及时如实报告生产安全事故。

（5）承包人在工程报价中应当包含工程施工的安全作业环境及安全施工措施所需费用。对列入建设工程概算的上述费用，应当用于施工安全防护用具及设施的采购和更新、安全事故措施的落实、安全生产条件的改善，不得挪作他用。

（6）承包人应当设立安全生产管理机构，按照国家有关规定配备专职安全生产管理人员，施工现场必须有专职安全生产管理人员。

专职安全生产管理人员负责对安全生产进行现场监督检查，发现生产安全事故隐患，及时向项目负责人和安全生产管理机构报告，对违章指挥、违章操作的，应当立即制止。

（7）承包人在建设有度汛要求的水利工程时，应当根据项目法人编制的工程度汛方案、措施制定相应的度汛方案，报项目法人批准；涉及防汛调度或者影响其他工程、设施度汛安全的，由项目法人报有管辖权的防汛指挥机构批准。

（8）垂直运输机械作业人员、安装拆卸工、爆破作业人员、起重信号工、登高架设作业人员等特种作业人员，必须按照国家有关规定经过专门的安全作业培训，并取得特种作业操作资格证书后，方可上岗作业。

（9）承包人应当在施工组织设计中编制安全技术措施和施工现场临时用电方案，对下列达到一定规模的危险性较大的工程应当编制专项施工方案，并附安全验算结果，经承包人技术负责人签字以及总监理工程师核签后实施，由专职安全生产管理人员进行现场监督。

1）基坑支护与降水工程。

2）土方和石方开挖工程。

3）模板工程。

4）起重吊装工程。

5）脚手架工程。

6）拆除、爆破工程。

7）围堰工程。

8）其他危险性较大的工程。

对上述所列工程中涉及高边坡、深基坑、地下暗挖工程、高大模板工程的专项施工方案，承包人还应组织专家进行论证、审查。

（10）承包人在使用施工起重机械和整体提升脚手架、模板等自升式架设设施前，应当组织有关单位进行验收，也可以委托具有相应资质的检验检测机构进行验收；使用承租的机械设备和施工机具及配件，由施工总承包单位、分包单位、出租单位和安装单位共同进行验收，验收合格后方可使用。

（11）承包人的主要负责人、项目负责人、专职生产安全管理人员应当经水行政主管部门安全生产考核合格后方可任职。

承包人应当对管理人员和作业人员每年至少进行一次安全生产教育培训，其教育培训

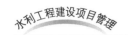

情况记入个人工作档案。安全生产教育培训考核不合格的人员，不得上岗。

承包人在采用新技术、新工艺、新设备、新材料时，应当对作业人员进行相应的安全生产教育培训。

三、安全事故的分级

根据《生产安全事故报告和调查处理条例》（2007 年国务院令第 493 号），按照事故造成的人员伤亡或直接经济损失，将事故划分为特别重大事故、重大事故、较大事故、一般事故 4 个等级。

（1）特别重大事故，是指造成 30 人以上死亡，或者 100 人以上重伤（包括急性工业中毒，下同），或者 1 亿元以上直接经济损失的事故。

（2）重大事故，是指造成 10 人以上 30 人以下死亡，或者 50 人以上 100 人以下重伤，或者 5000 万元以上 1 亿元以下直接经济损失的事故。

（3）较大事故，是指造成 3 人以上 10 人以下死亡，或者 10 人以上 50 人以下重伤，或者 1000 万元以上 5000 万元以下直接经济损失的事故。

（4）一般事故，是指造成 3 人以下死亡，或者 10 人以下重伤，或者 1000 万元以下直接经济损失的事故。

四、安全事故的处理程序

重大事故发生后，事故发生单位必须以最快方式，将事故简要情况向上级主管部门和事故发生地的市、县水行政主管部门及检察、劳动（如有人身伤亡）部门报告；事故发生单位属国务院部委的，应同时向国务院有关主管部门报告。

承包人发生生产安全事故，应当按照国家有关伤亡事故报告和调查处理的规定，及时、如实地向负责安全生产监督管理的部门以及水行政主管部门或者流域管理机构报告；特种设备发生事故的，还应当同时向特种设备安全监督管理部门报告。接到报告的部门应当按照国家有关规定，如实上报。

实行施工总承包的建设工程，由总承包单位负责上报事故。发生生产安全事故，项目法人及其他有关单位应当及时、如实地向负责安全生产监督管理的部门以及水行政主管部门或者流域管理机构报告。

重大事故发生后，事故发生单位应当在 24h 内写书面报告，逐级上报。事故报告应包括以下内容：

（1）事故发生的时间、地点、工程项目、企业名称。

（2）事故发生的简要过程、伤亡人数和直接经济损失的初步估计。

（3）事故发生原因的初步判断。

（4）事故发生后采取的措施及事故控制情况。

（5）事故报告单位。

事故发生后，事故发生单位和事故发生地的水行政主管部门，应当严格保护现场，采取有效措施抢救人员和财产，防止事故扩大。

第六章　水利工程建设项目档案管理

水利工程技术档案资料，是在水利工程建设管理过程中直接形成的、具有保存价值的文字、图表、声像、数据等各种历史资料的记载，也是水利工程开展规划、勘测、设计、施工、管理、运行、维护、科研、抗灾等不同工作的重要依据，具有实用价值和重大意义。

水利工程技术档案资料应按照完整化、准确化、规范化、标准化、系统化的要求进行整理编制，应包括各种技术文件资料和竣工图纸，以及政府规定办理的各种报批文件。

技术档案资料应与水利工程建设项目同步进行，竣工资料的积累、整编、审定等工作与施工进度均应同步进行。在水利工程竣工验收时，承包人要提交一套合格的档案资料及完整的竣工图纸，并作为竣工验收的条件之一，为今后工程的维修、管理、改建提供依据。

第一节　水利工程档案资料管理

一、档案资料管理的范围和要求

（一）档案资料管理的范围

水利工程建设项目立项、可行性报告、设计、决策、施工、质检、监理、过程中验收、竣工验收、试运行等工程建设过程中形成，并应归档保存的文字、表格、声像、图纸等各种载体材料，均属档案资料管理的范围。

（二）档案资料管理的要求

（1）工程档案工作应与工程建设进程同步管理。

（2）档案应完整、准确、系统，并做到图面整洁、装订整齐、签字手续完备，图片、照片等要附情况说明。

（3）竣工图应反映实际情况，必须做到图物相符，做好施工记录、检测记录、交接验收记录和签证，并加盖竣工图章。

（4）施工过程中的图片、照片、录音、录像等材料，以及施工过程中的重大事件、事故等，应有完整的文字说明。同时要详细地填写档案资料情况登记表。

二、档案资料管理制度

（一）档案资料管理制度的内容

工程档案管理制度包括的内容如下：

（1）工程档案工作的性质、任务及其管理体制。

（2）工程档案的作用及其与工程建设项目之间的关系。

（3）工程档案资料的形成与整理主体（由谁负责）。

（4）工程档案包含的具体内容与各类档案材料的分类方案与保管期限。

（5）工程档案资料的整理标准及其归档时间与份数。

（二）档案资料管理制度分类

根据工程的不同特点和实际情况，项目法人应在组建完成后，建立工程档案资料管理制度。一般有以下制度或办法：

（1）档案工作制度。

（2）技术资料管理制度。

（3）工程档案管理办法。

（4）工程竣工文件编制及档案整理制度。

（5）文书档案归档文件整理制度。

（6）文书档案归档范围及保管期限等。

（7）声像档案管理制度。

以上制度或办法可分别制定，也可综合制定。

【案例】　某水库工程档案管理实施细则

为使××水库有限责任公司（以下简称公司）档案工作纳入规范化的轨道，切实做好档案资料的管理工作，确保档案资料完整、准确、系统和有效利用，根据国家档案局发布的《基本建设项目档案资料管理暂行规定》、《机关档案工作条例》、《国家重大建设项目文件归档要求与档案整理规范》及《建设项目（工程）档案验收办法》（国档发〔1992〕8号）等有关规定，结合公司的实际情况，特制定本管理细则。

第一章　总　　则

第一条　遵守档案管理的基本原则。公司在工作活动中所形成的全部档案资料，都要按规定时间定期归档移交到档案室，实行统一管理，任何部门和个人不得把档案资料据为己有，切实维护档案的完整与安全，便于提供利用。

第二条　公司档案资料是指××枢纽工程建设项目在立项、审批、招投标、勘察、设计、施工、监理及竣工验收全过程中形成的应当归档保存的文字、图表、声像等不同形式与载体的全部文件。

第三条　公司档案工作是项目建设工作的重要组成部分，是一项重要的信息资源，对促进技术和管理都有着重要意义。搞好档案工作是档案部门的任务，也是各有关单位和部门义不容辞的责任。

第四条　公司档案工作要与项目建设同步。项目申请立项时，应建立项目档案工作，开始进行文件材料的积累、整理、审查工作；项目竣工验收时，同步完成文件材料的归档验收工作。

第二章　档案管理网络及职责

第五条　档案管理网络如图6-1和图6-2所示。

第六条　按照集中统一领导、分级管理的原则，对建设项目档案进行综合管理。同时

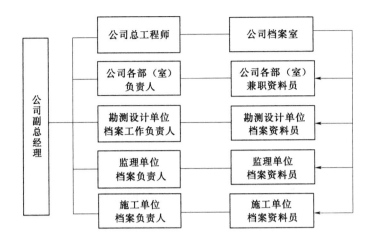

图6-1 ××枢纽工程档案管理工作网络图

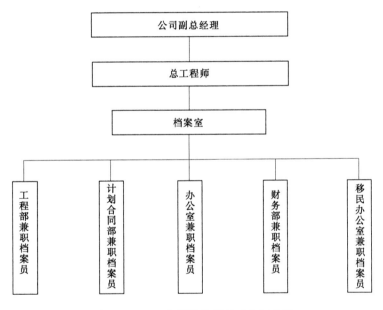

图6-2 ××公司档案管理工作网络图

在项目建设过程中，对各参建单位的项目档案工作进行监督、指导和检查。

第七条 公司档案工作在分管档案工作的副总经理统一领导下，由主管档案工作的总工程师全面负责管理。

公司设立档案室，配备专职档案人员，直接负责档案工作，统一制定工程档案工作各项管理规定及技术指标，同时监督、指导及协调勘测设计、监理及施工单位做好工程文件材料的编制及归档工作。在工程竣工验收时负责竣工档案验收及竣工档案的移交工作。

各专业部门（室）应明确1名兼职档案人员，负责有关工程档案方面的工作，包括工程文件材料的收集、整理、归档及移交等项工作。

第八条 工程勘测设计、监理及施工单位，必须明确1位负责人分管档案资料工作，并建立与工程档案资料工作相适应的档案管理机构，配置专职或兼职档案资料员，具体负

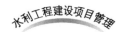

责工程文件资料的收集、整理及归档工作。

勘测设计单位档案资料员，按照勘测设计合同及公司编制的《科技档案管理细则》的要求，将已完成的勘测报告、设计文件（图纸）经整理、立卷后，移交公司档案室。

监理单位档案资料员，按照监理合同及公司编制的《科技档案管理细则》的要求，负责监督施工单位竣工文件材料的积累、整理、立卷及验收工作，并向公司档案室移交其监理业务范围内的档案资料。

施工单位档案资料员，按照施工合同及公司编制的《科技档案管理细则》的要求，做好施工技术文件及竣工图的收集、整理、立卷及移交工作。

第三章　文件材料的收集与整理

第九条　项目建设过程中，公司、勘测设计单位、监理及施工单位应在各自职责范围内做好工程文件资料的形成、积累和整理、归档工作。

第十条　公司全部档案资料，分别由公司有关部门（室）、勘测设计单位、监理及施工单位按照公司档案管理的有关规定进行整理、立卷、归档。

（1）项目前期管理性文件资料及日常的文件资料，由公司各有关部门（室）负责收集、整理，移交公司档案室统一立卷归档。

（2）招投标文件，包括招标文件、投标文件、招标答疑文件、评标资料及中标通知书等，由公司计划合同部负责收集、整理，按阶段移交公司档案室统一立卷归档。

（3）工程合同或协议书，由公司计划合同部、财务部负责收集、整理后，移交公司档案室统一立卷归档。

（4）工程概算、结算、决算文件，由公司计划合同部、财务部收集、整理，待全部工程竣工验收后一次性向公司档案室移交归档。

（5）工程建设期间形成的全部会计档案，由公司财务部暂时管理，待全部工程竣工验收后一次性向档案室归档移交。

（6）勘测设计文件资料由勘测设计单位按照勘测设计合同及公司编制的《科技档案管理细则》的要求，将已完成的勘测报告、设计文件（图纸）经整理、立卷，在工程竣工验收后3个月内，向公司档案室移交。

（7）监理文件由监理单位，按照监理合同及公司编制的《科技档案管理细则》的要求，收集、整理、立卷，在工程竣工验收后3个月内，向公司档案室提交其监理业务范围内的竣工档案。

（8）施工单位技术文件及竣工图，由施工单位按照施工合同及公司编制的《科技档案管理细则》的要求，收集、整理、立卷，在工程竣工验收后3个月内，向公司档案室提交完整、准确的竣工档案。

（9）引进技术或设备的图纸、文件，由公司工程部按《科技档案管理细则》的要求，收集、整理、立卷后暂时管理，待竣工验收后一次性移交公司档案室归档。

（10）科研项目文件材料，由公司总工程师和工程部负责组织整理、立卷后，移交公司档案室归档。

（11）文件的收发、运转和管理工作是档案工作的基础，必须建立严密的文件管理制度，文书管理人员应与档案管理人员密切配合，共同做好档案收集、整编、交接和管理工作。

（12）各有关部门（室）应积极按公司编制的《科技档案管理细则》要求，做好工程声像档案的收集、整理及归档工作。

第十一条　归档时间

（1）文书档案：办公室负责将上年度有查考价值的文书文件材料，于翌年3月底前按照文书档案归档要求整理后，连同移交目录向档案室移交。

（2）基建档案：①工程项目形成的文件材料，根据文件的性质分别按分部或单位工程整编，分阶段移交归档；②整个项目档案在工程竣工验收后3个月内归档。

（3）设备档案：每项设备在开箱时应会同档案管理人员进行技术资料登记，竣工验收后1个月内及时整理归档。

（4）会计档案：在年终结算后暂时由财务部门保存，待全部工程竣工验收后移交归档。

（5）特殊载体档案（包括声像、照片、实物档案）：各有关部门（室）应在各项活动结束后1个月内整理归档。

（6）移民档案：移民办公室负责档案的收集、分类、编目，并于翌年3月底前连同移交目录一同向档案室移交。

（7）科研档案：待科研成果鉴定后，综合整理归档。合作项目由主持单位负责整理，主持与协作单位都要保存一套完整的资料归档。

第四章　档案的质量与保证

第十二条　档案的质量是衡量工程建设项目勘测设计、科研、监理、施工等工作质量的重要内容。各有关单位在未完成归档工作（办理移交手续）前，公司财务部门不予结算工程决算款。移交后的竣工档案如果还存在问题，需由原编制单位负责重新编制，直至验收合格后，方可领取工程质量保证金。

第十三条　勘测设计单位、监理单位、施工单位各自承担的建设项目在工程竣工验收时，项目档案质量达不到规定要求的，不得进行鉴定验收；在规定期限内未完成归档任务的，不能评为优质工程。

第十四条　竣工文件的编制详见公司编制的《科技档案管理细则》。

第十五条　竣工档案的验收作为工程验收的重要内容之一，在工程验收时，施工单位应首先提供一套完整的档案资料，由公司、监理单位和档案管理部门进行验收，其他部分限期完成。

第十六条　工程竣工档案在工程竣工验收后，3个月内由各编制单位提交到公司档案室、汇总、整理、编目。所有档案资料移交时要严格办理交接手续。移交时按要求填写档案移交清册，并由单位负责人签字盖章确认。

第五章　档案的保管与利用

第十七条　根据档案材料的形成规律和便于保管、利用的原则，进行分类、编目、专

柜保存。

第十八条 档案库房要有防火、防盗、防虫、防鼠、防潮、防高温等设施，要定期检查。

第十九条 认真做好档案的提供利用，编制档案检索工具，保守国家机密。

第二十条 充分利用计算机、网络等现代化技术管理档案，努力实现档案管理科学化、现代化、信息化。

第六章 附 则

第二十一条 本办法由××水库有限责任公司负责解释。

第二节 水利工程档案资料立卷和整编

一、工程档案组卷

（1）原件要求。原件内容（领导签名、签字、意见及原始记录等）一律用黑色碳素笔（或蓝黑色钢笔）书写。来往函件以有文签的为原件。

（2）组卷要求。组卷时要遵循文件材料的形成特点和规律，保持文件材料的系统联系，并便于档案的保管和利用。

组卷时应按工程档案归档内容划分表划分类别，按文件种类组卷。同一类型的文件材料以属类（注：属类是指代号和归档内容的合成）为单位进行组卷，即一个属类中相同类型的文件材料放在一起。文件材料的组卷应按单位工程、分部工程、单元工程的顺序排列。厚度超过2cm的可另组成分卷。

文件材料在归档前，应依据各专业的技术管理要求和工作大纲进行审查、验收，合格后方能归档。归档的文件材料一式二份（包括竣工图，有特殊要求的另行通知），应按要求进行系统整理，其中有一份为原始资料。

（3）资料归档内容、保管期限、密级划分表见表6-1。

表6-1 　　　　　资料归档内容、保管期限、密级划分表

属　类		保管期限	密级
代　号	归档内容		
JS（建设管理单位）			
1	领导及上级机关对堤防工程的指示、讲话、决定意见、审批文件等指导性文件	永久	内部
2	工程建设的招标、投标文件	永久	内部
3	工程建设的合同文件	永久	内部
4	工程建设中来往的重要文件	永久	内部
5	开工报告及批复文件	永久	内部
6	验收鉴定书	永久	内部

续表

属　类		保管期限	密级
代　号	归　档　内　容		
JS（建设管理单位）			
7	施工度汛方案	长期	内部
8	重大技术问题专题报告	长期	内部
9	工程质量评定报告	长期	内部
10	工程运行管理准备工作报告	长期	内部
11	工程档案资料自检报告及全套档案目录	长期	内部
12	工程运行材料（包括泵站操作规程、安全制度、机组养护维修）	长期	内部
13	工程征地补偿和移民安置文件材料（包括征地批文及附件）	永久	内部
14	与地方协调的文件材料	长期	内部
15	质量评定材料（分部工程、单位工程）	永久	内部
16	工程建设重大事件的声像、照片材料及文字说明	长期	内部
17	工程建设咨询材料及报告	长期	内部
18	工程决算材料及有关审计资料	永久	内部
19	工程建设大事记	永久	内部
20	有关工程建设的重要会议纪要、会议记录	长期	内部
21	其他建设管理的重要文件材料	长期	内部
22	工程建设管理工作报告	长期	内部
SJ（设计单位）			
1	工程设计报告（包括可研报告及批复、初步设计、技术设计等）及附图、计算书	长期	内部
2	有关工程设计的批复及相关文件材料	永久	内部
3	设计基础资料（地质、勘测、水文、气象）	永久	内部
4	主要来往文件、函	长期	内部
5	施工技术说明、技术要求、技术交底、图纸会审纪要	长期	内部
6	施工设计图、设计变更、设计通知	长期	内部
7	其他设计重要文件	长期	内部
8	工程设计工作报告	长期	内部
SG（承包人）			
1	开工申请、施工组织设计、施工计划	长期	内部
2	施工技术措施	长期	内部
3	安全资料及报告	长期	内部
4	材料设备出厂证明及施工现场复检质量鉴定报告	长期	内部
5	工程材料试验报告	长期	内部

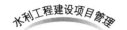

属 类		保管期限	密级
代 号	归 档 内 容		
SG（承包人）			
6	土实验报告、基础处理、基础工程施工图	永久	内部
7	隐蔽工程验收记录	永久	内部
8	施工记录	长期	内部
9	施工大事记	长期	内部
10	工程质量检查、评定材料	永久	内部
11	交工验收记录（包括单项工程的中间验收）	长期	内部
12	事故处理报告及重大事故处理的现场声像、照片材料和文字说明	长期	内部
13	工程施工管理工作报告及技术总结	永久	内部
14	竣工图	永久	内部
15	其他施工重要文件	长期	内部
JL（监理单位）			
1	监理规划	长期	内部
2	监理实施细则	长期	内部
3	监理送审文件	长期	内部
4	开工令及相关材料	长期	内部
5	监理通知、监理工程师现场指示单（含停工令、复工令）、工作联系单	长期	内部
6	施工监理记录（包括监理抽测记录、监理检查、检测记录等）	长期	内部
7	监理日志、监理日记、监理周报、月报、旬报	长期	内部
8	监理大事记	长期	内部
9	险情处理纪要	长期	内部
10	监理工作报告	长期	内部
11	其他监理重要文件	长期	内部

二、案卷的编制

1. 案卷封面的编制

案卷封皮纸统一用业主单位指定的封皮纸，纸张克数为120克，采用包脊装订。根据档案的形成规律，各类档案分类划分的级别有所不同。

——案卷题名：案卷标题应能简明、准确地揭示卷内文件材料的内容。案卷题名由立卷人拟写。

——立卷单位：填写案卷内档案材料的形成单位。

——起止日期：填写案卷内文件材料形成的起止日期。

——保管期限：应依据有关规定填写组卷时划定的保管期限。

——密级：应依据保密规定填写卷内文件材料的最高密级。

2. 编写页号

卷内文件材料逐页编号，不得漏号或重号。单面书写的文件材料在右下角编写页号；双面书写的文字材料正面在右下角，反面在左下角编写页号。

经印刷装订有正式页号的文件材料，归档时不需要编写页号，但需要在卷内备考表中说明，并写明总张数。

3. 鉴定表的填写

凡归档的文件材料均应填写档案鉴定表，格式见表 6-2。档案鉴定表由归档单位项目负责人或其指定的技术负责人、总监理工程师、业主代表填写。其内容主要有：

——档案号：填写该类档案的档案起止号。

——密级与保管期限：填写被鉴定档案的密级与保管期限。

——名称：填写被鉴定档案的题名。

——鉴定意见简述：主要说明该类文件材料的形成过程、目的、作用、使用价值以及文件材料的完整性、准确性和系统性。

——鉴定单位与鉴定者：填写鉴定单位全称与鉴定人签名。

——鉴定日期：填写鉴定时间。

——总监理工程师意见：承包人提交的档案需总监理工程师核查后签署意见。

——业主代表审查意见：对承包人、设计单位、监理单位所提交的档案，经审查后签署意见。

——备注：填写需要说明的问题。

表 6-2 　　　　　　　　　　工 程 档 案 鉴 定 表

项目（堤段）

档案编号		密级		保管期限	
名称					
鉴定意见简述					
鉴定单位					
鉴定者				鉴定日期	
总监理工程师鉴定意见	签名　　　　　　　　年　月　日（公章）				
业主代表审查意见	签名　　　　　　　　年　月　日（公章）				
备注					

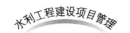

4. 卷内目录的编制

单份文件材料的案卷不用编写卷内目录。内容有：

——序号：用阿拉伯数字从1起依次编写。

——文件编号：填写文件材料的文号或图样的图号、设备代号、项目代号等。

——责任者：填写文件材料的形成部门或主要责任者。

——文件材料题名：填写文件材料的全称。

——日期：填写文件材料的形成日期。

——页号：填写每件文件材料的起止页号。

——备注：填写文件材料需要说明的问题。

卷内目录排列在卷内文件材料首页之前。

5. 卷内备考表的编制

卷内备考表要写明案卷内文件材料的件数、页数以及在组卷和案卷提供使用过程中需要说明的问题。

——立卷人：应由责任立卷人签名。

——立卷日期：应填写完成立卷的日期。

——检查人：应由案卷质量审核者签名。

——检查日期：应填写审核的日期。

卷内备考表排列在卷内文件材料之后。

卷内目录及卷内备考表不编写页号。

三、工程档案的装订

（1）需要装订的案卷首先必须去掉金属物；有破损的文件材料要进行修补；取出空白张和重份材料。

（2）案卷内纸张统一折叠为 A4 规格，如小于 A4 规格的原始单据可直接装订，原始单据左边缘与下边缘应与封皮左、下边缘对齐，统一为包脊装订。

（3）已采用包脊装订的文件材料（如设计报告等），应在封面的右下角加盖××工程档案章，档案章内档案编号由各组卷单位用黑色碳素笔填写。

四、工程竣工图的整编

（1）承包人应按以下要求编制竣工图：

1）按施工图施工，没有变动的可利用原施工图作为竣工图。

2）一般性的图纸变更及符合杠改或划改要求的，可在原施工图（必须是新图）上更改（用黑色碳素笔修改），在说明栏内注明变更依据，内容要完整、准确。

3）设计变更较大的原施工图不能代替或利用，必须重新绘制竣工图（可不再加盖竣工图章）。重绘图应按原图编号，并在说明栏内注明变更依据，在图标栏内注明"竣工阶段"和绘制竣工图的时间、单位、责任人。

（2）折叠后图纸的幅图规格为 A4。折叠后图纸的标题栏应露在外面。

（3）所有竣工图应由承包人在图标上方空白处逐张加盖竣工图章（包括竣工图册），

编制人、技术负责人、监理单位负责人应严格履行签字手续。每套竣工图应附编制说明、鉴定意见及目录。竣工图章规格及要求见图 6-3。

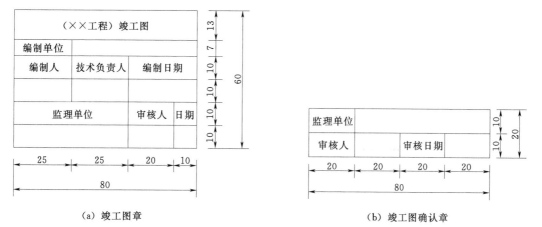

（a）竣工图章 　　　　　　　　　　　　　　（b）竣工图确认章

图 6-3　竣工图章及竣工图确认章（比例：1∶1；单位：mm）

注：竣工图章中（××工程）应在图章制作时，直接填写上工程项目的全称；竣工图章
　　与确认章中的编制单位与监理单位均可在图章制作时，直接填写清楚。

五、工程移交清单的填写

各参建单位所形成的档案移交给建设管理单位均需办理移交手续，并提供电子文档。工程档案移交清单一式两份，交接双方应认真核对目录与实物，并由经手人签字、加盖单位公章确认。

第七章　水利工程建设项目验收

水利工程建设项目完工后达到竣工验收条件进行验收，是项目施工周期的最后一个程序，也是由建设期转为生产使用的重要标志。目前对于水利工程进行验收的依据是《水利水电建设工程验收规程》（SL 223—2008）和《水利水电工程施工质量检验与评定规程》（SL 176—2007）。

第一节　水利工程验收的分类及工作内容

一、工程验收的目的

1. 考察工程的施工质量

通过对已完工程各个阶段的检查、试验，考核承包人的施工质量是否达到了设计和规范的要求，施工成果是否满足设计要求形成的生产或使用能力。通过各阶段的验收工作，及时发现和解决工程建设中存在的问题，以保证工程项目按照设计要求的各项技术经济指标正常投入运行。

2. 明确合同责任

由于项目法人将工程的设计、监理、施工等工作内容通过合同的形式委托给不同的经济实体，项目法人与设计、监理、承包人都是经济合同关系，因此通过验收工作可以明确各方的责任。承包人在合同验收结束后可及时将所承包的施工项目交付项目法人照管，及时办理结算手续，减少自身管理费用。

3. 规范建设程序，发挥投资效益

由于一些水利工程工期较长，其中某些能够独立发挥效益的子项目（如分期安装的电站、溢洪道等），需要提前投入使用。但根据验收规范要求，不经验收的工程不得投入使用，为保证工程提前发挥效益，需要对提前使用的工程进行验收。

二、验收的分类

水利工程验收按照验收主持单位可分为法人验收和政府验收。

1. 法人验收

法人验收包括分部工程验收、单位工程验收、水电站（泵站）中间机组启动验收、合同工程完工验收等。

2. 政府验收

政府验收包括阶段验收〔枢纽工程导（截）流验收、水库下闸蓄水验收、引（调）排水工程通水验收、水电站（泵站）机组启动验收、部分工程投入使用验收]、专项验收（征地移民工程验收、水土保持验收、环境工程验收、档案资料验收等）、竣工验收等。

3. 验收主持单位

法人验收由项目法人（分部工程可委托监理机构）主持，勘测、设计、监理、施工、主要设备制造（供应）商组成验收工作组，运行管理单位可视具体情况而定。政府验收主持单位根据工程项目具体情况而不同，一般为政府的行业主管部门或项目主管单位。

三、工程验收的主要依据和工作内容

1. 工程验收的主要依据

（1）国家现行有关法律、法规、规章和技术标准。

（2）有关主管部门的规定。

（3）经批准的工程立项文件、初步设计文件、调整概算文件。

（4）经批准的设计文件及相应的工程变更文件。

（5）施工图纸及主要设备技术说明书等。

（6）施工合同。

2. 工程验收的主要内容

（1）检查工程是否按照批准的设计进行建设。

（2）检查已完工程在设计、施工、设备制造安装等方面的质量及相关资料的收集、整理和归档情况。

（3）检查工程是否具备运行或进行下一阶段建设的条件。

（4）检查工程投资控制和资金使用情况。

（5）对验收遗留问题提出处理意见。

（6）对工程建设作出评价和结论。

第二节　法　人　验　收

法人验收包括：分部工程验收、单位工程验收、水电站（泵站）中间机组启动验收、合同工程完工验收等。

一、分部工程验收

1. 分部工程验收工作组组成

分部工程验收应由项目法人（或委托监理机构）主持，验收工作组应由项目法人、勘测、设计、监理、施工、主要设备制造（供应）商等单位的代表组成。运行管理单位根据具体情况决定是否参加。对于大型枢纽工程主要建筑物的分部工程验收会议，质量监督单位宜列席参加。

2. 验收工作组成员的资格

大型工程分部工程验收工作组成员应具有中级及以上技术职称或相应执业资格；其他工程的验收工作组成员应具有相应的专业知识或执业资格。参加分部工程验收的每个单位

代表人数不宜超过 2 名。

3．分部工程验收应具备的条件

（1）所有单元工程已经完成。

（2）已完单元工程施工质量经评定全部合格，有关质量缺陷已处理完毕或有监理机构批准的处理意见。

（3）合同约定的其他条件。

4．分部工程验收的主要内容

（1）检查工程是否达到设计标准或合同约定标准的要求。

（2）按照《水利水电工程施工质量检验与评定规程》（SL 176—2007），评定工程施工质量等级。

（3）对验收中发现的问题提出处理意见。

5．分部工程验收的程序

（1）分部工程具备验收条件时，由承包人向项目法人提交验收申请报告。项目法人应在收到验收申请报告之日起 10 个工作日内决定是否同意进行验收。

（2）进行分部工程验收时，验收工作组听取承包人工程建设和单元工程质量评定情况的汇报。

（3）现场检查工程完成情况和工程质量。

（4）检查单元工程质量评定及相关档案资料。

（5）讨论并通过分部工程验收鉴定书，验收工作组成员签字；如有遗留问题应有书面记录并有相关责任单位代表签字；书面记录随验收鉴定书一并归档。

6．其他

项目法人应在分部工程验收通过之日起 10 个工作日内，将验收质量结论和相关资料报质量监督机构核备。大型枢纽工程主要建筑物分部工程的验收质量结论应报质量监督机构核定。质量监督机构应在收到验收结论之日起 20 个工作日内，将核备（定）意见书反馈项目法人。项目法人在验收通过 30 个工作日内，将验收鉴定书分发有关单位。

二、单位工程验收

1．单位工程验收工作组组成

单位工程验收应由项目法人主持，验收工作组应由项目法人、勘测、设计、监理、施工、主要设备制造（供应）商、运行管理等单位的代表组成。必要时可邀请上述单位以外的专家参加。

2．验收工作组成员的资格

单位工程验收工作组成员应具有中级及以上技术职称或相应执业资格。每个单位代表人数不宜超过 3 名。

3．单位工程验收应具备的条件

（1）所有分部工程已完建并验收合格。

（2）分部工程验收遗留问题已处理完毕并通过验收，未处理的遗留问题不影响单位工程质量评定并有处理意见。

（3）合同约定的其他条件。

4．单位工程验收的主要内容

（1）检查工程是否按照批准的设计的内容完成。

（2）评定工程施工质量等级。

（3）检查分部工程验收遗留问题处理情况及相关记录。

（4）对验收中发现的问题提出处理意见。

5．单位工程验收的程序

（1）单位工程具备验收条件时，由承包人向项目法人提交验收申请报告。项目法人应在收到验收申请报告之日起 10 个工作日内决定是否同意进行验收。项目法人决定验收时，还应提前通知质量和安全监督机构，质量监督和安全监督机构应派员列席参加验收会议。

（2）进行单位工程验收时，验收工作组听取参建单位工程建设有关情况的汇报。

（3）现场检查工程完成情况和工程质量。

（4）检查分部工程验收有关文件及相关档案资料。

（5）讨论并通过单位工程验收鉴定书，验收工作组成员签字；如有遗留问题需书面记录并由相关责任单位代表签字；书面记录随验收鉴定书一并归档。

6．其他

（1）需要提前投入使用的单位工程应进行单位工程投入使用验收。验收主持单位为项目法人，根据具体情况，经验收主持单位同意，单位工程投入使用验收也可由竣工验收主持单位或其委托的单位主持。

（2）项目法人应在单位工程验收通过 10 个工作日内，将验收质量结论和相关资料报质量监督机构核定。质量监督机构应在收到验收结论之日起 20 个工作日内，将核备（定）意见书反馈项目法人。项目法人在验收通过 30 个工作日内，将验收鉴定书分发有关单位。

三、合同工程完工验收

1．合同工程验收工作组组成

合同工程验收应由项目法人主持，验收工作组应由项目法人、勘测、设计、监理、施工、主要设备制造（供应）商等单位的代表组成。

2．合同工程验收应具备的条件

（1）合同范围内的工程项目和工作已按合同约定完成。

（2）工程已按规定进行了有关验收。

（3）观测仪器和设备已测得初始值及施工期各项观测值。

（4）工程质量缺陷已按要求进行处理。

（5）工程完工结算已完成。

（6）施工现场已经进行清理。

（7）需移交项目法人的档案资料已按要求整理完毕。

（8）合同约定的其他条件。

3．合同工程验收的主要内容

（1）检查合同范围内工程项目和工作完成情况。

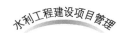

（2）检查施工现场清理情况。

（3）检查已投入使用工程运行情况。

（4）检查验收资料整理情况。

（5）鉴定工程施工质量。

（6）检查工程完工结算情况。

（7）检查历次验收遗留问题的处理情况。

（8）对验收中发现的问题提出处理意见。

（9）确定合同工程完工日期。

（10）讨论并通过合同工程完工验收鉴定书。

4. 合同工程验收的程序

合同工程具备验收条件时，由承包人向项目法人提交验收申请报告。项目法人应在收到验收申请报告之日起 20 个工作日内决定是否同意进行验收。

5. 其他

项目法人应在合同工程验收通过 30 个工作日内，将验收鉴定书分发有关单位，并报送法人验收监督管理机关备案。

第三节　阶　段　验　收

一、阶段验收的一般规定

（1）阶段验收应包括枢纽工程导（截）流验收、水库下闸蓄水验收、引（调）排水工程通水验收、水电站（泵站）首（末）台机组启动验收、部分工程投入使用验收，以及竣工验收主持单位根据工程建设需要增加的其他验收。

（2）阶段验收应由竣工验收主持单位或其委托的单位主持。其验收委员会应由验收主持单位、质量和安全监督机构、运行管理单位的代表以及有关专家组成；必要时可邀请地方人民政府以及有关部门的代表参加。工程参建单位应派代表参加阶段验收，并作为被验收单位在验收鉴定书上签字。

（3）工程建设具备阶段验收条件时，项目法人应提出阶段验收申请报告，阶段验收申请报告应由法人验收监督管理机关审查后转报竣工验收主持单位，竣工验收主持单位应自收到申请报告之日起 20 个工作日内决定是否同意进行阶段验收。

二、阶段验收的主要内容

（1）检查已完工程的形象面貌和工程质量。

（2）检查在建工程的建设情况。

（3）检查未完工程的计划安排和主要技术措施落实情况，以及是否具备施工条件。

（4）检查拟投入使用的工程是否具备运行条件。

（5）检查历次验收遗留问题的处理情况。

（6）鉴定已完工程施工质量。

（7）对验收中发现的问题提出处理意见。

（8）讨论并通过阶段验收鉴定书。

三、枢纽工程导（截）流验收

1. 导（截）流验收应具备的条件

（1）导流工程已基本完成，具备过流条件，投入使用（包括采取措施后）不影响其他后续工程继续施工。

（2）满足截流要求的水下隐蔽工程已完成。

（3）截流设计已获批准，截流方案已编制完成，并做好各项准备工作。

（4）工程度汛方案已经由有管辖权的防汛指挥部门批准，相关措施已落实。

（5）截流后壅高水位以下的移民搬迁安置和库底清理已完成并通过验收。

（6）有航运功能的河道，碍航问题已得到解决。

2. 导（截）流验收包括的主要内容

（1）检查已完水下工程、隐蔽工程、导（截）流工程是否满足导（截）流要求。

（2）检查建设征地、移民搬迁安置和库底清理完成情况。

（3）审查截流方案，检查导（截）流措施和准备工作落实情况。

（4）检查为解决碍航等问题而采取的工程措施落实情况。

（5）鉴定与截流有关的已完工程施工质量。

（6）对验收中发现的问题提出处理意见。

（7）讨论并通过阶段验收鉴定书。

四、水库下闸蓄水验收

1. 下闸蓄水验收应具备的条件

（1）挡水建设物的形象面貌满足蓄水位的要求。

（2）蓄水淹没范围内的移民搬迁安置和库底清理已完成并通过验收。

（3）蓄水后需要投入使用的泄水建筑物已基本完成，具备过流条件。

（4）有关观测仪器、设备已按设计要求安装和调试，并已测得初始值和施工期观测值。

（5）蓄水后未完工程的建设计划和施工措施已落实。

（6）蓄水安全鉴定报告已提交。

（7）蓄水后可能影响工程安全运行的问题已处理，有关重大技术问题已有结论。

（8）蓄水计划、导流洞封堵方案等已编制完成，并做好各项准备工作。

（9）年度度汛方案（包括调度运用方案）已经由有管辖权的防汛指挥部门批准，相关措施已落实。

2. 下闸蓄水验收的主要内容

（1）检查已完工程是否满足蓄水要求。

（2）检查建设征地、移民搬迁安置和库底清理完成情况。

（3）检查近坝库岸处理情况。

（4）检查蓄水准备工作落实情况。

（5）鉴定与蓄水有关的已完工程施工质量。

（6）对验收中发现的问题提出处理意见。

（7）讨论并通过阶段验收鉴定书。

五、引（调）排水工程通水验收

1. 通水验收应具备的条件

（1）引（调）排水建筑物的形象面貌满足通水的要求。

（2）通水后未完工程的建设计划和施工措施已落实。

（3）引（调）排水位以下的移民搬迁安置和障碍物清理已完成并通过验收。

（4）引（调）排水的调度运用方案已编制完成；度汛方案已得到有管辖权的防汛指挥部门批准，相关措施已落实。

2. 通水验收的主要内容

（1）检查已完工程是否满足通水的要求。

（2）检查建设征地、移民搬迁安置和清障完成情况。

（3）检查通水准备工作落实情况。

（4）鉴定与通水有关的工程施工质量。

（5）对验收中发现的问题提出处理意见。

（6）讨论并通过阶段验收鉴定书。

六、水电站（泵站）机组启动验收

1. 启动验收的主要工作

机组启动试运行工作组应进行的主要工作如下：

（1）审查批准承包人编制的机组启动试运行试验文件和机组启动试运行操作规程等。

（2）检查机组及相应附属设备安装、调试、试验以及分部试验运行情况，决定是否进行充水试验和空载试运行。

（3）检查机组充水试验和空载试运行情况。

（4）检查机组带主变压器与高压配电装置试验和并列及符合试验情况，决定是否进行机组带负荷连续运行。

（5）检查机组带负荷连续运行情况。

（6）检查带负荷连续运行结束后消缺处理情况。

（7）审查承包人编写的机组带负荷连续运行情况报告。

2. 机组带负荷连续运行的条件

机组带负荷连续运行应符合以下条件：

（1）水电站机组带额定负荷连续运行时间为 72h；泵站机组带额定负荷连续运行时间为 24h 或 7 天内累计运行时间为 48h，包括机组无故障停机次数不少于 3 次。

（2）受水位或水量限制无法满足上述要求时，经过项目法人组织论证并提出专门报告报验收主持单位批准后，可适当降低机组启动运行负荷以及减少连续运行的时间。

3. 技术预验收

在首（末）台机组启动验收前，验收主持单位应组织进行技术预验收，技术预验收应在机组启动试运行后进行。

4. 技术预验收应具备的条件

（1）与机组启动运行有关的建筑物基本完成，满足机组启动运行要求。

（2）与机组启动运行有关的金属结构及启闭设备安装完成，并经过调试合格，可满足机组启动运行要求。

（3）过水建筑物已具备过水条件，满足机组启动运行要求。

（4）压力容器、压力管道以及消防系统等已通过有关主管部门的检测或验收。

（5）机组、附属设备以及油、水、气等辅助设备安装完成，经调试合格并经分部试运转，满足机组启动运行要求。

（6）必要的输配电设备安装调试完成，并通过电力部门组织的安全性评价或验收，送（供）电准备工作已就绪，通信系统满足机组启动运行要求。

（7）机组启动运行的测量、监测、控制和保护等电气设备已安装完成并调试合格。

（8）有关机组启动运行的安全防护措施已落实，并准备就绪。

（9）按设计要求配备的仪器、仪表、工具及其他机电设备已能满足机组启动运行的需要。

（10）机组启动运行操作规程已编制，并得到批准。

（11）水库水位控制与发电水位调度计划已编制完成，并得到相关部门的批准。

（12）运行管理人员的配备可满足机组启动运行的要求。

（13）水位和引水量满足机组启动运行最低要求。

（14）机组按要求完成带负荷连续运行。

5. 技术预验收的主要内容

（1）听取有关建设、设计、监理、施工和试运行情况报告。

（2）检查评价机组及其辅助设备质量、有关工程施工安装质量；检查试运行情况和消缺处理情况。

（3）对验收中发现的问题提出处理意见。

（4）讨论形成机组启动技术预验收工作报告。

6. 首（末）台机组启动验收应具备的条件

（1）技术预验收工作报告已提交。

（2）技术预验收工作报告中提出的遗留问题已处理。

7. 首（末）台机组启动验收的主要内容

（1）听取工程建设管理报告和技术预验收工作报告。

（2）检查机组和有关工程施工和设备安装以及运行情况。

（3）鉴定工程施工质量。

（4）讨论并通过机组启动验收鉴定书。

七、部分工程投入使用验收

主要是指项目施工工期因故拖延，并预期完成计划不确定的工程项目，部分已完成工

程需要投入使用的，应进行部分工程投入使用验收。

在部分工程投入使用验收申请报告中，应包含项目施工工期拖延的原因、预期完成计划的有关情况和部分已完成工程提前投入使用的理由等内容。

1. 部分工程投入使用验收应具备的条件

（1）拟投入使用工程已按批准设计文件规定的内容完成并已通过相应的法人验收。

（2）拟投入使用工程已具备运行管理条件。

（3）工程投入使用后，不影响其他工程正常施工，且其他工程施工不影响拟投入使用工程安全运行（包括采取防护措施）。

（4）项目法人与运行管理单位已签订工程提前使用协议。

（5）工程调度运行方案已编制完成；度汛方案已经由有管辖权的防汛指挥部门批准，相关措施已落实。

2. 部分工程投入使用验收的主要内容

（1）检查拟投入使用工程是否已按批准设计完成。

（2）检查工程是否已具备正常的运行条件。

（3）鉴定工程施工质量。

（4）检查工程的调度运用、度汛方案落实情况。

（5）对验收中发现的问题提出处理意见。

（6）讨论并通过部分工程投入使用验收鉴定书。

第四节 专 项 验 收

水利工程的专项验收一般分为档案资料验收、征地移民工程验收、环境工程验收、消防工程等。专项验收主持单位应按国家和相关行业的有关规定确定。

一、档案资料专项验收

水利工程的档案验收按照《水利工程建设项目档案验收管理办法》（水办〔2008〕366号）文件要求执行。

1. 档案验收应具备的条件

（1）项目主体工程、辅助工程和公用设施，已按批准的设计文件要求建成，各项指标已达到设计能力并满足一定运行条件。

（2）项目法人与各参建单位已基本完成应归档文件材料的收集、整理、归档和移交工作。

（3）监理单位对本单位和主要承包人提交的工程档案的整理情况与内在质量进行了审核，认为已达到验收标准，并提交了专项审核报告。

（4）项目法人基本实现了对项目档案的集中统一管理，且按要求完成了自检工作，并达到了《水利工程建设项目档案验收管理办法》规定的评分标准合格以上分数。

2. 档案验收申请

（1）档案验收申请的内容：项目法人开展档案自检工作的情况说明、自检得分数、自检结论等内容，并附以项目法人的档案自检工作报告和监理单位专项审核报告。

（2）档案自检工作报告的主要内容：工程概况，工程档案管理情况，文件材料收集、整理、归档与保管情况，竣工图编制与整理情况，档案自检工作的组织情况，对自检或以往阶段验收发现问题的整改情况，按照《水利工程建设项目档案验收管理办法》规定的评分标准自检得分与扣分情况，目前仍存在的问题，对工程档案完整、准确、系统性的自我评价等内容。

（3）专项审核报告的主要内容：监理单位履行审核责任的组织情况，对监理和承包人提交的项目档案审核、把关情况，审核档案的范围、数量，审核中发现的主要问题与整改情况，对档案内容与整理质量的综合评价，目前仍存在的问题，审核结果等内容。

3. 验收组织

（1）档案验收由项目竣工验收主持单位的档案业务主管部门负责组织。

（2）档案验收的组织单位，应对申请验收单位报送的材料进行认真审核，并根据项目建设规模及档案收集、整理的实际情况，决定先进行预验收或直接进行验收。对预验收合格或直接进行验收的项目，应在收到验收申请后的 40 个工作日内组织验收。

（3）档案验收的组织单位应会同国家或地方档案行政管理部门成立档案验收组进行验收。验收组成员，一般应包括档案验收组织单位的档案部门、国家或地方档案行政管理部门、有关流域机构和地方水行政主管部门的代表及有关专家。

（4）档案验收应形成验收意见。验收意见须经验收组 2/3 以上成员同意，并履行签字手续，注明单位、职务、专业技术职称。验收成员对验收意见有异议的，可在验收意见中注明个人意见并签字确认。验收意见应由档案组织单位印发给申请验收单位，并报国家或省级档案行政管理部门备案。

4. 档案验收会议主要议程

（1）验收组组长宣布验收会议文件及验收组组成人员名单。

（2）项目法人汇报工程概况和档案管理与自检情况。

（3）监理单位汇报工程档案审核情况。

（4）已进行预验收的，由预验收组织单位汇报预验收意见及有关情况。

（5）验收组对汇报有关情况提出质询，并察看工程建设现场。

（6）验收组检查工程档案管理情况，并按比例抽查已归档文件材料。

（7）验收组结合检查情况按验收标准逐项赋分，并进行综合评议、讨论，形成档案验收意见。

（8）验收组与项目法人交换意见，通报验收情况。

（9）验收组组长宣读验收意见。

5. 档案验收意见的内容

（1）前言（验收会议的依据、时间、地点及验收组组成情况，工程概况，验收工作的步骤、方法与内容简述）。

（2）档案工作基本情况：工程档案工作管理体制与管理状况。

（3）文件材料的收集、整理质量，竣工图的编制质量与整理情况，已归档文件材料的种类与数量。

（4）工程档案的完整、准确、系统性评价。

（5）存在问题及整改要求。

（6）得分情况及验收结论。

（7）附件：档案验收组成员签字表。

二、征地移民专项验收

征地移民工程是水利工程中重要的组成部分，做好征地移民工程的验收工作对主体工程发挥效益具有重要的意义。

1. 征地移民验收应具备的条件

（1）移民工程已按批准设计文件规定的内容完成，并已通过相应的验收。

（2）移民全部搬迁，并按照移民规划全部安置完毕。

（3）征地和移民各项补偿费全部足额到位，并下发到移民户。

（4）土地征用的各项手续齐全。

（5）征地移民中遗留问题全部处理完毕，或已经落实。

2. 征地移民验收的主要内容

（1）检查移民工程是否按照批准设计完成，工程质量是否满足设计要求。

（2）检查移民搬迁安置是否全部完成。

（3）检查征地移民各项补偿费用是否足额到位，并是否下发到移民户。

（4）检查征地的各项手续是否齐全。

（5）对验收中发现的问题提出处理意见。

（6）讨论并通过阶段验收鉴定书。

三、其他专项工程验收

环保工程、消防工程的验收按照国家和相关行业的规定进行。

在上述工程完成后，项目法人应按照国家和相关行业主管部门的规定，向有关部门提出专项验收申请报告，并做好有关准备和配合工作。

专项验收成果性文件是工程竣工验收成果文件的组成部分，项目法人提交竣工验收申请报告时，应附相关专项验收成果性文件复印件。

第五节　竣　工　验　收

一、竣工验收的一般规定

（1）竣工验收应在工程建设项目全部完成并满足一定运行条件后 1 年内进行。不能按期进行竣工验收的，经竣工验收主持单位同意，可适当延长期限，但不应超过 6 个月。一定运行条件是指：

1）泵站工程经过一个排水或抽水期。

2）河道疏浚工程完成后。

3）其他工程经过 6 个月（经过一个汛期）至 12 个月。

（2）工程具备验收条件时，项目法人应提出竣工验收申请报告。竣工验收申请报告应由法人验收监督管理机关审查后转报竣工验收主持单位。

（3）工程未能按期进行竣工验收的，项目法人应向竣工验收主持单位提出延期竣工验收专题申请报告。申请报告应包括延期竣工验收的主要原因及计划延长的时间等内容。

（4）项目法人编制竣工财务决算后，应报送竣工验收主持单位财务部门进行审查和审计部门进行竣工审计。审计部门应出具竣工审计意见。项目法人应对审计意见中提出的问题进行整改并提交整改报告。

（5）竣工验收应具备如下条件：

1）工程已按设计全部完成。

2）工程重大设计变更已经有审批权的单位批准。

3）各单位工程能正常运行。

4）历次验收所发现的问题已基本处理完毕。

5）各专项验收已通过。

6）工程投资已全部到位。

7）竣工财务决算已通过竣工审计，审计意见中提出的问题已整改并提交了整改报告。

8）运行管理单位已明确，管理养护经费已基本落实。

9）质量和安全监督工作报告已提交，工程质量达到合格标准。

10）竣工验收资料已准备就绪。

（6）工程少量建设内容未完成，但不影响工程正常运行，且能符合财务有关规定，项目法人已对尾工作出安排，经竣工验收主持单位同意，可进行竣工验收。

（7）竣工验收的程序如下：

1）项目法人组织进行竣工验收自查。

2）项目法人提交竣工验收申请报告。

3）竣工验收主持单位批复竣工验收申请报告。

4）进行竣工技术预验收。

5）召开竣工验收会议。

6）印发竣工验收鉴定书。

二、竣工验收自查

（1）申请竣工验收前，项目法人应组织竣工验收自查。自查工作应由项目法人主持，勘测、设计、监理、施工、主要设备制造（供应）商以及运行管理等单位的代表参加。

（2）竣工验收自查报告应包括以下主要内容：

1）检查有关单位的工作报告。

2）检查工程建设情况，评定工程项目施工质量等级。

3）检查历次验收、专项验收的遗留问题和工程初期运行所发现问题的处理情况。

4）确定工程尾工内容及其完成期限和责任单位。

5）对竣工验收前应完成的工作作出安排。

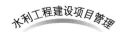

6）讨论并通过竣工验收自查工作报告。

（3）项目法人组织工程竣工验收自查前，应提前 10 个工作日通知质量和安全监督机构，同时向法人验收监督管理机关报告。质量和安全监督机构应派员列席自查工作会议。

（4）项目法人应在完成竣工验收自查工作之日起 10 个工作日内，将自查的工程项目质量结论和相关资料报质量监督机构。

（5）参加竣工验收自查的人员应在自查工作报告上签字。项目法人应自竣工验收自查工作报告通过之日起 30 个工作日内，将自查报告报法人验收监督管理机关。

三、工程质量抽样检测

（1）根据竣工验收的需要，竣工验收主持单位可以委托具有相应资质的工程质量检测单位对工程质量进行抽样检测。项目法人应与工程质量检测单位签订工程质量检测合同。检测所需费用由项目法人列支，质量不合格工程所发生的检测费用由责任单位承担。

（2）工程质量检测单位不应与参与工程建设的项目法人、设计、监理、施工、设备制造（供应）商等单位隶属同一经营实体。

（3）根据竣工验收主持单位的要求和项目的具体情况，项目法人应负责提出工程质量抽样检测的项目、内容、数量，经质量监督机构审核后报竣工验收主持单位核定。

（4）工程质量检测单位应按有关技术标准对工程进行质量检测，按合同要求及时提出质量检测报告并对检测结论负责任。项目法人应自收到检测报告 10 个工作日内将检测报告报竣工验收主持单位。

（5）对抽样检测中发现的质量问题，应及时组织有关单位研究处理。在影响工程安全运行以及使用功能的质量问题未处理完毕前，不应进行竣工验收。

四、竣工技术预验收

（1）竣工技术预验收由竣工验收主持单位组织的专家组负责。技术预验收专家组成员应具有高级技术职称或相关职业资格，成员 2/3 以上应来自工程非参建单位。工程参建单位的代表应参加技术预验收，负责回答专家组提出的问题。

（2）竣工技术预验收专家组可下设专业工作组，并在各专业工作组检查意见的基础上形成竣工技术预验收工作报告。

（3）竣工技术预验收应包括以下主要内容：

1）检查工程是否按批准的设计完成。

2）检查工程是否存在质量隐患和影响工程安全运行的问题。

3）检查历次验收、专项验收的遗留问题和工程初期运行中所发现的问题的处理情况。

4）对工程重大技术问题作出评价。

5）检查工程尾工安排情况。

6）鉴定工程施工质量。

7）检查工程投资、财务情况。

8）对验收中发现的问题提出处理意见。

（4）竣工技术预验收的程序如下：

1）现场检查工程建设情况并查阅有关工程建设资料。

2）听取项目法人、设计、监理、施工、质量和安全监督机构、运行管理等单位工作报告。

3）听取竣工验收技术鉴定报告和工程质量抽样检测报告。

4）专业工作组讨论并形成各专业工作组意见。

5）讨论并通过竣工技术预验收工作报告。

6）讨论并形成竣工验收鉴定书初稿。

五、竣工验收

（1）竣工验收委员会可设主任委员1名，副主任委员以及委员若干名，主任委员应由验收主持单位代表担任。竣工验收委员会应由竣工验收主持单位、有关地方人民政府和部门、有关水行政主管部门和流域管理机构、质量和安全监督机构、运行管理单位的代表以及有关专家组成。

（2）项目法人、勘测、设计、监理、施工和主要设备制造（供应）商等单位应派代表参加竣工验收，负责解答验收委员会提出的问题，并作为被验收单位代表在验收鉴定书上签字。

（3）竣工验收会议的主要内容和程序如下：

1）现场检查工程建设情况及查阅有关资料。

2）召开大会，会议包括以下议程：

——宣布验收委员会组成人员名单；

——观看工程建设声像资料；

——听取工程建设管理工作报告；

——听取竣工技术预验收工作报告；

——听取验收委员会确定的其他报告；

——讨论并通过竣工验收鉴定书；

——验收委员会和被验单位代表在竣工验收鉴定书上签字。

（4）工程项目质量达到合格以上等级的，竣工验收的质量结论意见应为合格。

（5）竣工验收鉴定书数量应按验收委员会组成单位、工程主要参建单位各1份以及归档所需要份数确定。自鉴定书通过之日起30个工作日内，应由竣工验收主持单位发送有关单位。

第六节　工程移交及遗留问题处理

一、工程交接

（1）通过合同工程完工验收或投入使用验收后，项目法人与承包人应在30个工作日内组织专人负责工程的交接工作，交接过程应有完整的文字记录，且有双方交接负责人签字。

（2）项目法人与承包人应在施工合同或验收鉴定书约定的时间内完成工程及其档案资料的交接工作。

（3）工程办理具体交接手续的同时，承包人应向项目法人递交工程质量保修书，保修书的内容应符合合同约定的条件。

（4）工程质量保修期应从工程通过合同工程完工验收后开始计算，但合同另有约定的除外。

（5）在承包人提交了工程质量保修书、完成施工场地清理以及提交有关竣工资料后，项目法人应在 30 个工作日内向承包人颁发合同工程完工证书。

二、工程移交

（1）工程通过投入使用验收后，项目法人宜及时将工程移交运行管理单位管理，并与其签订工程启动运行协议。

（2）在竣工验收鉴定书印发后 60 个工作日内，项目法人与运行管理单位应完成工程移交手续。

（3）工程移交应包括工程实体、其他固定资产和工程档案资料等，应按照初步设计等有关批准文件进行逐项清点，并办理移交手续。

（4）办理工程移交，应有完整的文字记录和双方法定代表人签字。

三、验收遗留问题及尾工处理

（1）有关验收成果性文件应对验收遗留问题有明确的记载。影响工程正常运行的，不应作为验收遗留问题处理。

（2）验收遗留问题和尾工的处理应由项目法人负责。项目法人应按照竣工验收鉴定书、合同约定等要求，督促有关责任单位完成处理工作。

（3）验收遗留问题和尾工处理完成后，有关单位应组织验收，并形成验收成果性文件。项目法人应参加验收并负责将验收成果性文件报竣工验收主持单位。

（4）工程竣工验收后，应由项目法人负责处理的验收遗留问题，项目法人已撤销的，应由组建或批准组建项目法人的单位或其他指定的单位处理完成。

四、工程竣工证书颁发

（1）工程质量保修期满后 30 个工作日内，项目法人应向承包人颁发工程质量保修责任终止证书。但保修责任范围内的质量缺陷未处理完成的应除外。

（2）工程质量保修期满以及验收遗留问题和尾工处理完成后，项目法人应向工程竣工验收主持单位申请领取竣工证书。申请报告包括以下内容：

1）工程移交情况。

2）工程运行管理情况。

3）验收遗留问题和尾工处理情况。

4）工程质量保修期有关情况。

（3）竣工验收主持单位应自收到项目法人申请报告后 30 个工作日内决定是否颁发工

程竣工证书。工程竣工证书应符合以下条件：

1）竣工验收鉴定书已印发。

2）工程遗留问题和尾工处理已完成并通过验收。

3）工程已全面移交运行管理单位管理。

（4）工程竣工证书是项目法人全面完成工程项目建设管理任务的证书，也是工程参建单位完成相应工程建设任务的最终证明文件。

附录 A　工程竣工验收有关报告编制大纲

一、工程建设管理工作报告编写大纲

1　工程概况

1.1　工程位置

1.2　立项、初设文件批复

1.3　工程建设任务及设计标准

1.4　主要技术特征指标

1.5　工程主要建设内容

1.6　工程布置

1.7　工程投资

1.8　主要工程量和总工期

2　工程建设简况

2.1　施工准备

2.2　工程施工分标情况及参建单位

2.3　工程开工报告及批复

2.4　主要工程开、完工日期

2.5　主要工程施工过程

2.6　主要设计变更

2.7　重大技术问题处理

2.8　施工期防汛度汛

3　专项工程和工作

3.1　征地补偿和移民安置

3.2　环境保护工程

3.3　水土保持设施

3.4　工程建设档案

4　项目管理

4.1　机构设置及工作情况

4.2　主要项目招投标过程

4.3　工程概算与投资计划完成情况

　　批准概算与实际执行情况、年度计划安排、投资来源、资金到位及完成情况

4.4　合同管理

4.5　材料及设备供应

4.6　价款结算与资金筹措

5　工程质量

5.1 工程质量管理体系和质量监督

5.2 工程项目划分

5.3 质量控制和检测

5.4 质量事故处理情况

5.5 质量等级评定

6 安全生产与文明施工

7 工程验收

7.1 单位工程验收

7.2 阶段验收

7.3 专项验收

8 蓄水安全鉴定和竣工验收技术鉴定

8.1 蓄水安全鉴定（鉴定情况、主要结论）

8.2 竣工验收技术鉴定

9 历次验收、鉴定遗留问题处理情况

10 工程运行管理情况

10.1 管理机构人员和经费情况

10.2 工程移交

11 工程初期运用及效益

11.1 工程初期运行情况

11.2 工程初期效益

11.3 工程观测、监测资料分析

12 竣工财务决算编制与竣工审计情况

13 存在问题及处理意见

14 工程尾工安排

15 经验与建议

16 附件

16.1 项目法人的机构设置及主要工作人员情况表

16.2 项目建议书、可行性研究报告、初步设计等批准文件及调整批准文件

二、工程设计工作报告编写大纲

1 工程概况

2 工程规划设计要点

3 工程设计审查意见落实

4 工程标准

5 设计变更

6 设计文件质量管理

7 设计为工程建设服务

8 工程评价

9 经验与建议

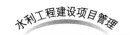

10 附件

10.1 设计机构设置和主要工作人员情况表

10.2 工程设计大事记

10.3 技术标准目录

三、工程建设监理工作报告编写大纲

1 工程概况

2 监理规划

3 监理过程

4 监理效果

5 工程评价

6 经验与建议

7 附件

7.1 监理机构的设置与主要工作人员情况表

7.2 工程建设监理大事记

四、工程施工管理工作报告编写大纲

1 工程概况

2 工程投标

3 施工进度管理

4 主要施工方法

5 施工质量管理

6 文明施工与安全生产

7 合同管理

8 经验与建议

9 附件

9.1 施工管理机构设置及主要工作人员情况表

9.2 投标时计划投入的资源与施工实际投入资源情况表

9.3 工程施工管理大事记

9.4 技术标准目录

五、工程运行管理工作报告编写大纲

1 工程概况

2 运行管理

3 工程初期运行情况

4 工程监测资料和分析

5 意见和建议

6 附件

6.1 运行管理机构设立的批文

6.2 机构设置情况和主要工作人员情况

6.3 规章制度目录

附录 B　有关水利工程施工强制标准

B.1　水利工程施工安全与卫生

《工程建设标准强制性条文》（以下简称《强制性条文》）的"安全与卫生"规定摘录自《水利水电建筑安装安全技术工作规程》（SD 267—88），共 24 条，内容涉及伤亡事故的处理原则、警示性标志、爆破安全警戒、爆破器材保管及运输、爆破器材仓库、施工用电、施工人员安全以及卫生要求等。需掌握的主要内容如下。

一、安全

（一）处理伤亡事故的原则与要求

SD 267—88 第一篇第 0.0.9 条规定：

0.0.9　对于伤亡事故，职业病的调查和处理，必须认真地贯彻执行国家有关规定。发生事故后，应按照"三不放过"的原则，认真地从生产、技术、设备、管理制度等方面找出事故原因，查明责任，确定改进措施，指定专人，限期贯彻执行，并按规定上报有关部门。

【本条的重点是"三不放过"的原则，即坚持"事故原因不查清楚不放过、主要事故责任者和职工未受教育不放过、补救和防范措施不落实不放过"的原则】

（二）警示性标志的要求

SD 267—88 第二篇第 1.0.4 条和 1.0.5 条规定：

1.0.4　施工现场的洞、坑、沟、升降口、漏斗等危险处应有明显标志。

1.0.5　交通频繁的交叉路口，应设专人指挥，火车道口两侧应设路杆。危险地段，要悬挂"危险"或"禁止通行"标志牌，夜间设红灯示警。

（三）爆破安全警戒的要求

SD 267—88 第二篇第 1.0.15 条规定：

1.0.15　爆破作业，必须统一指挥、统一信号，划定安全警戒区，并明确安全警戒人员。在装药、连线开始前，无关人员一律退到安全地点隐蔽。爆破后，须经炮工进行检查。确认安全后，其他人员方能进入现场。对暗挖石方爆破尚须经过通风，恢复照明、安全处理后，方可进行其他工作。

（四）施工用电的安全要求

SD 267—88 第二篇第 1.0.16 条规定：

1.0.16　施工照明及线路应符合下列要求：

1　在存有易燃、易爆物品的场所，或有瓦斯的巷道内照明设备必须采取防爆措施。

2　电源线路不得破损、裸露线芯、接触潮湿地面，以及接近热源和直接绑挂在金属构件上。

3　严禁将电源线芯弯成裸钩挂在电源线路或电源开关上通电使用。

4 保险丝不得超过荷载容量的规定，更不得以其他金属丝代替保险丝使用。

5 照明设备拆除后，不得留有带电的部分，如必须保留时，则应切断电源，线头包以绝缘，固定于距地面 2.5m 以上的适当处。

6 临时建筑物的照明线路，应固定在绝缘子上，且距建筑物不得小于 2.5cm，穿过墙壁时，应套绝缘管。

（五）施工人员安全的规定

SD 267—88 第二篇第 1.0.1 条、2.1.2 条、2.1.4 条、2.1.6 条、2.1.15 条规定：

1.0.1 进入现场的施工人员，必须按规定穿戴好防护用品和必要的安全防护用具，严禁穿拖鞋、高跟鞋或赤脚工作（特殊规定者除外）。

2.1.2 凡经医生诊断，患高血压、心脏病、贫血、精神病以及其他不适于高处作业病症的人员，不得从事高处作业。

2.1.4 高处作业下面或附近有煤气、烟尘及其他有害气体必须采取排除或隔离等措施，否则不得施工。

2.1.6 在坝顶、陡坡、屋顶、悬崖、杆塔、吊桥脚手架以及其他危险边沿进行悬空高处作业时，临空一面必须搭设安全网或防护栏杆。工作人员必须拴好安全带，戴好安全帽。

2.1.15 高处作业人员使用电梯、吊篮、升降机等设备垂直上下时，必须装有灵敏、可靠的控制器、限位器等安全装置。

（六）拆除工作的安全要求

SD 267—88 第二篇第 1.0.18 条规定：

1.0.18 拆除工作必须符合下列要求：

进行大型拆除项目开工之前，必须制定安全技术措施，并在技术负责人的指导下确保各项措施的落实；一般拆除工作，也必须有专人指挥，以免发生事故。

（七）机电安装、运行管理安全的要求

SD 267—88 第二篇第 3.1.4 条规定：

3.1.4 机械的转动带、开式齿轮、电锯、砂轮、接近于行走面的联轴节、转轴、皮带轮和飞轮等危险部分，必须安设防护装置。

（八）施工防火安全的要求

SD 267—88 第二篇第 6.2.2 条规定：

6.2.2 施工现场各作业区与建筑物之间的防火安全距离应符合以下要求：

1 用火作业区距所建的建筑物和其他区域不得小于 25m，距生活区不小于 15m。

2 仓库区、易燃、可燃材料堆积场和其他区域不得小于 20m。

3 易燃废品集中站距所建的建筑物和其他区域不小于 30m。

防火间距中，不应堆放易燃和可燃物质。

（九）爆破器材保管的要求

SD 267—88 第五篇第 1.0.6 条规定：

1.0.6 爆破器材必须储存于专用仓库内，不得任意存放。严禁将爆破器材分发给承包户或个人保存。

（十）运输爆破器材的要求

SD 267—88 第五篇第 3.2.2 条规定：

3.2.2　运输爆破器材必须遵守下列规定：

1　禁止用翻斗车、自卸汽车、拖车、机动三轮车、人力三轮车、摩托车和自行车等运输爆破器材。

2　车厢船底应加软垫。

二、卫生

（一）作业场所的卫生要求

SD 267—88 第二篇第 4.1.1 条规定：

4.1.1　施工现场、车间卫生设施、卫生标准等应符合《工业企业设计卫生标准》的规定，饮水水质必须符合《生活饮用水卫生标准》。

（二）保护地下水源的卫生要求

SD 267—88 第二篇第 4.1.8 条规定：

4.1.8　为防止污染地下水源，有害工业废水和生活污水不得排入渗坑、渗井或河道。含汞、砷、六价铬、铅、苯、锰、氰化物及其他毒性大的可溶性工业废渣，必须采取净化措施，严禁污染。

（三）特殊工种的人员定期身体检查的要求

SD 267—88 第二篇第 4.3.1 条规定：

4.3.1　承包人对接触粉尘、毒物的职工应定期进行身体健康检查。接触粉尘、毒物浓度比较高的工人，应每隔 6～12 个月检查一次，如粉尘、毒物的浓度已经经常低于国家标准时，可每隔 12～24 个月检查一次。

B.2　水利工程土石方施工

《强制性条文》（水利工程部分）的"土石方工程"引入 4 本标准的条文，共 14 条：《水工建筑物岩石基础开挖工程施工技术规范》（SL 47—94），3 条；《水工建筑物地下开挖工程施工技术规范》（SDJ 212—83），7 条；《水工预应力锚固施工规范》（SL 46—94），3 条；《水利水电地下工程锚喷支护施工技术规范》（SDJ 57—85），1 条。内容涉及开挖与锚固支护等要求。需掌握的主要内容是：

一、开挖

（一）明挖工程对钻孔爆破的要求

SL 47—94 第 1.0.8 条规定：

1.0.8　严禁在设计建基面、设计边坡附近采用洞室爆破法或药壶爆破法施工。

【由于洞室爆破和药壶爆破的装药直径较大，其爆破震动影响范围也较大，因此，在设计建基面、设计边坡附近禁止采用洞室爆破法或药壶爆破法施工】

（二）明挖工程的安全保护要求

SL 47—94 第 2.1.2 条和 3.2.6 条规定：

2.1.2　未经安全技术论证和主管部门批准，严禁采用自下而上的开挖方式。

3.2.6 钻孔爆破施工中，对建筑物或防护目标的安全有要求时，应进行爆破监测。

【开挖顺序的规定，目的是为了保证施工安全。上指岸坡，下指基坑】

（三）地下洞室洞脸施工作业的要求

SDJ 212—83 第 4.2.1 条和 4.2.4 条规定：

4.2.1 洞口削坡应自上而下进行，严禁上下垂直作业。同时应做好危石清理、坡面加固、马道开挖及排水等工作。

4.2.4 进洞前，须对洞脸岩体进行鉴定，确认稳定或采取措施后，方可开挖洞口。

（四）自上而下开挖竖井施工的要求

SDJ 212—83 第 4.2.2 条规定：

4.2.2 竖井采用自上而下全断面开挖方法时，应遵守下列规定：

1 必须锁好井口，确保井口稳定，防止井台上杂物坠入井内。

2 涌水和淋水地段，应有防水和排水措施。

3 Ⅳ类、Ⅴ类围岩地段，应及时支护。

（五）特大断面洞室开挖要求

SDJ 212—83 第 4.5.5 条规定：

4.5.5 特大断面洞室（或大断面隧洞），采用先拱后墙法施工时，拱脚开挖应符合下列要求：

1 拱脚线的最低点至下部开挖面的距离，不宜小于 1.5m。

2 拱脚及相邻处的边墙开挖，应有专门措施。

（六）洞室开挖对爆破安全的要求

SDJ 212—83 第 5.3.2 条、5.3.4 条和 5.3.7 条规定：

5.3.2 进行爆破时，人员应撤至受飞石、有害气体和爆破冲击波的影响范围之外，且无落石威胁的安全地点。单向开挖隧洞，安全地点距爆破工作面的距离应不少于 200m。

5.3.4 相向开挖的两个工作面相距 30m 放炮时，双方人员均须撤离工作面；相距 15m 时，应停止一方工作单项开挖贯通。

竖井或斜井单向自下而上开挖，距贯通面 5m 时，应自上而下贯通。

5.3.7 采用电力引爆方法，装炮时距工作面 30m 以内，应断开电流，可在 30m 以外用投光灯照明。

二、锚固与支护

（一）锚束防护的质量要求

SL 46—94 第 2.0.8 条规定：

2.0.8 预应力锚束永久性防护涂层材料必须满足以下各项要求：

1 对预应力钢材具有防腐蚀作用。

2 与预应力钢材具有牢固的黏结性，且无有害反应。

3 能与预应力钢材同步变形，在高应力状态下不脱壳、不脆裂。

4 具有较好的化学稳定性，在强碱条件下不降低其耐久性。

（二）预应力钢材的临时防护要求

SL 46—94 第 6.1.3 条规定：

6.1.3 锚束安放后，应及时进行张拉和作永久防护。

【只有及时地进行张拉，才能缩短锚束在不利环境中的停放时间，一般要求安装后 7 天内（含 7 天）进行张拉、灌浆】

（三）预应力锚杆（索）的安全施工

SL 46—94 第 8.3.2 条规定：

8.3.2 张拉操作人员未经考核不得上岗；张拉时必须按规定的操作程序进行，严禁违章操作。

（四）锚喷支护施工中的安全规定

SDJ 57—85 第 5.1.12 条规定：

5.1.12 竖井中的锚喷支护施工应遵守下列规定：

1 采用溜筒运送喷混凝土的干混合料时，井口溜筒喇叭口周围必须封闭严密。

2 喷射机置于地面时，竖井内输料钢管宜用法兰连接，悬吊应垂直牢固。

3 采取措施防止机具、配件和锚杆等物件掉落伤人。

4 操作平台应设置栏杆，作业人员必须佩戴安全带。可升降的操作平台必须符合现行《水工建筑物地下开挖工程施工技术规范》的有关规定。

B.3　水利工程砌石施工

《强制性条文》（水利工程部分）的"砌石工程"引入 4 本标准的条文，共 10 条：《堤防工程施工规范》（SL 260—98），1 条；《泵站施工规范》（SL 234—1999），1 条；《小型水电站施工技术规范》（SL 172—96），3 条；《浆砌石坝施工技术规定》（SL 120—84），5 条。内容涉及一般干砌石与浆砌石施工与砌石坝施工的要求。需掌握的主要内容如下。

一、干砌石的质量控制要求

SL 260—98 第 6.4.5 条规定：

6.4.5 干砌石砌筑应符合下列要求：

1 砌石应垫稳填实，与周边砌石靠紧，严禁架空。

2 严禁出现通缝、叠砌和浮塞；不得在外露面用块石砌筑，而中间以小石填心；不得在砌筑层面以小块石、片石找平；堤顶应以大块石和混凝土预制块压顶。

3 承受大风浪冲击的堤段，宜用粗料石丁扣砌筑。

二、浆砌石的质量控制要求

SL 234—1999 第 6.5.3 条规定：

6.5.3 浆砌石施工应符合下列规定：

1 砌筑前应将石料刷洗干净，并保持湿润。砌体石块间应用胶结材料黏接、填实。

2 护坡、护底和翼墙内部石块间较大的空隙，应先灌填砂浆或细石混凝土，并认真捣实，再用碎石块嵌实。不得采用先填碎石块，后塞砂浆的方法。

SL 172—96 第 7.6.3 条、10.2.7 条、10.2.8 条规定：

7.6.3 拱石砌筑，必须两端对称进行。各排拱石相互交错，错缝距离不小于 10cm。当拱跨在 5m 以下，一般可采用块石砌拱，用砌缝宽度调整拱度，要求下缝宽不得超过 1cm。水泥砂浆强度不低于 M7.5 号。拱跨在 10m 以下，可按拱的全宽和全厚，自拱脚同时对称连续地向拱顶砌筑。拱跨在 10m 以上时，应作施工设计，明确拱圈加荷次序，并按此次序施工。

10.2.7 连拱坝砌筑应遵守下列规定：

1 拱筒与支墩用混凝土连接时，接触面按工作缝处理。

2 拱筒砌筑应均衡上升。当不能均衡上升时，相邻两拱筒的允许高差必须按支墩稳定要求核算。

3 倾斜拱筒采用斜向砌筑时，宜先在基岩上浇筑具有倾斜面（与拱筒倾斜面垂直）的混凝土拱座，再在其上砌石，石块的砌筑面应保持与斜拱的倾斜面垂直。

10.2.8 坝面倒悬施工，应遵守下列规定：

1 采用异型石水平砌筑时，应按不同倒悬度逐块加工、编号，对号砌筑。

2 采用倒阶梯砌筑时，每层挑出方向的宽度不得超过该石块宽度的 1/5。

3 粗料石垂直倒悬面砌筑时，应及时砌筑腹石或浇筑混凝土。

三、浆砌石的材质要求

SD 120—84 第 2.1.5 条规定：

2.1.5 砌坝石料必须质地坚硬、新鲜，不得有剥落层或裂纹。

四、胶结材料配合比的质量控制要求

SD 120—84 第 3.4.2 条规定：

3.4.2 胶结材料的配合比，必须满足设计强度及施工和易性的要求。为确保胶结材料的质量，其配合比必须通过试验确定。

五、浆砌石坝砌石的质量控制要求

SD 120—84 第 4.2.11 条、6.1.2 条和 6.3.2 条规定：

4.2.11 在胶结料初凝前，允许一次连续砌筑两层石块，应严格执行上下错缝、铺浆及填浆饱满密实的规定，防止铺浆遗漏或插捣不严。

6.1.2 当最低气温在 0～5℃时，砌筑作业应注意表面保护；最低气温在 0℃ 以下时，应停止砌筑。

6.3.2 无防雨棚的舱面，在施工中遇大雨、暴雨时，应立即停止施工，妥善保护表面。雨后应先排除积水，并及时处理受雨后冲刷的部位，如表层混凝土或砂浆尚未初凝，应加铺水泥砂浆继续浇筑或砌筑，否则应按工作缝处理。

B.4　水利工程混凝土施工

《强制性条文》（水利工程部分）的"混凝土工程"引入 2 本标准的条文，共 24 条：《水工混凝土工程施工规范》（SDJ 207—82），22 条；《水工建筑物滑动模板施工技术规范》（SL 32—92），2 条。需掌握的是温控、模板支护、钢筋绑扎、混凝土浇筑方面的主要内容：

一、模板

（一）重要模板设计制造的质量要求

SDJ 207—82 第 2.3.2 条规定：

2.3.2　重要结构物的模板，承重模板，移动式、滑动式、工具式及永久性的模板，均须进行模板设计，并提出对材料、制作、安装、使用及拆除工艺的具体要求。

（二）竖向、内倾模板安装的质量要求

SDJ 207—82 第 2.3.7 条规定：

2.3.7　除悬臂模板外，竖向模板与内倾模板都必须设置内部撑杆或外部拉杆，以保证模板的稳定性。

（三）拆除模板时限的规定

SDJ 207—82 第 2.6.1 条规定：

2.6.1　拆除模板的期限，应遵守下列规定：

混凝土结构的承重模板，应在混凝土达到下列强度后（按混凝土设计强度等级的百分率计），才能拆除。

1　悬臂板、梁：

1）跨度≤2m：70％；

2）跨度＞2m：100％。

2　其他梁、板、拱：

1）跨度≤2m：50％；

2）跨度 2～8m：70％；

3）跨度＞8m：100％。

经计算及试验复核，混凝土结构的实际强度已能承受自重及其他实际荷载时，可以提前拆模。

（四）滑模牵引系统的规定

SL 32—92 第 4.5.8 条规定：

4.5.8　牵引系统的设计应遵守以下规定：

1　地锚、岩石锚杆和锁定装置的设计承载能力，应为总牵引力的 3～5 倍。

2　牵引钢丝绳和承载能力为总牵引力的 5～8 倍。

（五）陡坡滑模施工安全的要求

SL 32—92 第 5.4.6 条规定：

5.4.6　陡坡上的滑模施工，应有保证安全的措施。牵引机具为卷扬机钢丝绳时，地锚要安全可靠。牵引机具为液压千斤顶时，应对千斤顶的配套拉杆做整根试验检查，并应设保证安全的钢丝绳、卡钳、倒链等保险措施。

二、钢筋

（一）钢筋材质的控制要求

SDJ 207—82 第 3.1.3 条和 3.1.6 条规定：

3.1.3　钢筋应有出厂证明书或试验报告单。使用前，仍应做拉力、冷弯试验。需要焊接的钢筋应做好焊接工艺试验。钢号不明的钢筋，经试验合格后方可使用，但不能在承重结构的重要部位上应用。

3.1.6　水工结构的非预应力混凝土中，不应采用冷拉钢筋。

【冷拉钢筋脆性较大，水工结构的非预应力混凝土中，不应采用冷拉钢筋】

（二）钢筋安装质量的控制要求

SDJ 207—82 第 3.4.1 条规定：

3.4.1 钢筋的安装位置、间距、保护层及各部分钢筋的尺寸，均应符合设计图纸的规定。

三、浇筑

（一）水泥质量的要求

SDJ 207—82 第 4.1.5 条规定：

4.1.5 运至工地的水泥，应有制造厂的品质试验报告；实验室必须进行复验，必要时还应进行化学分析。

（二）混凝土拌和用水和养护用水的质量要求

SDJ 207—82 第 4.1.15 条规定：

4.1.15 未经处理的工业污水和沼泽水，不得用于拌制和养护混凝土。

【为保证混凝土质量，混凝土拌和用水和养护用水所含物质不应对混凝土产生以下有害作用：影响混凝土的和易性及凝结；有损于混凝土强度发展；降低混凝土的耐久性，加快钢筋腐蚀及导致预应力钢筋脆断；污染混凝土表面】

（三）混凝土配合比的控制质量要求

SDJ 207—82 第 4.2.2 条规定：

4.2.2 为确保混凝土的质量，工程所用混凝土的配合比必须通过试验确定。

（四）混凝土拌和质量的控制要求

SDJ 207—82 第 4.3.1 条规定：

4.3.1 拌制混凝土时，必须严格遵守实验室签发的混凝土配料单进行配料，严禁擅自更改。

（五）岩基清理的质量控制要求

SDJ 207—82 第 4.5.2 条规定：

4.5.2 岩基上的杂物、泥土及松动岩石均应清除。

（六）混凝土浇筑平仓作业的质量要求

SDJ 207—82 第 4.5.8 条和 4.5.9 条规定：

4.5.8 浇入仓内的混凝土应随浇随平仓，不得堆积。仓内若有粗骨料堆叠时，应均匀地分布于砂浆较多处，但不得用水泥砂浆覆盖，以免造成内部蜂窝。

4.5.9 浇筑混凝土时，严禁在仓内加水。如发现混凝土和易性较差时，必须采取加强振捣等措施，以保证混凝土质量。

（七）不合格混凝土的处理规定

SDJ 207—82 第 4.5.10 条规定：

4.5.10 不合格的混凝土严禁入仓；已经入仓的不合格的混凝土必须清除。

（八）混凝土浇筑连续性的要求

SDJ 207—82 第 4.5.11 条规定：

4.5.11 混凝土浇筑应保持连续性，如因故中止且超过允许间歇时间，则应按工作缝处理，若能重塑者，仍可继续浇筑混凝土。

（九）混凝土工作缝处理的强度要求

SDJ 207—82 第 4.5.12 条规定：

4.5.12 混凝土工作缝的处理，应遵守下列规定：

已浇好的混凝土，在强度尚未到达 25kgf/m² 前，不得进行上一层混凝土浇筑的准备工作。

（十）混凝土浇筑时表面泌水处理的规定

SDJ 207—82 第 4.5.13 条规定：

4.5.13 混凝土浇筑期间，如表面泌水较多，应及时研究减少泌水的措施。仓内的泌水必须及时排除。严禁在模板上开孔赶水，带走灰浆。

四、温度控制

（一）混凝土浇筑时进行温度控制的要求

SDJ 207—82 第 5.1.5 条规定：

5.1.5 施工中严格地进行温度控制，是防止混凝土裂缝的主要措施。混凝土的浇筑温度和最高温升均应满足设计要求，否则不宜浇筑混凝土。如承包人有专门论证，并经设计单位同意后，才能变更浇筑块的浇筑温度。

（二）高温季节施工降温控制的要求

SDJ 207—82 第 5.2.5 条规定：

5.2.5 在高温季节施工时，应根据具体情况，采取下列措施，以减少混凝土的温度回升：

1 缩短混凝土的运输时间，加快混凝土的入仓覆盖速度，缩短混凝土的曝晒时间。

2 混凝土的运输工具应有隔热遮阳措施。

3 宜采用喷水雾等方法，以降低仓面周围的气温。

4 混凝土浇筑应尽量安排在早晚和夜间进行。

5 当浇筑块尺寸较大时，可采用台阶式浇筑法，浇筑块高度应小于 1.5m。

（三）气温骤降及低温季节的温控要求

SDJ 207—82 第 5.2.14 条、5.2.16 条和 6.0.2 条规定：

5.2.14 气温骤降频繁季节，基础混凝土、上游坝面及其他重要部位，应按《重力坝设计规范》（SDJ 21—78）第 166 条要求进行早期表面保护。

5.2.16 模板拆除时间应根据混凝土已经达到的强度及混凝土的内外温差而定，但应避免在夜间或气温骤降期间拆模。在气温较低季节，当预计拆模后混凝土表面温降可能超过 6～9℃时，应推迟拆模时间；如必须拆模时，应在拆模后立即采取保护措施。

6.0.2 低温季节施工时，必须有专门的施工组织设计和可靠的措施，以保证混凝土满足设计规定的温度、抗冻、抗裂等各项指标要求。

B.5 水利工程混凝土防渗墙与灌浆施工

《强制性条文》（水利工程部分）的"防渗墙与灌浆工程"引入 4 本标准的条文，共 12 条：《水利水电工程混凝土防渗墙施工技术规范》（SL 174—96），4 条；《土石坝碾压式沥青混凝土

防渗墙施工规范（试行）》（SD 220—87），4条；《水工建筑物水泥灌浆施工技术规范》（SL 62—94），3条；《土坝坝体灌浆技术规范》（SD 266—88），1条。需掌握的主要内容如下。

一、混凝土防渗墙

（一）防渗墙施工试验的要求

SL 174—96第2.0.5条规定：

2.0.5 重要或有特殊要求的工程，宜在地质条件类似的地点，或在防渗墙中心线上进行施工试验，以取得有关造孔、固壁泥浆、墙体浇筑等资料。

（二）混凝土防渗墙墙体质量的要求

SL 174—96第5.1.3条和5.1.5条规定：

5.1.3 配置墙体材料的水泥、骨料、水、掺合料及外加剂等应符合有关标准的规定，其配合比及配制方法应通过试验决定。

5.1.5 防渗墙墙体应均匀完整，不得有混浆、夹泥、断墙、孔洞等。

（三）墙体施工中特殊情况处理的质量要求

SL 174—96第8.0.3条规定：

8.0.3 混凝土浇筑过程中导管堵塞、拔脱和漏浆需重新下设时，必须采用下列办法：

1 将导管全部拔出、冲洗，并重新下设，抽净导管内泥浆继续浇筑。

2 继续浇筑前必须核对混凝土面高程及导管长度，确认导管的安全插入深度。

二、沥青混凝土防渗墙

（一）沥青混凝土铺筑试验的要求

SD 220—87第1.0.6条规定：

1.0.6 沥青混凝土防渗墙正式施工前，应进行现场铺筑试验，以确定沥青混合料的施工配合比、施工工艺参数，并检查施工机械的运行情况等。

（二）沥青混凝土的安全生产要求

SD 220—87第8.2.3条、8.2.4条和8.2.7条规定：

8.2.3 接触沥青的人员，应发给必要的劳保用品和享受保健待遇。

8.2.4 沥青混凝土制备场所，要有除尘、防污、防火、防爆措施，并配备必要的消防器材。

8.2.7 斜坡施工应设置安全绳或其他防滑措施。机械由坝顶下放至斜坡时，应有安全措施，并建立安全制度。对牵引机械和钢丝绳、刹车等，必须经常检查，维修。

三、灌浆工程

（一）现场灌浆试验的要求

SL 62—94第1.0.3条规定：

1.0.3 下列灌浆工程在施工前或施工初期应进行现场灌浆试验：

1 1级、2级水工建筑物基岩帷幕灌浆。

2 地质条件复杂地区或有特殊要求的1级、2级水工建筑物基岩固结灌浆和水工隧洞固结灌浆。

（二）灌浆区防震安全的要求

SL 62—94第1.0.7条规定：

1.0.7 已完成灌浆或正在灌浆的地区，其附近 30m 以内不得进行爆破作业。如必须进行爆破作业，应采取减震和防震措施，并应征得设计或建设、监理部门同意。

（三）接缝灌浆施工顺序的要求

SL 62—94 第 5.1.1 条规定：

5.1.1 蓄水前应完成蓄水初期最低库水位以下各灌区的接缝灌浆及其验收工作。蓄水后，各灌区的接缝灌浆应在库水位低于灌区底部高程时进行。

（四）土坝坝体灌浆质量控制要求

SD 266—88 第 4.1.3 条规定：

4.1.3 灌浆施工前应做灌浆试验。选择代表性坝段，按灌浆设计进行布孔、造孔、制浆、灌浆。观测灌浆压力、吃浆量及泥浆容量、坝体位移和裂缝等。

B.6 水利工程堤防与碾压式土石坝施工

《强制性条文》（水利工程部分）的"单项工程"中有关堤防工程与碾压式土石坝的条文共 13 条：《堤防工程施工规范》（SL 260—98），7 条；《碾压式土石坝施工技术规范》（SDJ 213—83），6 条。需掌握的主要内容如下。

一、堤防工程

（一）施工准备阶段的质量控制要求

SL 260—98 第 2.2.3 条和 2.3.3 条规定：

2.2.3 堤防基线的永久标石、标架埋设必须牢固，施工中须严加保护，并及时检查维护，定时核查、校正。

2.3.3 严禁在堤身两侧设计规定的保护范围内取土。

（二）堤基施工的质量控制要求

SL 260—98 第 5.1.3 条和 5.2.2 条规定：

5.1.3 当堤基冻结后有明显冰冻夹层和冻胀现象时，未经处理，不得在其上施工。

5.2.2 堤基表层不合格土、杂物等必须清除，堤基范围内的坑、槽、沟等，应按堤身填筑要求进行回填处理。

（三）碾压土堤施工填筑作业质量控制要求

SL 260—98 第 6.1.1 条规定：

6.1.1 填筑作业应符合下列要求：

1 地面起伏不平时，应按水平分层由低处开始逐层填筑，不得顺坡铺填；堤防横断面上的地面坡度陡于 1：5 时，应将地面坡度削至缓于 1：5。

2 作业面应分层统一铺土、统一碾压，并配备人员或平土机具参与整平作业，严禁出现界沟。

（四）碾压土堤铺料作业质量控制要求

SL 260—98 第 6.1.2 条规定：

6.1.2 铺料作业应符合下列要求：

应按设计要求将土料铺至规定部位，严禁将砂（砾）料或其他透水料与黏性土料混杂，上堤土料中的杂质应予清除。

（五）碾压土堤施工压实作业质量控制要求

SL 260—98 第 6.1.3 条规定：

6.1.3 压实作业应符合下列要求：

分段填筑，各段应设立标志，以防漏压、欠压和过压。上、下层的分段接缝位置应错开。

二、土石坝

（一）施工试验的要求

SDJ 213—83 第 6.1.3 条规定：

6.1.3 1级、2级坝和高土石坝工程必须在开工前完成有关施工试验项目。

【土石坝筑坝材料施工试验项目包括：调整土料含水率，调整土料级配工艺、碾压试验、堆石料开采爆破试验等。通过碾压试验可以确定合适的压实机具、压实方法、压实参数等，并核实设计填筑标准的合理性】

（二）坝体填筑作业的要求

SDJ 213—83 第 8.0.1 条规定：

8.0.1 坝体填筑必须在坝基处理及隐蔽工程验收合格后才能进行。

【坝基处理施工包括：清理地表物及软弱覆盖层、坝基（坡）段岩石开挖和修正砂砾石坝基、防渗体部位坝基和岸坡岩面封闭及顺坡处理、明挖截水槽、坝基排水及渗水处理。

隐蔽工程包括：地基开挖、防渗墙、固结灌浆、帷幕灌浆等。

坝基处理及隐蔽工程在被覆盖后将无法进行工程的质量检查】

（三）坝体压实作业的要求

SDJ 213—83 第 8.0.5 条规定：

8.0.5 必须严格控制压实参数。压实机具的类型、规格等应符合施工规定。压实合格后始准铺筑上层新料。

（四）坝体心墙填筑作业的要求

SDJ 213—83 第 8.1.14 条规定：

8.1.14 心墙应同上、下游反滤料及部分坝壳平起填筑，按顺序铺填各种坝料。

（五）负温下填筑的要求

SDJ 213—83 第 8.3.5 条规定：

8.3.5 负温下填筑，应做好压实土层防冻保温工作，避免土层冻结。均质坝体及心墙、斜墙等防渗体不得冻结，否则必须将冻结部分挖除。

（六）反滤层施工的要求

SDJ 213—83 第 10.1.8 条规定：

10.1.8 对已铺好的反滤层应做必要的保护，禁止车辆行人通行、抛掷石料以及其他物件，防止土料混杂、污水浸入。

在反滤层堆砌石料时，不得损坏反滤层。与反滤层接触的第一层堆石应仔细铺筑，其块径应符合设计要求,且应防止大块石集中。

B.7 水利工程混凝土面板堆石坝与碾压混凝土施工

《强制性条文》(水利工程部分)的"单项工程"中有关混凝土面板堆石坝与碾压混凝土的条文共 14 条:《混凝土面板堆石坝施工规范》(SL 49—94),10 条;《水工碾压混凝土施工规范》(SL 53—94),4 条。需掌握的主要内容如下。

一、混凝土面板堆石坝

(一)混凝土面板堆石坝挡水度汛的要求

SL 49—94 第 2.0.3 条规定:

2.0.3 当确定未浇筑混凝土面板的坝体挡水时,必须对上游坡面进行碾压砂浆、喷射混凝土或喷洒阳离子乳化沥青等防渗固坡处理。

(二)混凝土面板堆石坝碾压试验的要求

SL 49—94 第 5.1.2 条规定:

5.1.2 堆石坝填筑开始前,应进行坝料碾压试验,优化相应的填筑压实参数。

【由于每一工程的规模、坝体设计要求、填筑坝料的性质、承包人的技术装备和技术水平等各不相同,填筑与压实的参数也有差别。对坝料进行碾压试验的目的在于,根据工地具体条件,对设计提出的压实标准进行复核,选择合适的施工机械和确定合理的施工参数(铺料厚度、碾压遍数、洒水量等),并提出完善的施工工艺和措施】

(三)混凝土面板堆石坝碾压施工的要求

SL 49—94 第 5.1.3 条规定:

5.1.3 施工应严格控制填筑压实参数,并应进行抽样检查。对规定的铺料厚度应经仪器检查。

(四)混凝土面板堆石坝填筑料、填筑质量的要求

SL 49—94 第 5.1.5 条规定:

5.1.5 必须严格控制上坝材料的质量,不合格者不应上坝。

SL 49—94 第 5.2.1 条规定:

5.2.1 与岸坡、混凝土建筑物接触带的坝料填筑,应避免较大块石集中。与趾板、岸坡接触的垫层应采用小型振动碾薄层碾压,或用其他方法压实。

SL 49—94 第 5.2.2 条规定:

5.2.2 垫层料、过渡料铺筑,应避免颗粒分离,分离严重部位应予掺混或挖除处理。

(五)混凝土面板的质量要求

SL 49—94 第 6.1.2 条规定:

6.1.2 面板混凝土配合比除满足面板设计性能外,尚应满足施工工艺要求:

1 水灰比应通过试验确定。

2 掺用减水、引气、调凝等外加剂及适量的掺合料时,其掺量应通过试验确定。

3 坍落度应根据混凝土的运输、浇筑方法和气温条件决定。

（六）趾板混凝土浇筑的质量要求

SL 49—94 第 6.2.1 条规定：

6.2.1 趾板混凝土浇筑应在基岩面开挖、处理完毕，并按隐蔽工程质量要求验收合格后方可进行。趾板混凝土浇筑，应在相邻区堆石填筑前完成。

（七）面板混凝土养护要求

SL 49—94 第 6.3.9 条规定：

6.3.9 拆模后的混凝土应及时修正和保护。混凝土初凝后，应及时铺盖草袋等隔热、保温用品，并及时洒水养护，宜连续养护至水库蓄水为止。

（八）止水施工的质量控制要求

SL 49—94 第 7.2.5 条规定：

7.2.5 金属止水片就位后，与聚氯乙烯垫片接触的缝隙，必须做防止混凝土砂浆浸入其间的封闭处理。浇筑混凝土时，应防止止水片产生变形、变位或遭到破坏。

二、碾压混凝土坝

（一）现场碾压试验的要求

SL 53—94 第 1.0.3 条规定：

1.0.3 施工前应通过现场碾压试验验证碾压混凝土配合比的适应性，并确定其施工工艺参数。

（二）碾压质量的控制要求

SL 53—94 第 4.5.5 条规定：

4.5.5 每层碾压作业结束后，应及时按网格布点检测混凝土的压实容重。所测容重低于规定指标时，应立即重复检测，并查找原因，采取处理措施。

（三）碾压层间允许间隔时间的控制要求

SL 53—94 第 4.5.6 条规定：

4.5.6 连续上升铺筑的碾压混凝土，层间允许间隔时间（系指下层混凝土拌和物拌和加水时起到上层混凝土碾压完毕为止），应控制在混凝土初凝时间以内。

（四）施工缝进行处理的质量控制要求

SL 53—94 第 4.7.1 条规定：

4.7.1 施工缝及冷缝必须进行层面处理，处理合格后方能继续施工。

【施工缝是根据施工要求而设置的缝，包括水平缝和垂直缝。冷缝是由于停工或不能连续施工而形成的。施工缝和冷缝处理不当，形成薄弱环节，会降低抗剪强度、抗拉强度和抗渗性能，影响工程的整体性和稳定性。

缝面的处理可借鉴常规混凝土的处理经验，去掉混凝土表面乳皮是非常必要的。碾压混凝土一般采用冲毛、刷毛等方法清除缝面的浮浆及松动骨料（以露出砂砾、小石为准），其目的是为了增大混凝土表面的粗糙度，提高层面黏结能力。冲毛、刷毛时间可根据施工季节、混凝土强度、设备性能等因素，经现场试验确定，一般可在混凝土初凝后、终凝前进行。过早地刷毛不仅造成混凝土损失，而且损坏混凝土质量。层面清理合格后，先刮铺 1.0～1.5cm 厚的砂浆层（砂浆强度等级比混凝土高一级），然后立即在其上摊铺混凝土，并应在砂浆初凝前碾压完毕，防治所铺砂浆失水干燥或初凝】

B.8　水利工程水闸和小型水电站以及泵站施工

《强制性条文》（水利工程部分）的"单项工程"中有关水闸、小型水电站与泵站的条文共 9 条：《水闸施工规范》（SL 27—91），3 条；《小型水电站施工技术规范》（SL 172—96），4 条；《泵站施工规范》（SL 234—1999），2 条。需掌握的主要内容如下。

一、水闸

（一）水闸工程施工准备阶段的控制要求

SL 27—91 第 4.2.2 条规定：

4.2.2　基坑的排水设施，应根据坑内的积水量、地下渗流量、围堰渗流量、降雨量等计算确定。抽水时，应适当限制水位下降速率。

（二）地基处理的质量控制要求

SL 27—91 第 5.1.2 条规定：

5.1.2　对已确定的地基处理方法应做现场试验，并编制专项施工措施设计。在处理过程中，如遇地质情况与设计不符时，应及时修改施工措施设计。

（三）钢筋混凝土铺盖施工程序控制要求

SL 27—91 第 9.3.1 条规定：

9.3.1　钢筋混凝土铺盖应按分块间隔浇筑。在荷载相差过大的邻近部位，应等沉降基本稳定后，再浇筑交接处的分块和预留的二次浇筑带。

在混凝土铺盖上行驶重型机械或堆放重物，必须经过验算。

【水闸工程中边块防渗铺盖与翼墙间荷载一般悬殊较大。施工处理方法是：先浇筑翼墙施工至相当荷载阶段，沉降较稳定后，再行浇筑边块铺盖的全部或其邻近翼墙的条形带。为减少施工缝，通常采用边块全部后浇。如水闸设计中消力池或前段有防渗要求，因其两侧一般多设斜坡和平台，施工较复杂，宜采用预留二次混凝土浇筑带施工。

水闸施工时，多有利用防渗铺盖作为预制混凝土场地、堆放或吊装闸门、行走重型机械等情况，如不注意常使铺盖裂缝或损伤，因此，规定应经验算】

二、小型水电站

（一）钢管安装及预制钢筋混凝土管止水的要求

SL 172—96 第 16.3.1 条和 16.5.4 条规定：

16.3.1　钢管安装前，应具备以下条件：

1　支持钢管的混凝土支墩或墙具有 70% 以上的强度。

2　钢管四周埋设的锚筋直径不小于 20mm，埋设孔内的砂浆应具有 70% 以上的强度。

16.5.4　预制钢筋混凝土管

沉陷缝、伸缩缝的位置、形式、止水材料以及管节接头止水材料均应符合设计要求。止水材料应黏结牢固，封堵严密，无渗漏现象。

（二）地下厂房开挖的要求

SL 172—96 第 17.1.2 条规定：

17.1.2　地下厂房开挖应满足以下要求：

1 施工期间，应做好施工观测，了解岩体和支护结构的应力，围岩破坏区的范围，量测岩体及支护中的位移及变形。

2 在厂房交叉部位施工时，应先对交叉部位进行加固，加固长度应结合围岩条件，控制住软弱面的延伸范围等确定，一般不短于 5m。

（三）工程度汛要求

SL 172—96 第 17.2.2 条规定：

17.2.2 厂房水下混凝土应在当年汛前达到相应的安全度汛高程，并封堵与度汛有关的所有孔洞。

三、泵站

SL 234—1999 第 4.5.13 条和 4.8.1 条规定：

4.5.13 机、泵座二期混凝土，应保证设计标准强度达到 70% 以上，才能继续加荷安装。

4.8.1 缆车式泵房的岸坡地基必须稳定、坚实。

参 考 文 献

［1］　白思俊．现代项目管理（上、中、下册）．北京：机械工业出版社，2002．

［2］　张月娴，田以堂．建设项目业主管理手册．北京：中国水利水电出版社，1998．

［3］　唐涛．水利水电工程管理与实务．北京：中国建筑工业出版社，2007．

［4］　丁士昭．建设工程项目管理．北京：中国建筑工业出版社，2007．

［5］　黄士芩，张宝声，尹贻林．水利工程造价（上、下）．北京：中国计划出版社，2007．

［6］　李永强．水利工程档案管理手册．北京：中国水利水电出版社，2005．

［7］　毛小玲，郭晓霞．建筑工程项目管理技术问答．北京：中国电力出版社，2004．

［8］　马建新，于桂芳．水利建设与管理法规汇编（上、下）．北京：中国水利水电出版社，2004．

［9］　水利部国际合作与科技司．堤防工程技术标准汇编．北京：中国水利水电出版社，2000．

［10］　水利部，国家电力公司，国家工商行政管理局．水利水电工程施工合同和招标文件示范文本．北京：中国水利水电出版社，中国电力出版社，1999．

［11］　顾慰慈．建设项目质量监控．北京：中国建材工业出版社，2003．

［12］　徐蓉，王旭峰，杨勤．土木工程施工项目成本管理与实例．济南：山东科学技术出版社，2004．

［13］　赵涛，潘欣鹏．项目时间管理．北京：中国纺织出版社，2005．